야생벌의 세계

야생벌의 세계

New garden bumblebee

정계준 지음

경상대학교출판부

저자의 말

곤충은 지구상에서 가장 번성하고 있는 성공적인 생물 집단으로 꼽힌다.

곤충은 아주 다양한 환경에 잘 적응하여 어떤 환경이든지 곤충이 없는 곳을 찾긴 어렵다. 적응성이 높다 보니 그 다양성 또한 다른 생물 집단과 비교할 수 없을 정도이다. 이렇게 다양한 곤충은 수많은 목(目)으로 나눌 수 있는데 그중에 벌목이 있다. 벌목은 아주 큰 목으로 여기에 속하는 수많은 벌의 모습은 매우 다양하고 살아가는 방식도 천차만별이다.

벌 중에서도 우리에게 가장 친숙한 꿀벌은 꿀과 꽃가루를 주고 식물의 수분을 책임지는 고마운 벌이다. 말벌 종류는 둥지를 짓고 사회생활을 하며 때로 사람을 쏘아 목숨을 위협하기도 하지만 해충을 잡아먹고 식물에 수분을 해 주어 우리에게 도움을 주기도 한다. 꿀벌과 말벌 외에도 수많은 종류의 벌이 각자 고유한 생활방식으로 살아가며 사람의 삶과 직간접으로 연관된다. 벌을 인간의 삶에 이용하는 연구도 활발한데 호박벌과 가위벌 종류는 여러 나라에서 인공적으로 배양하여 수많은 작물과 과일나무 등의 수분에 이용하고 있다. 또 맵시벌과(科) 및 고치벌과에 속하는 벌처럼 다른 곤충에 기생하는 벌은 천적을 이용해 해충을 구제하는 방법인 생물학적 방제 수단으로 이용되기도 한다.

하지만 우리나라에서는 이런 다양한 야생벌의 이용에 관한 연구는 말할 것도 없고 대다수 야생벌의 생태에 관한 기초적 연구도 제대로 이루어지지 않고 있다. 최근 우리나라에 유입되어 전국적으로 확산 일로에 있으며 사람의 목숨을 위협하고 양봉가에도 큰 피해를 입히는 등검은말벌이나 부산항과 인천항 등에 유입되어 방역 당국을 긴장시키고 있는 붉은불개미 등의 예에서 위험한 곤충에 관한 연구와 대비는 우리의 안녕과도 직결된다는 걸 알 수 있다. 붉은불개미를 '살인불개미'라 부르며 두려워하고 호들갑을 떨지만 실제 붉은불개미의 독성과 위험성에 대한 연구 자료마저 제대로 소개된 바 없어 언론에서도 정확한 정보도 없이 살인불개미 운운하며 공포심만 조장하고 있는 실정이다. 정체도 모르고 두려워할 게 아니고 이에 대한 정확한 정보를 토대로 방역 대책도 세우고 또 향후 유입되어 확산되었을 때를 대비해야 할것이다.

이처럼 야생벌의 생태에 관한 가장 기초적인 정보를 가진 책마저 없는 작금의 현실에서 필자는 가능한 한 다양한 야생벌의 생태를 수록하여 연구자와 동호인, 학생들에게 길잡이가 되고자 이 책을 집필하게 되었다.

이 책은 우리나라에 서식하는 다양한 야생벌뿐만 아니라 외국산 야생벌 중 그 생태가 기발하고 흥미로운 여러 종도 선별하여 소개하고 있어 관련 연구자나 학생들뿐 아니라 곤충과 벌에 관심 있는 일반인들에게도 유익한 책이 될 것이다. 또한 외래종으로 우리나라에 유입되어 문제를 일으키는 등검은말벌이나 붉은불개미에 대한 생태적 특성, 피해와 독성 및 방제 방법 등의 많은 정보를 담고 있어 방역이나 관련 분야를 연구하는 분들이나 현장에 참여하는 분들에게도 참고가 될 것이다.

다양한 벌의 생태를 기술하다 보니 종에 따라서는 한정된 자료로 인해 깊이 있는 설명이 다소 부족한 경우도 있다. 이 점 독자 제위의 혜량을 바라 마지않는다.

이 책에서 기술한 내용은 본인이 직접 관찰하고 연구한 내용도 많지만 일부 종의 생태에 관해서는 외국의 연구 문헌에 의존하였기에 국내에 서식하는 종이라 할지라도 실제 우리나라 종의 생태와는 약간 차이가 있을 지도 모른다. 이렇게 외국 문헌에 대한 의존도가 높은 것은 아직 국내에서 곤충 생태에 관한 연구가 충분치 않아 활용할 자료가 제대로 없는 경우가 많기 때문이다. 앞으로 우리나라도 곤충 연구가 더 활성화되어 많은 발전이 있길 바라며 이 책이 야생벌의 생태에 관한 더 깊이 있고 더 나은 책이 나오는 밑거름이 된다면 가장 큰 보람이 될 것이다.

마지막으로 이 책을 편집하고 디자인하는 데 많은 수고를 해 준 경상대학교 출판부의 김종길 편집장과 이희은 선생 그리고 이가람 선생의 노고에 깊은 감사를 표한다.

2018년 7월
정계준

목차

I. 개론

벌의 성 결정은 다른 동식물에서 볼 수 있는 방식과는 전혀 다르게 일어나므로 매우 흥미롭다. 벌목에 속하는 곤충은 모두 반수체-이배체에 의한 성 결정을 한다(*Cowan and Stahlhut,*

). 암벌은 양친으로부터 1조씩 염색체를 전달받은 수정란으로부터 발생하므로 2배체이다. 반면 수벌은 미수정란으로부터 발생하며 어머니로부터 1조의

완전변태를 하며 성충은 10월경에 연 1회 출현한다. 암컷은 벚나무, 자작나무, 느티나무, 호두나무, 오리나무 등의 목질부에 산란관을 찔러 넣어 산란하고 알에서 깬 애벌레는 나무의 목질부를 먹고 자란다. 벌은 종류에 따라 그 생태와 서식지가 매우 다양하므로 연구나 채집을 하려면 특정 벌의 서식지를 찾아야 한다. 크기가 큰 벌 종류는 포충

벌(Hymenoptera)이란?

벌은 동물계, 절지동물문, 곤충강에 속하는 목目, Order 단위의 분류군으로 전 세계에 15만종 정도가 보고된 아주 큰 목이다. 우리나라에선 약 2,000여 종이 보고되었지만 아직 충분히 연구되지 않았기에 앞으로 상당히 많은 종이 추가로 발견될 것으로 본다. 곤충강의 다른 목들은 대개 그 생태가 유사한 점이 많은 데 반해 벌목은 무척 다양한 생태와 습성을 보이므로 매우 흥미롭다. 예컨대 잠자리목에 속하는 곤충은 모두 물속에 알을 낳는다. 애벌레는 물속에서 다른 동물을 잡아먹고 자라며 성충이 되면 뭍으로 올라와서 하늘을 날며 다른 곤충을 사냥하여 먹고 살아간다. 또 나비목의 경우 대개 식물의 잎에 알을 낳는다. 애벌레는 식물의 어린 싹이나 잎을 먹고 자라며 다 자라 성충으로 탈바꿈하면 꽃의 꿀을 먹고 사는 게 일반적인 생태이다. 그러나 벌목의 곤충은 사람에게 친숙한 꿀벌이나 말벌, 개미처럼 가족들이 모여 사회생활을 하는 종류가 있는가 하면 다른 곤충의 알이나 애벌레에 기생하는 기생곤충도 있고 또 다른 동물을 사냥하여 둥지에 저장해 두고 알을 낳는 종류도 있다. 이처럼 그 생태가 천태만상이고 먹이 또한 상상할 수 없을 정도로 다양하다. 생태뿐 아니라 크기도 제각각이어서 크기가 불과 200μm도 채 안 되는 마이크로총채벌과 같은 극 미소종이 있는가 하면 장수말벌처럼 50mm가 넘는 대형종도 있다. 꿀벌과 말벌을 떠올리며 벌이라고 하면 모두 사회생활을 하는 것으로 오해하기 쉽지만 실제 벌목의 곤충은 단독생활을 하는 종류가 대부분이며 극히 소수의 종만 사회생활을 한다. 그러나 사회생활을 하지 않더라도 새끼를 위해 둥지를 짓고 먹이를 저장하는 등의 진화된 모습을 보이는 종류가 많다. 완전변태 과정을 거치며 벌의 종령 유충은 대부분 실로 고치를 짓고 번데기가 된다.

벌목은 고생대 삼첩기(Triassic) 말기에 처음으로 출현한 것으로 추정하며 가장 오래된 화석 종은 칼잎벌과Xyelidae에 속한다. 사회성 벌은 석탄기(Cretaceous)에 처음 나타났다(Hoell et al., 1998). 원시적인 벌의 경우 산란관은 칼날처럼 생겨 식물 조직을 자르기 좋은 구조이다. 그러나 대부분 벌의 산란관은 찌르기 좋도록 변화되었다. 일부 종은 산란관이 침으로 변형되어 알은 산란관의 기부로 낳고 말단부는 독을 주입하는 용도로 사용하도록 변화되었다. 이러한 침을 가진 벌은 전 세계적으로 약 15,000종이 알려져 있는데 이들 중 95%는 단독생활을 하며 독침은 방어용이 아닌 사냥용으로 사용한다. 구체적으로 대모벌, 조롱박벌, 나나니벌 같은 종류는 모두 단독생활 하는 벌로 침을 사냥감을 마비시키는 용도로 사용하며 말벌이나 꿀벌 같은 사회생활 하는 벌은 방어 및 공격용 무기로 사용한다. 단독생활 하며 독침을 사냥용으로 사용하는 벌은 사람이 손으로 직접 벌을 잡지 않는 한 공격하여 쏘는 일은 없다.

원시적인 벌인 잎벌아목의 유충은 나비목의 유충과 흡사하게 닮았으며 실제 그들과 마찬가지로 식물의 잎을 먹고 자란다. 이런 종류는 씹기 좋도록 발달된 큰턱과 흉부 및 복부에 여러 쌍의 다리를 가진다.

반면에 보다 진화된 벌아목의 유충은 다리가 아예 없고 구더기를 닮았다. 이런 종은 숙주 몸 안에서 자라거나 둥지 안에서 자라는 등 보호된 환경에 적응하였다. 이런 벌의 유충은 소화관이 불완전하여 성충으로 자랄 때까지 전혀 똥을 누지 않아 주변 환경을 청결하게 유지하여 질병 발생을 예방하는 데 유리하게 작용한다.

분류와 계통

벌은 크게 잎벌아목Symphyta과 벌아목Apocrita으로 나눈다.

잎벌아목

배의 첫째 마디가 가슴과 융합하지 않으며 배와 가슴마디가 넓게 접해 있어 전체적으로 몸이 넓적한 모양을 하며 좁은 허리가 없다.

칼잎벌상과, 납작잎벌상과, 잎벌상과, 송곳벌상과, 나무벌상과 등이 있으며 유충은 다리가 있는 벌레 모양이고 홑눈이 있으며 대개 식물의 잎을 먹고 자라거나 나무의 목질부를 먹고 자란다. 벌아목의 유충이 자라는 동안 똥을 누지 않는 것과는 대조적으로 잎벌아목의 유충은 소화관과 항문이 발달하여 똥을 누게 된다.

벌 아목

성충의 첫 번째 배마디가 가슴과 합쳐져 전신복절을 이루며 첫 번째 배마디와 두 번째 배마디 사이는 잘록하여 좁은 허리를 형성한다. 유충은 다리가 없으며 홑눈이 없고 다른 곤충에 기생하는 육식성인 경우가 많다. 유충은 항문이 발달하지 않아 성장이 끝날 때까지 똥을 누지 않으며 체내에 축적된다.

성의 결정

벌의 성 결정은 다른 동식물에서 볼 수 있는 방식과는 전혀 다르게 일어나므로 매우 흥미롭다. 벌목에 속하는 곤충은 모두 반수체-이배체에 의한 성 결정을 한다(Cowan and Stahlhut, 2004). 암벌은 양친으로부터 1조씩 염색체를 전달받은 수정란으로부터 발생하므로 2배체이다. 반면 수벌은 미수정란으로부터 발생하며 어미로부터 1조의 염색체만 물려받으므로 반수체이다. 알을 낳는 암벌은 임의적으로 수정을 조절하여 암수를 결정하게 되는데 수정란을 낳으면 암벌이 되고 미수정란을 낳으면 수벌이 되는 것이다. 이러한 성 결정 방식을 반수체-이배체 성 결정이라고 한다. 암벌은 아비와 어미가 모두 있지만 수벌은 어미는 있되 놀랍게도 아비는 없는 것이다.

그러나 최근 이와 같은 반수체-이배체에 의한 성 결정이 사실은 보다 복잡한 방식에 의해 이루어짐이 밝혀졌다. 엄밀하게는 단순한 염색체의 세트 수에 의한 성 결정보다 다수의 대립 유전자를 가진 특정 유전자 좌위가 동형접합이냐 이형접합이냐가 성을 결정한다는 것이다(Cowan and Stahlhut, 2004: Wu, Z. et al., 2005). 이와 같은 성 결정을 전문 용어로 단일 좌위 상보성 성 결정(single–locus complementary sex determination)이라고 하는데, 벌의 성을 결정하는 유전자 좌위가 이형접합(heterozygous)이면 암벌이 되며 반수체(hemizygous)거나 동형접합(homozygous)이면 수벌이 된다는 것이다. 좀 더 부연하여 설명하면 염색체를 이배체로 가지더라도 성을 결정하는 좌위의 유전자가 똑같은 대립유전자를 가지게 되면 수벌이 된다는 것이다.

앞에서 설명한 대로 반수체는 수컷이 되고 성을 결정하는 유전자 좌위가 이배체로 이형접합이면 암컷이 된다. 만약에 염색체가 이배체이면서 성 결정 좌위의 대립유전자가 동형접합이라면 수컷이 된다. 그러나 이런 동형접합은 양친이 남매 사이와 같은 근친교배의 경우에나 나타날 수 있다. 따라서 예외적으로 일어날 수는 있어도 자연에서 나타나는 경우는 거의 없으므로 벌은 반수체는 수컷이 되고 이배체는 암컷이 된다고 보면 크게 무리가 없는 셈이다. 여러 종류의 개미, 꽃벌, 말벌 종류 등에서 실험적으로 근친교배에 의해 이런 이배체 수컷의 발생이 확인된 바 있으며, 이배체 수컷은 대개 불임이지만 몇몇 종에서는 임성을 가지는 경우도 있다(Elias and Mazzi, 2009).

반수체–이배체식 성 결정의 결과 암벌은 자신이 낳은 딸보다 자매간에 유전자의 동질성이 더 높게 된다. 따라서 집단에 충성하여 더 많은 자매를 생산하는 게 자신의 유전자를 후대에 남기는 데 있어 유리하므로 사회성 발달의 유전적 근거가 된 것으로 보고 있다(Hoell et al., 1998). 이런 성 결정 방식으로 얻는 또 다른 유리한 점은 생존에 불리한 유전자가 쉽게 도태된다는 것이다. 수벌은 반수체이므로 열성 유전자가 우성 유전자에 의해 가려지는 작용이 없어 바로 발현되므로 불리한 유전자를 가진 개체는 도태되기 쉽다.

벌의 먹이

벌목에는 수많은 종이 있으며 그 먹이 또한 매우 다양하다. 원시적인 벌의 애벌레는 식물성 먹이를 먹고 자라는데, 나무의 잎이나 목질부 등이 주요 먹이가 된다. 가장 진화한 벌이자 우리에게 친숙한 꿀벌은 새끼일 때엔 꽃가루를 주로 먹고 성충이 되면 꿀을 먹이로 삼는다. 꿀벌 외에도 꿀벌과에 속하는 벌들은 모두 꽃의 꿀과 꽃가루가 주식이 된다. 이들은 꿀과 꽃가루를 찾는 과정에서 수많은 식물의 수분을 책임지므로 지구 생태계에서 그 역할은 다른 어떤 곤충보다 중요하다고 할 수 있으며 사람에게도 매우 이로운 역할을 하는 곤충이다. 또 침을 가져 쏠 수 있는 일부 벌 종류는 사냥꾼으로서 그 면모를 보이는데, 사냥하여 마비시킨 먹이를 새끼에게 먹인다. 먹이가 되는 생물은 벌의 종류에 따라 무척이나 다양하다. 애벌레는 육식성으로 고기를 먹여 기르지만 성충인 사냥꾼 벌들은 육식 대신 꽃의 꿀을 먹는 종류가 대부분이라는 점도 흥미롭다.

기생벌

꿀을 먹는 꿀벌과 사냥꾼인 말벌을 벌의 전부로 생각하기 쉬운 사람들에게는 의외로 생각되겠지만, 수많은 종류의 벌은 다른 생물에 기생하는 성질을 가지고 있다. 어미 벌은 숙주가 되는 생물의 몸에 알을 낳으며 새끼는 그 속에서 자라게 된다. 심지어 기생하는 곤충에 다시 기생하는 중기생(重寄生)의 벌도 있다. 중기생은 마치 남의 돈을 훔친 도둑에게서 다시 돈을 강탈하는 강도에 비길 만하다. 이런 기생벌은 환경에 해를 끼치지 않고 특정 해충을 구제하는 친환경적인 생물학적 방제에 유용하게 이용될 수 있어 앞으로 많은 연구를 기다리고 있다.

벌의 이용

사람들은 벌이라고 하면 그저 무서워하며 우리에게 해를 끼치는 것으로 생각하기 쉽지만 사실 수많은 벌 종류가 우리 인간에게 도움을 주는 이로운 곤충이다. 사람에게 해를 끼치는 벌은 소수에 지나지 않으며 해를 끼치는 벌도 이로운 면이 있는 것이 대부분이다.

꿀과 꽃가루를 제공하고 온갖 식물의 수분을 책임지는 꿀벌은 가장 이로운 벌이라 할 수 있으며 그 외에도 수많은 야생벌이 제각기 고유의 생활방식으로 살아가면서 사람과 직접 또는 간접적으로 관계를 맺고 있다. 호박벌과 가위벌 종류는 이미 여러 나라에서 시설 내 작물과 과일나무 등의 수분에 이용하고 있으며 말벌을 이용하여 해충을 구제하는 시도도 이루어지고 있다. 맵시벌과(科) 및 고치벌과(科)의 벌처럼 다른 곤충에 기생하는 벌은 천적 생물을 이용해 해충을 구제하는 방법인 생물학적 방제의 수단으로 이용되고 있다. 최근 살충제에 의한 환경오염이 큰 문제가 되고 있으므로 앞으로 더욱 주목 받게 될 것이다. 그러나 우리나라에서는 대부분의 야생벌이 기초적인 생태조차 연구되지 않은 채 거의 미개척인 상태로 남아 있다. 앞으로 이런 분야에 많은 신진 연구자들이 참여하여 다양한 벌의 생태를 밝혀내고 또 이들을 이용하는 연구에도 발전이 있었으면 한다.

벌의 영어 이름

우리는 개미를 제외한 대부분의 벌목 곤충을 '–벌' 식으로 이름을 부른다. 즉 벌의 생태나 분류에 근거한 구분 없이 한 가지 이름으로 부르는 셈이다. 이에 비해 벌을 일컫는 영어 이름은 좀 더 구체적인 명칭인 경우가 많다. 많은 사람들이 벌을 영어로 부를 때는 bee로 알고 있지만 실제 그렇지 않다. 벌을 일컫는 가장 일반적인 영어 이름은 wasp이다. bee로 불리는 벌은 꿀벌상과에 속하는 소수의 곤충에 국한된다. 그 외 대부분의 벌 종류는 wasp란 이름이 붙는다. 바다리는 paper wasp, 대모벌은 spider wasp, 호리병벌은 potter wasp, 땅굴을 파고 둥지를 트는 나나니 벌 등은 sand wasp로 부르는 식이다. 물론 bee도 아니고 wasp도 아닌 벌 이름도 많다. 말벌을 hornet, 땅벌은 yellowjacket, 송곳벌 종류는 sawfly 또는 horntail, 가위벌을 leafcutter로 부르는 등 bee나 wasp를 붙이지 않은 벌 이름도 많다.

그런데 벌과 관련된 외국 서적이나 영상물 등을 우리말로 옮길 때 엉뚱한 이름으로 번역하여 정확한 내용 파악을 어렵게 함은 물론이고 혼란을 일으키는 경우를 흔히 볼 수 있다. 말벌과 거리가 먼 벌을 '~말벌로 부른다든지 나나니벌과는 전혀 관련없는 벌을 '~나나니벌'이라 부르는 예가 많은데, 학명을 확인하거나 전문가에게 자문을 받아 정확한 이름으로 번역하여 벌의 이름에 대한 혼란을 일으키지 않았으면 싶다.

벌의 채집과 연구 방법

벌은 종류에 따라 그 생태와 서식지가 매우 다양하므로 연구나 채집을 하려면 특정 벌의 서식지를 찾아야 한다. 크기가 큰 벌 종류는 포충망으로 채집하여 건조 표본을 만들어 연구하지만 작은 벌은 눈에 잘 띄지 않으므로 흔히 스위핑*으로 많이 채집한다. 건조표본 만드는 방법은 다른 일반 곤충의 건조표본 만드는 방법과 동일한데 채집된 표본을 곤충핀으로 꽂아 잘 밀폐되는 상자에 담아 보관하면 된다. 한 번에 다수의 곤충을 채집하여 표본을 만들었을 때는 상자 안에 습기가 차게 되므로 일주일쯤 후에 건조한 다른 상자에 표본을 옮기는 것이 좋다. 표본 상자 안에는 벌레를 막기 위하여 나프탈렌을 넣어 두어야 하며 나프탈렌은 승화하는 성질이 있어 지속적으로 줄어들게 되므로 주기적으로 관찰하여 보충해 주어야 벌레가 생기지 않는다. 크기가 너무 작아 건조표본으로 만들 수 없는 경우 70% 알코올을 담은 작은 유리병에 담아 보존한다.

표본은 채집 장소와 날짜 및 채집자를 적은 라벨을 달아 두어야 하며 또 동정이 완료되면 동정된 학명을 함께 적어 둔다.

---

* **스위핑** 풀밭 등에서 포충망을 마치 빗질하듯이 휘둘러 채집하는 방법으로 주로 작은 곤충의 채집에 이용된다.

II. 다양한 벌의 생태

벌의 성 결정은 다른 동식물에서 볼 수 있는 방식과는 전혀 다르게 일어나므로 매우 흥미롭다. 벌목에 속하는 곤충은 모두 반수체-이배체에 의한 성 결정을 한다(*Cowan and Stahlhut,*

벌은 양친으로부 1조씩 염색체를 전달받 은 수정란으로부터 발생하므로 2배체이다. 반면 수벌은 미수정란으로부터 발생하며 어머니로부터 1조의

완전변태를 하며 성충은 10월경에 연 1회 출현한다. 암컷은 벚나무, 자작나무, 느티나무, 호두나무, 오리나무 등의 목질부에 산란관을 찔러 넣어 산란하고 알에서 깬 애벌레는 나무의 목질부를 먹고 자란다. 벌은 종류에 따라 그 생태와 서식지가 매우 다양하므로 연구나 채집을 하려면 특정 벌의 서식지를 찾아야 한다. 크기가 큰 벌 종류는 포충

1. 활엽수 줄기에 송곳질하여 알을 낳는

얼룩송곳벌*Tremex fuscicornis*

송곳벌과 Siricidae

| 벚나무 수간에 산란한 후 산란관을 꽂은 채 죽은 얼룩송곳벌.

잎벌아목의 생태

얼룩송곳벌의 생태를 알아보기 전에 우선 얼룩송곳벌이 속하는 잎벌아목에 대해 알아보자.

잎벌아목Symphyta은 벌아목Apocrita과 대별되는 아목이지만 잎벌아목에 속하는 벌은 전체 벌의 10% 정도에 불과하며 나머지 90%가 벌아목에 속한다. 송곳벌이란 이름은 암컷의 산란관이 송곳처럼 길게 나 있고 또 산란할 때 산란관을 마치 송곳처럼 사용하여 나무를 뚫고 산란하기 때문에 붙은 이름이다. 영어로는 sawfly라 불리는데 이 역시 나무를 뚫는 산란관의 모습이 작은 톱을 닮았다 하여 붙은 이름이다.

잎벌아목Symphyta에 속하는 곤충은 보다 원시적인 벌로 전 세계에 800여 속에 8,000종 정도가 기재되어 있다. 잎벌아목과 벌아목을 구분하는 기준은 잎벌아목은 벌아목 특유의 잘록한 허리를 갖지 않고 흉부와 복부의 연결 부분이 매우 넓적하다는 것이다. 일부 송곳벌은 말벌이나 꿀벌과 무늬가 닮는 베이트식 의태(Batesian mimicry)를 하는데 이는 독이 없는 동물이 독이 있는 동물과 비슷한 색이나 모양을 가져 독이 있는 것처럼 위장하는 것으로, 송곳벌은 독침이 없으며 쏘지 못하지만 독침이 있는 말벌 등과 비슷한 무늬를 가져 천적으로부터 벗어나려는 전략이다. 사람들은 송곳벌의 긴 산란관을 독침으로 오해하기 쉽지만 오직 나무에 구멍을 뚫고 알을 낳는데 사용하며 동물을 쏘지는 못한다. 송곳벌 종류는 몸길이가 2.5mm에서 20mm 정도가 일반적이며 가장 큰 벌은 55mm에 달한다. 애벌레는 나비와 나방의 애벌레인 모충과 흡사하다. 대부분이 식물을 먹고 자라지만 벌레살이송곳벌상과Orussoidea에 속하는 벌들은 기생생활을 한다. 성충은 꽃의 꿀과 꽃가루를 먹으므로 꽃에 모인다. 이들의 천적으로는 조류, 여러 종류의 곤충, 작은 동물 등 다양하다. 송곳벌의 유충은 기생 동물의 숙주가 되기도 하는데 기생자는 대개 벌목이며 일부 파리목의 곤충이 기생하기도 한다. 이 아목의 일부 종은 단위생식을 하므로 암벌만 존재하고 수벌이 없으며 일부 종은 수벌이 있어 유성생식을 한다. 발생과정은 알, 애벌레, 번데기, 성충의 단계를 가지는 완전변태를 한다. 암컷은 산란관을 사용하여 나무의 목질부를 뚫고 한 번에 여러 개의 알을 낳으며 부화한 애벌레는 나무의 목부를 먹고 자란다. 다 자란 애벌레는 나무껍질이나 흙 속 등의 보호된 곳에서 번데기로 탈바꿈한다.

알에서 애벌레를 거쳐 성충으로 자라는 데는 수개월에서 2년 정도 걸리지만 성충의 수명은 매우 짧아 7~9일 정도에 불과하다. 성충의 생존 기간은 알을 낳는 데 필요한 기간에 불과한 셈이다(Müller et al., 2004).

송곳벌은 삼림에 피해를 입히는 삼림해충이며 붓꽃송곳벌의 경우 원예식물에 심각한 해충이 된다. 송곳벌이 발생하면 나무가 낙엽 지거나 감염된 부위가 바람에 부러지기도 하며 심하면 죽기도 한다. 구제할 때는 살충제, 천적이나 기생 곤충을 이용하기도 하며 철사 등으로 찔러 죽이기도 한다. 이 아목 중 처음 지구상에 출현한 것은 칼잎벌상과Xyeloidea로 2억 5천만 년 전인 삼첩기였으며 이들은 지금까지 살아남아 전 세계에 널리 분포하며 북반구에 훨씬 더 다양한 종이 살고 있다.

분포

잎벌아목 중 가장 큰 과인 잎벌과Tenthredinidae는 남극대륙을 제외한 전 대륙에 걸쳐 분포하는데 약 5,000종이 기록되었다. 그 다음 큰 과인 등에잎벌과Argidae 역시 전 세계에 분포하며 약 800종이 알려져 있는데 특히 아프리카에 다양한 종이 살고 있다. 송곳벌과Siricidae 전북구(Holarctic)에 분포하며 일부는 열대종이다. 기생하는 벌레살이송곳벌과Orussidae는 전 세계에 분포하며 특히 아시아의 아열대 기후대에 많다.

습성과 생태

잎벌아목의 곤충은 대부분 식식성(食植性, 식물을 먹고 사는 것)으로 유충은 대개 식물의 잎을 먹고 살지만 송곳벌과의 유충처럼 식물의 수간에서 목질부를 먹고 자라기도 한다. 잎벌류를 잡아먹는 포식자로는 조류가 대표적이며 많은 종류의 새가 성충과 유충을 잡아먹는다. 조류 외에 설치류를 포함하는 작은 포유류, 도마뱀 같은 파충류 및 개구리 등도 주요한 포식자이다. 곤충 중에는 말벌과 곤충이 유충과 성충의 포식자가 되며 개미와 딱정벌레목의 곤충도 이들을 포식한다. 일부 잎벌류의 애벌레는 포식자를 피하는 전략을 쓰는데 맛이 고약한 분비물을 토해내어 개미와 같은 포식자를 피하는 것으로 알려져 있다(Holling, 1959).

잎벌류 대부분은 잎에다 알을 낳지만 송곳벌과Siricidae 곤충은 수간에 구멍을 뚫기 좋도록 산란관이 적응되었고 수간의 내부에 구멍을 뚫고 그곳에 알을 낳는다. 대부분의 종은 한해에 1회 발생하지만 일부 종은 2년에 1회씩 발생하는 것도 있다. 생산되는 벌은 대부분 암벌이며 수벌의 비율은 낮다.

기생

잎벌류에 기생하는 곤충은 대부분이 벌목에 속하며 고치벌과Braconidae, 좀벌과Eulophidae, 및 맵시벌과Ichneumonidae에 속하는 일부 종이 이들에 기생한다.

사람과의 관계

소나무잎벌*Diprion pini*은 스칸디나비아에서 심각한 피해를 입히는 삼림 해충이다. 핀란드에서는 1998년부터 2001년 사이에 500,000 헥타르의 삼림에 소나무잎벌이 대량 발생하여 75%의 소나무가 고사하였다. 소나무잎벌이 대량 발생하면 소나무의 잎을 모조리 갉아먹어 소나무는 가지만 남게 되어 광합성을 하지 못하게 된다. 광합성을 하지 못하면 더 이상 양분을 만들지 못하므로 소나무는 극도로 쇠약해져 겨울을 넘기지 못하고 죽게 되는 것이다(Krokene, 2014).

잎벌류는 원예에도 많은 피해를 입히는데 종에 따라 피해를 입히는 숙주는 서로 다르다. 붓꽃잎벌의 애벌레는 여름에 나타나는데 붓꽃, 노랑꽃창포 등의 식물을 가해한다. 장미등에잎벌*Arge pagana*은 장미 봉오리를 가해한다.

잣나무송곳벌*Urocerus gigas*은 매우 긴 산란관을 가지며 말벌을 의태하고 있지만 쏘지 않으며 잣나무, 소나무, 가문비나무, 낙엽송, 더글라스전나무 같은 침엽수의 수간에 알을 낳는다. 나무의 목질부에서 부화한 애벌레는 수간을 먹으며 터널을 뚫어 목재의 가치를 떨어뜨려 경제적 손실을 일으킨다.

작은 화초나 관목에 발생하는 잎벌류는 살충제로 효과적으로 구제할 수 있지만 나무의 수간에서 발생하는 송곳벌 종류를 효과적으로 구제하는 일은 살충제로서는 쉽지 않으며 기생 생물을 이용하는 방법 등이 연구되고 있다.

얼룩송곳벌*Tremex fuscicornis*의 생태

몸길이 25mm 정도의 꽤 큰 벌로 체형이 길쭉한 편이다. 암컷과 수컷의 모양이 서로 크게 다른 성적 이형(性的異形)을 나타낸다. 암컷은 몸 전체적으로 검은색을 띠며, 가슴 양옆과 가슴의 윗부분은 황갈색이다. 더듬이는 갈색이며 총 13마디로 이루어져 있다. 배의 2, 3마디의 등 쪽과 4~6마디의 시작부 측면에는 황갈색 무늬가 있다. 날개는 투명한 혁질이며 다소 황색을 띠며 가장자리는 색이 보다 짙어진다. 수컷은 몸 전체가 검은색이고 앞다리와 가운뎃다리 종아리마디 아래로 갈색이다.

완전변태를 하며 성충은 10월경에 연 1회 출현한다. 암컷은 벚나무, 자작나무, 느티나무, 호두나무, 오리나무 등의 목질부에 산란관을 찔러 넣어 산란하고 알에서 깬 애벌레는 나무의 목질부를 먹고 자란다. 산란은 목질부 깊은 곳에 산란관을 박아야 되므로 무척 힘든 과정이며 산란하면서 기력이 쇠진해진 결과 산란관을 도로 뽑지 못하고 산란관을 꽂은 채로 죽는 경우도 있다. 우리나라 외에, 일본, 사할린, 타이완, 시베리아, 유럽 등지에 널리 분포하며 호주와 남미 칠레에는 외부에서 유입되어 서식한다.

2. 침엽수 수간에 알을 낳아 새끼를 기르는

긴송곳벌 *Xeris spectrum*

송곳벌과 Siricidae

| 잣나무 수간에 산란 중인 송곳벌 일종인 잣나무송곳벌.

아시아, 유럽, 아프리카, 북미에 걸쳐 널리 분포한다.

침엽수림에 서식하며 암컷은 강력한 산란기를 가진다. 다른 송곳벌 종류와는 달리 애벌레가 목질부를 파먹을 때 도움이 되는 곰팡이와 공생하지 않는 특성이 있다. 몸통은 원통형이며 암수 크기 차이는 없고 몸길이 12~28mm 정도로 큰 편이다. 암컷은 전나무, 가문비나무, 소나무, 낙엽송 등 침엽수의 줄기에 산란관으로 구멍을 뚫어 그곳에 알을 낳는다. 비록 공생하는 곰팡이는 없지만 다른 종류의 송곳벌과 공생하는 곰팡이의 도움을 받을 때도 있다. 이따금 곰팡이와 공생하는 다른 종류의 송곳벌이 이미 산란해 둔 곳에 알을 낳기도 하는데 그럴 경우 긴송곳벌의 애벌레는 곰팡이로부터 혜택을 받게 되는 것이다.

발생 단계는 벌아목과 마찬가지로 알, 애벌레, 번데기, 성충을 모두 거치는 완전변태를 한다. 번데기로 지내는 기간은 온도에 따라 달라진다. 알에서 애벌레와 번데기를 거쳐 성충이 되기까지는 여러 해가 소요된다.

암벌은 수정란에서 발생하고 수벌은 미수정란에서 발생하는 것은 벌아목과 마찬가지다. 성충은 연 2회에 걸쳐 우화하게 되는데 일단의 무리는 여름에 우화하고 또 다른 무리는 이듬해 봄에 우화하게 된다(Fukuda and Hijii, 1997). 수간 속의 애벌레는 목질부를 갉아먹고 자라게 되므로 굴은 점차로 넓고 깊어지게 되어 목재의 가치를 떨어뜨리므로 삼림 해충이다. 긴송곳벌에 감염되면 나무 구멍 아래에 톱밥 모양의 목질부 조각과 똥이 생기므로 확인할 수 있다. 바람, 산불, 눈, 곰팡이 같은 병해를 입은 전나무 단순림과 전나무와 가문비나무 혼효림에서 잘 발견되며 심하게 감염될 경우 나무줄기 1m당 60마리의 애벌레가 서식하기도 한다.

3. 나비 애벌레처럼 식물의 잎을 먹고 자라는

콜론잎벌*Tenthredo colon*

잎벌과 Tenthredinidae

| 콜론잎벌.

한국을 비롯한 아시아, 유럽, 아메리카 대륙에 분포하며 성충은 몸이 넓적하고 통통한 모습이다. 잎벌과(科) 벌은 모두 가슴과 배가 넓어 벌 특유의 잘록한 허리가 나타나지 않는데 콜론잎벌 역시 마찬가지다. 몸길이는 10~14mm 정도이고 머리와 가슴은 검은색이다. 배는 검정색에 붉은 지역이 있다. 침이 없어 쏘지 못하며 성질도 온순하다. 단독생활하는데 성충은 5~8월에 출현하며 흔히 꽃에서 꿀을 빠는 모습을 볼 수 있다. 성충은 바늘꽃*Epilobium hirsutum*, 분홍바늘*Chamerion angustifolium*, 고사리*Pteridium aquilinum*, 버들류*Salix* 등 다양한 식물의 어린잎에 알을 낳는다. 알에서 깬 애벌레는 연한 갈색으로 흡사 나방의 애벌레처럼 생겼다. 애벌레는 식물의 잎을 먹고 자라므로 어릴 때는 나비나 나방의 애벌레로 착각하기 쉽다. 잎벌이란 이름은 이처럼 식물의 잎을 먹고 자라기 때문에 붙은 이름이다. 애벌레는 대개 9월쯤 볼 수 있는데 다 자라면 번데기가 되어 겨울을 넘기고 이듬해 늦봄에 성충으로 우화한다.

코리아잎벌 *Tenthredo arcuata*

몸길이 8~10mm 정도이고 체색은 황색에서 연한 녹색이며 머리와 가슴은 검정색이다. 성충은 4월부터 7월까지 관찰되며 작은 곤충을 잡아먹거나 꽃에서 꿀을 빠는 모습을 볼 수 있다. 특히 좋아하는 꽃은 마디풀, 국화, 가막살나무 꽃 등이다. 애벌레는 콩과의 토끼풀, 벌노랑이 등을 먹고 자란다.

| 콜론잎벌 애벌레.

4. 잡아먹혀야 살 수 있는 기이한 운명

말벌살이갈고리벌*Bareogonalos jejoensis*

갈고리벌과 Trigonalidae

| 갈고리벌 일종인 등빨간갈고리벌.

갈고리벌과 곤충은 전 세계에 널리 분포하며 지금까지 15속에 90종 정도가 보고되어 있지만 매우 희귀하여 깊이 연구되지 않았고 대부분의 생태가 베일에 쌓여 있는 신비의 곤충이다.

갈고리벌속*Bareogonalos*은 동아시아에서 북미에 걸쳐 발견되는데 5종이 알려져 있다. 캐나다의 Harrington(1896)이 땅벌의 일종인 펜실바니카땅벌*Vespula pensylvanica*에 기생하는 캐나다갈고리벌*Bareogonalos canadensis*을 보고한 것이 최초의 발견이다. 일본의 Yamane(1975)는 말벌살이갈고리벌이 좀말벌, 털보말벌, 말벌, 땅벌 등에 기생하는 것을 확인한 바 있다. 그중에서 말벌살이갈고리벌은 말벌속, 땅벌속 및 중땅벌속의 곤충을 숙주로 삼는 기생벌로 우리나라에서는 아직 그 생태는 물론 존재 자체도 보고되지 않았다. 이 분야의 연구자가 없어 우리나라 학계에 보고되지는 않았지만 이들 숙주는 우리나라에서도 매우 흔한 종이므로 우리나라에도 갈고리벌이 서식하리라 짐작되며 그 특징에 근거하여 *Bareogonalos jejoensis*를 말벌살이갈고리벌로 부르기로 한다. 암컷의 체구는 더듬이를 제외한 몸길이가 14~15mm 정도이고 수컷의 몸길이는 13mm 정도인 작은 벌이다.

기생 생활을 하는 벌로는 맵시벌과의 수많은 종류와 고치벌과의 수많은 종류 등 이루 헤아릴 수 없이 많지만 이 말벌살이갈고리벌의 생태를 보면 그런 기생벌과는 전혀 다른, 신비롭고 놀라운 생활사를 갖고 있다.

대부분의 기생벌은 숙주가 되는 곤충의 애벌레에 몰래 산란하여 유충의 몸속에서 자라게 되지만 갈고리벌의 기생 방식은 그런 일반적인 기생과는 전혀 다른 기상천외한 방법을 사용한다. 말벌살이갈고리벌은 나비목이나 잎벌의 애벌레가 좋아하는 식물의 잎에 산란을 한다. 알은 아주 작으며 대개 잎의 가장자리에 무더기로 산란하거나 잎의 내부로 산란관을 찔러 넣어 알을 낳는다. 식물에 산란되었으니 얼핏 식물의 잎을 먹고 자랄 것 같지만 갈고리벌의 알은 식물에서는 결코 부화하지 않고 중간숙주가 알을 먹을 때까지 기다리게 된다. 용케 나비목 곤충이나 잎벌이 같은 식물에 산란을 하게 되면 알에서 부화한 나비목이나 잎벌의 애벌레는 그 식물의 잎을 먹고 자라게 된다. 나비목이나 잎벌의 유충이 식물의 잎을 갉아먹는 과정에서 그곳에 이미 산란된 갈고리벌의 알은 식물성 먹이와 함께 이들 애벌레의 몸속으로 들어가게 된다. 이렇게 나비목이나 잎벌의 애벌레에 먹혀 몸속으로 들어간 갈고리벌의 알은 그곳에서 드디어 부화하게 된다. 갈고리벌의 알은 산란된 상태 그대로는 결코 부화하지 않으며 중간숙주인 나비목 등의 애벌레가 식물의 잎을 먹는 과정에서 알이 씹혀 알껍데기에 상처가 나야만 부화되므로 조기에 부화하여 죽는 것을 방지하게 된다. 부화되었다고 그곳에서 나비목 유충 등의 몸을 파먹고 자라는 것도 아니며 또 다시 다른 포식자가 나비목 애벌레를 잡아먹을 때까지 기다린다. 나비목 유충은 갈고리벌이 자라는 최종숙주가 아니며 중간숙주 역할만 하게 되는 것이다. 이렇게 중간숙주의 몸속에 머무르고 있는 동안 말벌이나 땅벌이 이 중간숙주를 사냥하여 고기 덩어리를 만들어 둥지의 새끼에게 먹이면 갈고리벌 유충은 최종숙주인 말벌이나 땅벌의 유충에 성공적으로 침입하게 되는 것이다(山根, 山根, 1975). 결국 중간숙주와 최종숙주에게 두 번 먹혀야 성충으로 성장하게 되니 아주 복잡하고 미묘하게 얽혀 있는 먹이사슬이며 생태계의 신비라 하겠다. 말벌살이갈고리벌은 알이 나비목 유충에게 먹혀야 하고 또 그 다음으로는 나비목 유충이 다시 말벌에게 잡아먹혀야 하니 그 확률이 결코 높을 수 없을 텐데 어떻게 자연에서 도태되거나 멸종되지 않고 종족을 보존할 수 있을까 하는 의문이 든다. 이를 극복할 수 있는 방법은 상대적으로 많은 양의 알을 곳곳에 산란해 두고 기다리는 것이다. 갈고리벌 한 마리는 수천 개의 알을 낳는다고 한다. 따라서 그중에서 일부는 그런 생태계의 먹이 사슬을 거쳐 기생에 성공하여 자기의 유전자를 다음 세대에 무사히 전달할 수 있는 것이다.

이렇게 낮은 확률을 상쇄하기 위해 엄청나게 많은 수의 산란을 하는 것은 생존율이 낮은 수많은 동물에서 볼 수 있다. 물에 사는 물고기 종류는 알에서 어린 물고기를 거쳐 어른 물고기까지 자랄 확률이 매우 낮으므로 많은 수의 알을 낳으며 바다의 성게나 굴 등은 생존율이 더욱 낮으므로 그야말로 천문학적인 수의 알을 산란하게 된다.

말벌살이갈고리벌은 이처럼 복잡한 먹이사슬을 따라 생존을 이어가며 또 그 개체수도 많지 않은 희소 곤충이므로 복잡한 생활 방식과 생태는 대부분 베일에 쌓여 있어 앞으로 많은 연구가 필요한 신비한 곤충이다.

5. 암컷만의 세상을 이루는 여인국

밤나무혹벌*Dryocosmus kuriphilus*

혹벌과 Cynipidae

| 참나무 눈에 앉은 혹벌 일종.

나이 60 이상 되는 우리나라 사람들은 신품종 밤이 보급되기 전의 재래종 밤에 대한 기억이 있을 것이다. 알이 매우 작아 싸락밤*이라고도 불렸지만 맛은 요즘 재배하는 개량종 밤과는 비교할 수 없을 정도로 달고 고소한 맛이 강했다. 그런데 그 싸락밤이 우리 산야에서 거의 사라지게 된 이유는 얼핏 개량종 밤에 밀려난 줄로 생각하겠지만 반드시 그런 이유만 있는 것은 아니다. 신품종이 재래종 밤을 우리 땅에서 몰아낸 한 원인이긴 하지만 그보다는 밤나무혹벌의 탓이 더 컸다고 볼 수 있다.

밤나무혹벌은 밤나무에 기생하지만 품종에 따라서 피해 정도는 크게 차이가 나며 60~70년대에 많이 보급된 밤나무 품종은 대부분 이 밤나무혹벌에 대해 저항성을 가져 심각한 피해를 받지는 않는다. 그러나 우리 재래종 밤나무는 이 밤나무혹벌의 공격에 대해 극심한 피해를 입어 전국 산야의 수많은 재래종 밤나무가 이 땅에서 사라지는 데 결정적 역할을 하였다. 물론 아직도 산지에 드물게 재래종 밤나무를 볼 수 있기는 하지만 여전히 이 밤나무혹벌의 피해는 계속되고 있다. 현재 우리나라의 밤나무 과수원에서 재배되는 품종은 모두 밤나무혹벌에 저항성인 신품종으로 교체되었다.

밤나무혹벌은 이름 그대로 밤나무에 혹을 생기게 하는 기생벌로 유충이 밤나무의 눈에 기생해 10~15mm 크기의 붉은색 벌레 혹을 만든다. 벌레 혹이 형성된 부위에 작은 잎이 무리지어 생기고 가지가 정상적으로 자라지 못해 나무가 심하게 쇠약해지며 개화와 결실도 되지 않아 이 벌에 심하게 감염된 밤나무는 결국 말라죽게 되므로 밤나무에게는 가

* **싸락밤** 함박눈에 대해 아주 작은 알갱이의 눈이 내릴 때 싸락눈이라고 부르듯이 싸락밤은 아주 작은 밤이란 뜻이다.

장 치명적인 해충이다(Murakami, 2009). 우리나라를 위시한 북반구의 많은 나라에 분포하는데 성충은 몸길이가 약 2.5 내지 3mm에 불과한 아주 작은 벌로 광택이 있는 흑갈색이고 날개는 투명하다. 유충은 다 자라면 몸길이가 약 2.5mm가 되며 유백색 또는 반투명한 회백색을 띈다. 연 1회 발생하며, 밤나무 눈의 조직 안에서 어린 유충으로 월동한다. 겨울이 지나고 봄이 되면 유충이 자라면서 벌레혹도 점차 커지게 되며 애벌레가 다 자랄 무렵이면 혹의 폭은 2cm에 달하게 된다. 성충은 6월 하순~7월 상순에 우화하여 벌레 혹에서 탈출한다. 탈출한 벌은 다시 밤나무의 새 눈에 3~6개씩 산란하며 산란된 알은 곧 유충으로 부화하지만 산란된 그 해에는 거의 자라지 않으며 벌레 혹 또한 형성되지 않는다. 어린 애벌레는 동면으로 겨울을 지나며 이듬해 봄에야 비로소 본격적으로 자라게 되는 것이다. 혹벌이 탈출한 후에 충영은 말라 버리며 눈은 싹을 틔우지 못하고 죽게 된다. 대개 감염된 가지 전체가 마르며 심하게 감염되면 나무 전체가 말라죽기도 한다.

밤나무혹벌에 의한 피해는 이 해충에 의한 직접 피해 외에도 마름병을 유발하여 2차 피해를 일으키기도 한다. 혹벌 성충이 탈출한 후의 혹은 마름병을 일으키는 곰팡이 포자의 침입을 쉽게 하여 마름병을 유발하기 때문에 밤나무가 쉽게 고사된다(Prospero, 2011).

이 밤나무혹벌의 수벌은 지금까지 발견된 적이 없다. 수벌이 발견된 적이 없기에 생태적으로 수벌이 사람 눈에 띄기 어려운 줄로 생각하기 쉽겠지만 그런 게 아니고 놀랍게도 아예 수벌은 없고 암벌만 존재하는 종이다. 암벌은 짝짓기 없이 알을 낳지만 이 수정되지 않은 알이 아

| 밤나무혹벌에 감염된 밤나무 가지.

무런 문제없이 생명력을 가지며 새로운 벌로 자라게 되는 것이다(Cooper and Rieske, 2007). 이런 생식을 단자생식(單雌生殖, thelytokous parthenogenesis)이라 하며 혹벌과의 곤충 외에도 수중다리좀벌과Chalcididae의 여러 곤충 그리고 딱정벌레목Coleoptera과 총채벌레목Thysanoptera의 일부 곤충에서도 볼 수 있다. 의외로 암컷만 존재하여 번식을 이어가는 이런 종들이 다수 있다는 것을 보면 생물의 세계는 참으로 오묘하고 그 생존 방식 또한 다양함을 알 수 있다.

밤나무에 치명적인 피해를 입히는 이 밤나무순혹벌도 꼼짝 못하는 천적이 있다. 이렇게 작은 혹벌에 기생하는 더 작은 벌도 있으니 꼬리좀벌과Torymidae의 밤나무꼬리좀벌*Torymus sinensis*이다. 밤나무꼬리좀벌은 아주 작은 기생 곤충으로 밤나무 눈 속에서 자라는 밤나무혹벌의 애벌레에 기생하여 자란다. 밤나무혹벌은 저항성 품종을 심는 것 외에는 사실상 방제가 어렵다. 살충제를 살포하더라도 충영이 매우 효과적으로 밤나무혹벌의 애벌레를 보호하기 때문이다. 따라서 최근 이 밤나무꼬리좀벌을 이용하여 밤나무혹벌을 생물학적으로 방제하는 연구가 많이 이루어지고 있다(Gibbs et al., 2011). 생물학적방제는 해충 구제에 다른 생물을 이용하는 방법으로 살충제에 의한 피해가 없는 친환경적인 방법이다. 현재 밤나무혹벌뿐 아니라 수많은 해충의 생물학적 방제에 관한 연구가 세계 여러 나라에서 활발하게 이루어지고 있다.

6. 무화과와 공생하는

무화과벌*Blastophaga psenes*

무화과벌과 | Agaonidae

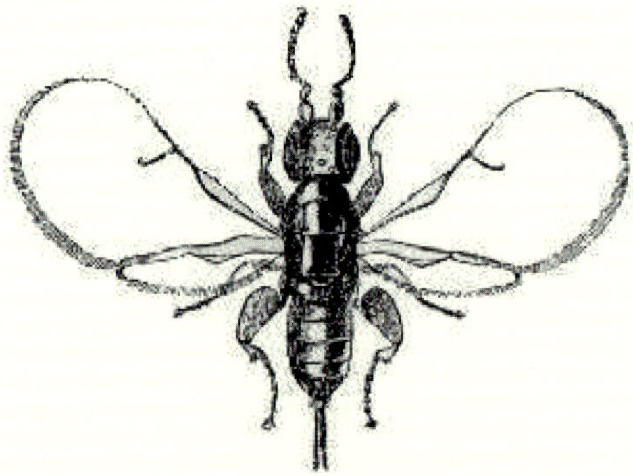

| 무화과벌.

무화과벌은 좀벌상과上科, Chalcidoidea, 무화과벌과科, Agaonidae에 속하며 애벌레는 무화과 열매 속에서 무화과를 먹고 자란다. 무화과를 먹고 자란다고 하니 무화과에 크게 피해를 입히는 것 같지만 무화과벌은 은혜를 모르는 몰염치한 벌은 아니다. 먹고 자라는 대가로 꽃을 수분시켜 주니 무화과로서는 잃는 것보다는 얻는 게 훨씬 많다. 무화과와 무화과벌은 서로 상대방이 없으면 번식 자체가 되지 않을 정도로 밀접하게 상호 의존하고 있는 상리공생관계를 유지한다. 무화과벌 종류는 대부분이 수분 매개자이지만 일부 종은 비 매개자로 단순히 무화과를 먹고 자라기만 하니 얌체 같은 종도 있기는 하다. 무화과벌과에 속하는 벌에는 충영을 만드는 종류와 다른 무화과벌의 충영을 이용하는 종류도 있다. 다른 충영을 이용하는 벌이 기생벌이라는 주장도 있으나 확실하지 않은 것 같다.

아리스토텔레스는 야생 무화과 열매 속에서 자라는 무화과벌을 처음으로 기록했는데 자란 열매에서 나와서 다른 무화과 열매로 들어가는 것을 확인하였다. 그는 무화과벌이 저절로 생겨난 것으로 생각했으며 무화과가 수분에 의해 번식하며 무화과벌이 수분 과정을 매개한다는 사실도 알지 못했다. 당시는 무생물에서 생물이 발생한다는 자연발생설을 믿고 있던 때이며 아리스토텔레스 자신이 자연발생론자였으므로 무화과벌이 저절로 생겨난다는 생각은 그리 놀라운 일이 아니다. 생물은 반드시 생물로부터 발생한다는 생물속생설은 그로부터 2200여 년이 더 지난 19세기 후반에야 파스퇴르 등에 의해 입증되었다.

무화과벌은 우리가 과일로 이용하는 무화과*Ficus carica*와 무화과의 근연종인 편잡무화과*Ficus palmata*를 수분시킨다. 이 벌은 단독생활하며 무리를 이루지 않고 둥지도 짓지 않는다. 후각기관을 이용하여 무화과를 찾아 그곳에 알을 낳으며 무화과 열매 속에서 애벌레가 자라게 된다. 무화과와 무화과벌은 서로 의존적이며 특정 무화과 종은 특정 무화과벌이 수분을 하게 된다. 무화과벌은 크기가 아주 작은 벌로 몸길이가 2mm에 불과하다. 암컷은 검정색에 빛이 나며 수컷은 암컷보다 몸길이가 조금 더 작다. 암컷은 투명하고 아주 얇은 날개가 있으나 수컷은 날개가 없다. 성충의 수명은 매우 짧아 며칠 내지 몇 주 정도에 불과하다. 애벌레는 무화과의 수꽃이 꽃가루를 생산하게 될 무렵에 성충으로 우화하게 된다. 수벌의 임무는 무화과 열매 안에 있는 동안 암컷과 짝짓기 하는 일, 짝짓기 후 암컷이 열매 밖으로 탈출할 수 있도록 열매에 구멍을 내어 탈출로를 만들어 주는 일뿐이다. 암벌은 우화한 후 무화과 열매 안에서 짝짓기를 하고는 열매 밖으로 나와 알을 낳을 다른 무화과 열매를 찾게 된다. 암벌은 어떻게 산란에 적당한 무화과 열매를 찾을까? 그 비밀은 무화과 열매에서 풍기는 화합물이다. 산란은 단순히 무화과 열매만 있으면 되는 게 아니라 그 무화과 열매가 산란과 애벌레 발육에 적합한 상태여야 할 것이다. 무화과벌은 무화과에서 발산되는 화합물을 후각으로 탐지하여 산란에 적합한지 판단하게 되는데, 열매에서 풍기는 펜탄(pentane) 화합물을 5m 거리에서도 감지할 수 있으며 산란 적합성 여부를 알 수 있다고 한다. 화합물에 이끌려 무화과에 접근한 벌은 열매 내로 진입하기 전에 다시 정확한 감정을 하게 된다. 그 방법은 무화과의 꼭대기에 있는 구멍(ostiole)에 머리와 더듬이를 밀착하여 그곳에서 풍겨 나오는 냄새를 확인하는 것이다. 감정 결과 적합하다고 생각되면 더듬이를 내리고 구멍으로 들어가게 된다. 만약 그런 신호가 감지되지 않으면 그곳을 떠나서 다른 열매를 찾게 된다. 무화과벌의 후각은 성숙 정도뿐 아니라 숙주가 되는 무화과 근연종 무화과와의 구별 또한 가능하게 해 준다(Hossaert-Mckey et al., 1994). 무화과벌은 평균적으로 연 3세대 발생하게 되는데 이는 무화과가 꽤 긴 기간 지속적으로 열매가 자라고 익기 때문에 가능한 일이다.

수분에 기여하지 않는 벌은 무화과 밖에서 내부에 산란할 수 있는, 극단적으로 긴 산란관을 가지도록 진화하였다. 대부분의 무화과는 수꽃, 짧은 암꽃, 긴 암꽃의 3가지 종류의 꽃을 가지는 은화과*를 맺는다. 암컷 무화과벌의 산란관은 짧은 암꽃의 자방에는 도달할 수 있으나 긴 암꽃에는 도달하지 못한다. 따라서 짧은 암꽃에서는 벌이 자라게 되고 긴 암꽃에서는 씨앗만 자라게 된다. 얼핏 무화과 내부에는 죽은 무화과벌의 사체와 여러 잔존물로 가득할 것 같지만 무화과를 먹을 때 톡톡 터지며 씹히는 것은 무화과 씨앗뿐이다. 그 이유는 무화과 열매는 피카인(ficain) 또는 피신(ficin)이라 불리는 효소를 분비하여 죽은 벌의 사체와 벌의 생육과정에서 발생하는 잔존물을 소화시켜, 그 분해물을 흡수하여 열매를 키우고 씨앗을 맺을 양분으로 이용하기 때문이다(Machado et al., 2005).

상업적으로 재배되는 일부 무화과 품종은 단위결실**을 하므로 무화과벌의 방문을 받지 않아도 된다.

---

* **은화과** 무화과처럼 꽃이 열매 안에 숨어 있는 열매

** **단위결실(parthenocarpic)** 식물의 암꽃이 수꽃의 수분 없이 열매를 맺는 현상. 단위결실로 맺은 열매에는 씨앗이 존재하지 않음.

생활환

*Ceratosolen*속의 무화과벌은 *Sycomorus*속 무화과의 수분 매개자이다. 무화과벌의 생활환은 그들이 의존하는 무화과나무와 밀접하게 얽히게 마련이다. 특정 무화과나무에 사는 무화과벌은 수분매개자와 비매개자의 두 그룹으로 나뉘는데 매개자는 절대적으로 무화과와 상호 공생관계에 있지만 비 매개자는 식물을 먹고 살기만 할 뿐 식물에게 어떠한 보상도 해 주지 않는다. 하지만 이 두 그룹의 생활사는 매우 비슷하다.

수분매개자 무화과벌은 종에 따라 구체적인 생활사는 조금씩 다를 수 있지만 대체로 다음과 같다. 성숙한 암벌은 아직 어린 무화과 열매에 자연적으로 나 있는 끝부분의 작은 구멍(ostiole)을 통해 열매 내부로 들어가서는 열매 안에 산란을 한다. 열매의 구멍이 너무 작으므로 힘들게 들어가는 과정에서 날개는 대개 떨어져 버리며 더듬이의 대부분을 잃기도 한다. 구멍을 통과하기 쉽도록 암벌의 머리 아래쪽에는 안으로 들어가는 데 도움이 되는 방향으로 짧은 강모(剛毛)가 나 있다. 암벌은 무화과 안의 여러 곳에 산란하는 도중에 원래 자랐던 무화과에서 묻혀 온 꽃가루를 암술에 묻히게 된다. 무화과와 같은 은화과는 하나의 열매 안에 수없이 많은 꽃이 숨어 있는데 그 꽃들을 무화과벌이 수분해 주는 것이다. 그 결과 열매 내부에 있는 암꽃들이 수분되어 열매가 자라게 된다. 산란을 마친 벌은 그곳에서 죽게 된다. 수분 후 여러 종류의 비매개자 무화과벌 종류들이 무화과가 단단해지기 전에 산란을 하게 된다. 무화과가 자람에 따라 무화과벌의 애벌레도 자라게 된다. 번데기를 거쳐 성충이 된 수벌이 맨 먼저 하는 일은 암벌과 짝짓기 하는 것이다. 짝짓기는 그들이 우화한 무화과 열매 안에서 일어나며 때로는 고치에서 미처 다 나오기도 전의 암컷과 짝짓기하기도 한다. 짝짓기를 마친 후 수벌은 무화과의 구멍을 크게 하여 암벌이 밖으로 탈출할 수 있도록 한다. 수벌은 대개 날개가 없으며 무화과 밖에서는 오래 살 수 없으며 곧 죽고 만다. 때로는 무화과 열매 아래의 땅에 수벌이 떨어져 죽기도 한다. 암벌은 자기가 자란 무화과 내부에서 꽃가루를 묻혀서 나온 후 어미가 그랬던 것처럼 같은 종의 다른 무화과 열매를 찾아서 무화과 열매 내로 들어가 산란하게 된다.

공진화

무화과와 무화과벌의 상리공생은 7천만 년 내지 9천만 년 전부터 시작되었다고 한다. 그 이후 공분화*와 공진화**가 이어져 온 것이다. 무화과나무와 무화과벌의 형태적 분석과 최근의 분자생물학적 분석으로 이 두 그룹은 공분화와 공진화가 지속적으로 일어났음이 밝혀졌다. 교잡에 의해 지속적으로 무화과의 종 분화가 일어나고 이에 따라 수분을 매개하는 무화과벌의 지속적인 공분화 및 공진화가 일어난 것이다. 무화과벌이 때로 숙주(무화과나무)를 바꾸게 되면 무화과 종 사이에 교잡이 일어날 수 있어 무화과나무의 종은 지속적으로 분화하게 되고 다양해진다(Molbo et al.,

---

* **공분화** 서로 밀접하게 의존하는 두 종이 각기 두 종 이상씩으로 종 분화가 일어나는 현상. 한 종이 분화하면 그것에 의존적인 다른 종도 덩달아 종 분화가 일어나는 것임

** **공진화** 서로 의존적인 두 종이 함께 진화하는 현상. 한 종이 진화하여 다른 종이 적응하지 못하면 그 종은 멸종되므로 공진화는 필연적으로 일어나게 됨. 공진화는 일방적인 기생생물과 피 기생생물 간에서도 일어나고 서로 이익을 주고받는 상리공생 관계일 때도 일어남

2003) (Machado et al., 2005).

무화과벌에게 가장 무서운 천적은 개미로 알려져 있다. 개미는 무화과벌이 기생하는 무화과를 냄새로 탐지하여 벌을 잡아먹는다(Schatz et al., 2010).

7. 현미경으로만 볼 수 있는 깨알보다 더 작은 벌

극미알벌*Megaphragma mymaripenne*

알벌과 Trichogrammatidae

| 단세포 원생동물인 짚신벌레(중앙)와 아메바(우)를 같은 배율로 비교해 본 극미알벌(좌).

알벌과科, Trichogrammatidae는 좀벌상과上科, Chalcidoidea에 속하는 무리로 곤충 중 가장 크기가 작은 종류 중의 하나이며, 대부분의 종은 길이가 채 1mm도 되지 않으니 깨알보다도 훨씬 작은 곤충이다. 전 세계에 약 80속에 840종 정도가 있는 것으로 기록되었다. 여러 목(目)의 곤충 알에 기생하기 때문에 해충의 생물학적 구제에 있어서 매우 중요한 곤충이다.

암컷은 날개는 있으나 체구가 너무 작아 강한 비행 능력은 가지지 못하며 대개 바람에 날려 이동한다. 대다수 종의 수컷은 날개가 없으며 자신이 태어난 숙주인 알 안에서 누이인 암벌과 짝짓기를 하며 숙주 밖으로 벗어나지 못한 채 삶을 마감하게 된다. 알벌이 알을 낳을 때는 하나의 알에 암벌이 될 알과 수벌이 될 알을 함께 낳아 암수가 동시에 자라게 되며 다 자라면 남매간에 짝짓기를 하게 되므로 결국 지속적으로 근친번식을 이어가게 된다. 알벌은 체구가 아주 작은데, 몸의 크기를 줄이기 위해 극히 작은 신경계를 가지며 또 성체의 신경세포 대다수는 핵을 상실하여 신경세포 수에 비해서도 훨씬 적은 공간을 차지하여 체구를 소형화하는 놀라운 진화를 하였다.

알벌 종류 중에서도 극히 작은 종인 극미알벌*Megaphragma mymaripenne*에 관해 좀 더 알아보자. 1920년 하와이에서 총채벌레thrips의 알 속에 산란하는 것으로 보이는 미상의 곤충이 처음으로 발견되었다. 극미알벌의 숙주인 총채벌레는 성충의 몸길이가 불과 1mm 내외에 불과한 미소곤충(微小昆蟲)이다. 그러니 총채벌레의 알은 얼마나 작겠는지 짐작이 될 것이다. 이렇게 작은 알 속에 기생하는 곤충이 발견된 것이다. 그 후 1930년에 예상대로 총채벌레의 알에서 성숙한 극미알벌의 번데기가 발견되어 기생하는 곤충의 정체가 확인되었다.

이 벌은 너무 작아 현미경을 통해서만 볼 수 있는 종으로 그 길이는 200μm에 불과하다(1μm는 1,000분지 1mm). 이 정도의 크기는 단세포 원생동물과 비슷한 수준이며 곤충 중에서는 크기가 작기로 세 번째에 꼽힌다. 어쨌거나 원생동물 크기의 곤충이 있다는 사실은 놀라움 그 자체요, 다양하고 오묘한 생물 세계를 새삼 보여 주는 예라 하겠다. 성충의 수명은 5일 정도에 불과하다(Polilov, 2012).

극미알벌의 몸이 극도로 작아질 수 있는 데는 중추신경계의 축소가 큰 역할을 한다. 이 벌의 전체 신경세포의 수는 7,400개에 불과하며 그중 4,600개가 뇌에 존재한다. 이 정도의 작은 신경계는 곤충뿐 아니라 날 수 있는 모든 동물 중에서 가장 작은 크기이다. 극미알벌 성충의 중추신경계는 전체 몸 체적의 6%를 차지하는데 그중 뇌는 2.9%를 차지한다. 번데기 상태에서는 중추신경계가 몸 체적의 19%를 차지하고 그중 뇌가 11%를 차지했는데 성충에서는 어떻게 이처럼 신경계 특히 뇌의 체적이 줄었을까? 그 비밀은 신경세포가 핵을 상실하는 것이다. 번데기 때는 신경세포에 핵이 있었지만 성충에서는 핵이 사라짐으로써 체적을 이렇게 줄일 수 있는 것이다. 성충으로 발달하면 중추신경계를 구성하는 신경세포의 95%는 핵을 상실한 무핵세포가 되며 오직 339~372개만 핵을 그대로 유지한다. 핵을 가지는 신경세포는 절반 이상인 179~253개가 뇌에 존재한다. 극미알벌의 신경계는 핵이 없는 상태에서도 기능을 수행하는데 이런 예는 다른 어떤 동물에서도 보고된 바가 없는 특이한 현상이다. 신경세포는 번데기로 될 때까지는 핵이 있는 상태를 유지

| 노린재 알에 산란하는 검정알벌.

하는데 그 시기에 짧은 성체 기간까지 지속될 만큼의 충분한 유전자 산물 즉 단백질을 만들어 둔다. 핵의 기본적인 기능이 유전자 산물을 만들어 세포의 신진대사를 조절하는 것이므로 이를 사전에 만들어 저장해 두는 것이다. 이렇게 필요한 유전자 산물을 사전에 만들어 둔 후 번데기에서 성충으로 우화하기 전에 신경세포의 핵이 파괴되는데, 이때 신경세포는 더 작은 크기로 줄어들어 공간을 대폭 절약하게 되는 것이다. 번데기시기에 이미 충분히 유전자 산물을 만들어 두었으므로 핵이 없어도 신경세포는 생존할 수 있고 일정 기간 기능을 다할 수 있는 것이다. 이렇게 핵을 상실하면서까지 자기 자신의 체구를 줄이는 쪽으로 진화한 것은 성충의 수명이 닷새밖에 되지 않을 정도로 짧은 것과도 관련이 있다. 만약 수명이 길면 신경세포의 유전자 산물이 고갈되어 정상적으로 기능할 수 없는 상태가 될 수도 있을 것이다. 결국 체구를 줄이는 대가

로 성충의 수명이 닷새 정도로 짧아졌다고 할 수도 있겠다. 어쨌거나 이렇게 신경계가 수축되어도 성충이 닷새 동안 날고, 먹고, 숙주를 찾아 알을 낳는 능력은 유지된다.

다 자란 극미알벌 암컷은 같은 알 속에서 함께 자란 남매지간인 수벌과 짝짓기를 한 후 알 껍질에 80~90μm 크기의 작은 구멍을 뚫고 탈출하게 된다(Polilov, 2012). 알에서 탈출한 극미알벌이 하는 일은 오직 한 가지다. 숙주가 될 총채벌레의 알을 찾아 산란하여 자신의 유전자를 다음 세대에 남기는 것이다.

극미알벌은 세상에서 세 번째로 크기가 작은 곤충으로 알려져 있는데 그럼, 가장 작은 곤충은 누구일까? 그 주인공은 바로 총채벌과科, Mymaridae의 마이크로총채벌*Dicopomorpha echmepterygis* 수벌이다. 이 수벌의 몸길이는 139μm에 불과하여 일부 단세포 원생동물보다 더 작은 크기이

| 산란하러 노린재의 알 무더기를 찾은 큰검정알벌.

다. 암컷은 좀 더 크며 수컷은 암컷 몸길이의 40%에 불과하다. 지금까지 알려진 곤충 중 두 번째로 크기가 작은 곤충은 극미알벌과 같은 속의 카리브알벌*Megaphragma caribea*로 몸길이는 170μm 수준으로 알려져 있다.

8. 세상에서 가장 작은 곤충

마이크로총채벌*Dicopomorpha echmepterygis*

총채벌과 Mymaridae

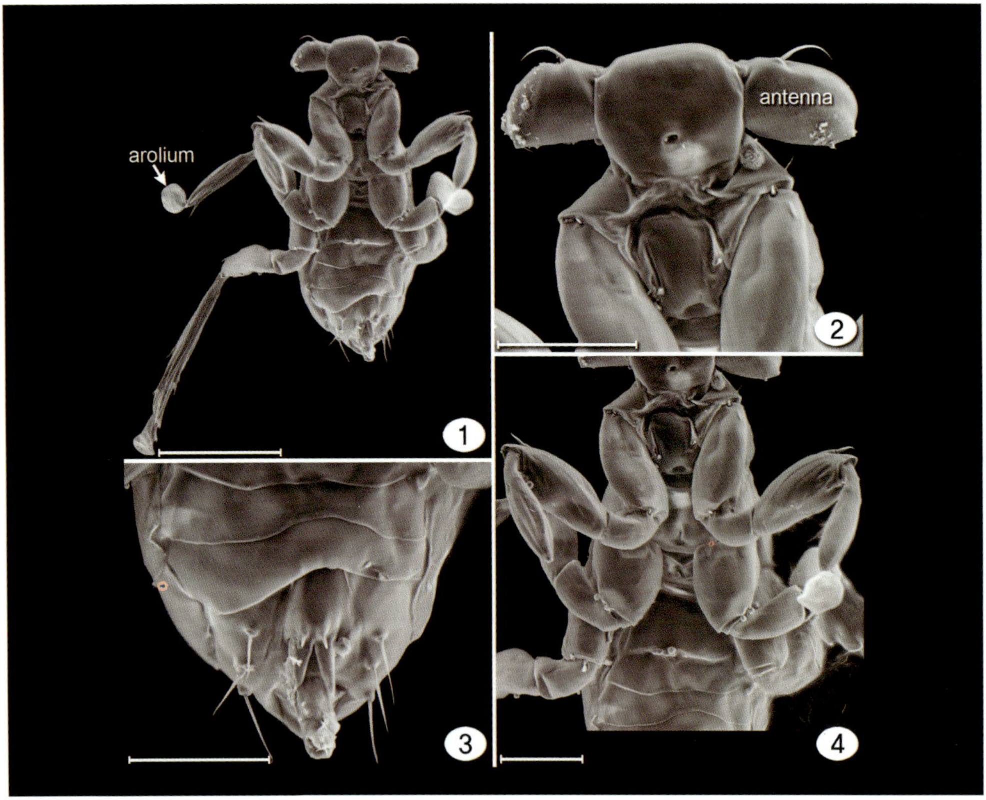

| 마이크로총채벌 수벌 ①전체모습, ②머리와 가슴, ③배, ④가슴과 다리(scale ① 50㎛, ②③④ 20㎛).

아마 세상에서 가장 작은 곤충이라고 하면 얼핏 깨알만 하겠구나 하고 생각하기 쉽겠지만 사실 깨알만 한 곤충은 부지기수로 많으며 그 정도 크기로는 가장 작은 곤충 세계에서는 명함도 들이밀지 못한다.

세상에서 가장 작은 곤충은 얼마만큼 작으며 분류학상 어떤 목에 속할까? 그 주인공은 벌목 총채벌과Mymaridae의 마이크로총채벌*Dicopomorpha echmepterygis*로 그 크기는 너무 작아 현미경을 통해서만 볼 수 있으며 몸길이는 200μm*가 채 되지 않아 일부 단세포 원생동물보다도 더 작은 크기이다. 우리나라에서 연구되거나 소개된 바 없기에 우리말 이름이 없어 아주 작다는 의미의 마이크로란 말을 붙여 마이크로총채벌이라 부르기로 한다. 총채벌과에 속하는 곤충은 모두 다른 곤충의 알에 기생하는 기생벌로 벌 중에서 가장 작을 뿐만 아니라 곤충 중에서도 가장 작은 무리에 속한다. 원래 곤충의 알은 아주 작은데 그 작은 알에서 양분을 취하여 성충으로 자라게 되니 몸의 크기가 극도로 작을 수밖에 없다.

마이크로총채벌은 이런 총채벌과에 속하는 현미경적 벌이다. 이 벌은 미국 일리노이에서 미소 곤충인 다듬이벌레목Psocoptera의 일종인 *Echmepteryx hageni*의 알에 기생하는 것이 처음 발견되었다(Mockford, 1997). 다듬이벌레목의 곤충은 몸의 길이가 대개 1~3mm 정도인데 그 작은 곤충의 알은 더욱 작을 수밖에 없다. 그런데 그렇게 작은 알 속에 기생하니 얼마나 작은 벌인지 짐작할 수 있을 것이다. 숙주가 된 알 5개를 찾아 해부해 본 결과 4개에서는 각기 암컷 한 마리와 수컷 한 마리씩이 있었고 나머지 1개의 알에서는 암컷 한 마리에 수컷 세 마리가 있었다. 마

* 1μm는 100만분의 1m이자 1,000분의 1mm

이크로총채벌은 번데기에서 성충으로 우화한 직후 숙주인 알 속에서 남매간에 짝짓기 하므로 하나의 알에 암수로 자랄 알을 모두 산란해 두는 것으로 보이며 지속적으로 근친번식을 이어 가는 셈이다. 암수의 모습이 매우 다른 성적 이형(性的 異形, sexual dimorphism)을 보이는데, 수컷은 장님이며 날개가 없고 체구는 암컷의 40%에 불과하다. 수컷의 몸길이는 평균 186μm* 정도로 몸길이가 가장 짧은 곤충으로 기록되었다. 이 정도의 크기는 단세포 원생동물인 짚신벌레나 아메바 일부 종보다 더 작은 크기이다. 암컷의 몸길이는 550μm 정도로 수컷보다 세배 정도 크며 겹눈과 날개가 있다. 암수 간에 이처럼 크기가 아주 다른 성적 이형을 보이는 이유는 숙주인 다듬이벌레목의 알이 너무 작고 저장된 양분이 극히 적기 때문일 것이다. 수컷은 암컷과 짝짓기만 하면 다음 세대를 이어갈 수 있으므로 한정된 영양 자원으로 수컷의 체구를 희생하여 암컷에게 필요한 최소한의 체구를 보장하도록 진화된 것이다. 알과 애벌레는 당연히 성충보다 훨씬 더 작다.

1997년 Mockford가 이 마이크로총채벌을 기록하기 전까지는 알벌과의 카리브알벌*Megaphragma caribea*이 가장 작은 곤충으로 기록되어 있었다. 마이크로총채벌의 가장 작은 수벌이 139μm인데 반해 카리브알벌*Megaphragma caribea*의 몸길이는 170μm로 마이크로총채벌보다 약 20%가 더 커서 마이크로총채벌에게 가장 작은 곤충의 자리를 물려주고 두 번째로 작은 곤충이 된 것이다. 세 번째로 작은 곤충은 앞에서 언급한 바 있는 알벌과의 극미알벌이다. 그러나 가장 작은 곤충이란 타이틀은 영

* 가장 작은 개체는 139μm

원하지 않을 가능성이 있다. 이런 극단적인 소형 곤충은 연구가 많이 이루어지지 않은 분야여서 지금껏 밝혀지지 않은 또 다른 미소 곤충이 발견될 가능성이 여전히 남아 있기 때문이다. 특히 총채벌과Mymaridae 및 알벌과Trichogrammatidae의 곤충 중 다른 곤충의 알에 기생하면서 단위생식*으로 번식하는 것으로 알려진 일부 곤충들은 실제로 수벌이 너무 작아 곤충학자들이 발견하기 어려워 그 존재를 모르고 단위생식으로 오인하고 있을 가능성이 있다. 그래서 이들 곤충에서 마이크로총채벌보다 더 작은 곤충이 나올 가능성이 상당히 있다고 본다.

---

* 수컷과 짝짓기 하지 않고 암컷 단독으로 수정되지 않은 알을 낳아 번식하는 방법

9. 하늘소의 저승사자

말총벌*Euurobracon yokohamae*

고치벌과 Braconidae

| 말총벌.

말총벌은 고치벌과에 속하는 기생벌로 우리나라와 일본에 분포한다. 말총벌이 속하는 고치벌과는 벌목에서 가장 큰 과인 맵시벌과에 이어 두 번째로 많은 종을 가진 과이다. 현재까지 무려 17,000종 정도가 밝혀졌으며 체구가 작고 기생하는 특성으로 인하여 연구가 많이 이루어지지 않아 밝혀지지 않은 종이 더 많아 전 세계에 30,000 내지 50,000종 정도가 서식하고 있을 것으로 추정되고 있다(Jones, 2009).

산란관을 제외한 암컷의 몸길이는 19~20mm, 수컷은 15mm 정도이고 몸 빛깔은 황적색이다. 더듬이는 흑색이고 날개는 황적색이다. 몸의 표면은 매끈하고 산란관이 길어서 무려 15cm에 이른다. 말총벌이란 이름의 말총은 말의 꼬리를 이르는 말이니 아주 긴 산란관을 가진 데서 이런 이름이 붙었다. 이처럼 긴 산란관은 말총벌이 밤나무 수간에 굴을 파고 살고 있는 숙주 유충에 효과적으로 산란하기 위함이다. 수컷은 대체로 암컷과 비슷하지만 산란관이 없으며 몸은 황적색이고 뒷날개 중앙부의 무늬가 없다. 말총벌의 숙주는 흰점박이하늘소 유충이며 이 하늘소 성충은 5월에 나타난다. 숙주인 흰점박이하늘소는 밤나무 줄기에 산란을 하며 애벌레는 밤나무 줄기 내부에서 목질부를 먹고 자란다. 말총벌은 밤나무 줄기 속에 있는 흰점박이하늘소 유충을 탐지하여 긴 산란관을 구멍 속으로 삽입하여 유충에 산란하게 된다. 말총벌이 정확히 어떤 방법으로 숙주를 탐지하는지는 밝혀지지 않았으나 대부분의 고치벌 종류는 후각을 이용하여 탐지하는 것으로 알려져 있다. 나무의 목질부에 구멍을 뚫고 그 속에서 자라고 있는 하늘소의 유충을 냄새로 탐지하여 알을 낳는다니 놀라운 후각 능력이 아닐 수 없다. 기생당한 흰점박이하늘소 유충은 말총벌이 다 자라 번데기가 되면 결국 죽게 되어 말총벌은 해충인 하늘소를 구제하게 되므로 산림에 유익한 익충이 된다.

최근 밝혀진 바에 의하면 체내기생성인 고치벌과와 맵시벌과 곤충은 흔히 숙주 내에서 알과 애벌레의 생존율을 높이기 위해 정교한 생리적 적응을 하는 것으로 알려져 학계를 놀라게 하고 있다. 그 방법은 공생하는 바이러스를 이용하는 것이다. 기생벌과 공생하는 polydnavirus (PDVs)는 고치벌이나 맵시벌의 난소에서 복제되고 축적되어 기생벌이 산란할 때 숙주 몸속에 함께 주입된다. 숙주에 주입된 바이러스는 그곳에서 복제되지는 않으며 대신 바이러스의 독소 유전자가 발현되어 벌의 독과 유사한 단백질을 만들게 된다. 이 단백질이 숙주의 면역 체계를 봉쇄하여 산란된 기생벌의 알과 유충을 보호하게 된다는 것이다(Whitfield, 1990). 바이러스의 이러한 작용으로 기생벌 산란 후 24시간 동안 숙주의 혈림프(hemolymph)에서는 기생충 면역에 관계하는 과립 백혈구가 거의 사라진다고 한다. 만약 바이러스의 감염이 없으면 면역계의 식세포 등이 산란된 알을 포착하여 죽이지만 바이러스에 의한 면역계의 억제로 고치벌 알은 생존하게 되는 것이다. 바이러스와 공생하여 고치벌이 얻는 이익은 이것이 전부가 아니다. 숙주 동물에서 바이러스 유전자 발현은 숙주의 발육과 변태에도 영향을 미쳐 기생하는 고치벌의 성장과 생존에 유리하도록 변화시키기까지 한다니(Fleming and Summers, 1991) 놀랍고 신비한 일이다.

말총벌과 같은 고치벌과의 벌은 모두 다른 곤충에 기생하는 특성을 가지므로 이들을 이용하여 해충을 구제하는 생물학적 방제의 좋은 방편으로 생각되고 있다. 고치벌과 곤충은 대부분이 종에 따라 엄격한 숙주가 있으므로 특정 해충을 선별적으로 구제하기 위해 특정 고치벌을 대량 사육하여 피해 지역에 살포하는 방법을 쓰면 부작용과 환경오염 없이 해충을 효과적으로 방제할 수 있어 세계 각국에서 이에 관한 연구 또한 활발히 진행되고 있다.

10. 호랑나비의 천적

두색맵시벌*Trogus bicolor*

맵시벌과 Ichneumonidae

| 두색맵시벌

맵시벌과는 벌목 중에서 가장 많은 종을 포함하는 최대 과(科)로 모두 기생성이며 대개 딱정벌레목, 벌목, 나비목 등의 유충이나 번데기에 기생한다. 전 세계에서 24,000종 이상이 보고되었지만 아직 등재되지 않은 종이 많아 실제 종수는 60,000종 내지 100,000종에 달할 것으로 추정하고 있다. 24,000종 이상이 등재될 정도로 어마어마하게 큰 과이니만큼 이들의 유연관계에 대한 연구도 무척 어려운 과제다. 대체로 39개 아과(亞科)로 나누고 있지만 이러한 아과의 분류는 학자들의 견해가 서로 다르기도 하여 절대적인 것은 아니다.

맵시벌의 분포는 남극대륙을 제외한 전 세계 모든 대륙에 분포한다. 다른 곤충 종과는 달리 열대지방보다 온대지방에 훨씬 많이 서식하는 종으로 알려져 왔으나 최근 여러 연구에서 열대지방에 많은 종들이 서식하고 있음이 밝혀져 이에 대한 논쟁이 뜨겁다(Veijalainen et al., 2012)(Quicke, 2012). 열대지방에는 과학기술이 낙후된 경우가 많아 기초적인 생물종의 연구와 발견이 아직 이루어지지 않은 경우가 많다. 결국 낙후된 연구 여건 탓으로 제대로 밝혀지지 않은 종이 많이 남아 있을 가능성이 커지고 있는 셈이다.

독침이 있는 일반적인 벌aculeate wasp은 촉각 마디수가 13개 이하인데 반해 맵시벌은 촉각의 마디수가 16개 이상으로 더 많다. 다른 벌들은 독침으로 방어만 할 뿐 동시에 알을 낳지는 않는 것과는 달리 맵시벌은 산란관(산란관은 독침과 같은 기관임)으로 알을 낳으면서 독도 함께 주입한다. 그러나 맵시벌의 경우도 산란관이 긴 종은 산란관을 방어용으로는 사용하지 않으며 산란관이 짧은 종에서만 방어용으로 함께 사용한다. 수벌은 독침이 없다.

기생 방식

맨땅속에 알을 낳는 맵시벌 종류도 드물게 있지만 대부분 숙주의 몸속이나 몸 위에 알을 낳는다. 숙주는 주로 나비목, 딱정벌레목, 벌목의 유충이나 번데기이지만 간혹 거미에 알을 낳는 종류도 있다. 어리자루맵시벌아과亞科, Mesochorinae같이 중기생(重寄生, hyperparasitoid)하는 맵시벌은 기생하는 다른 맵시벌 유충에 알을 낳아 중복으로 기생하는 기이한 생태를 보인다. 마치 도둑놈만 골라 도둑질을 하거나 사기꾼에게 다시 사기 치는 사람에 비유할 수 있겠다. 자연계에서 포식자로부터 안전한 종은 없고 절대 강자는 없음을 다시 한 번 보여주는 예이다. 이처럼 맵시벌의 기생 대상은 아주 넓고 다양하므로 많은 종류의 맵시벌 숙주는 자세히 밝혀지지 않았으며 여전히 베일에 싸여 있다.

맵시벌은 두 가지 기생 전략을 구사하는데 그 하나는 '숙주 정지형 기생(idiobiont)'이고 다른 하나는 '숙주 성장형 기생(koinobiont)'이다. 숙주 정지형 기생은 맵시벌이 기생한 숙주를 마비시켜 맵시벌이 숙주 내에서 자라는 동안 성장과 발육을 억제시키는 것이다. 반면에 숙주 성장형 기생은 맵시벌이 기생하여 자라는 동안에도 숙주가 성장하며 발육을 지속하게 된다. 어느 쪽이든지 맵시벌에 기생 당한 숙주는 기생벌이 다 자라 고치를 만들게 되는 시점에는 결국 죽게 되므로 숙주 성장형 기생이라고 해도 숙주에게 자비를 베푸는 것은 아니다.

숙주생물에게 미치는 맵시벌의 기생 압력은 얼마나 될까?

기생률은 생각보다 매우 높아서 숙주에게 아주 큰 부담이 된다. 숙주 종류와 기생 맵시벌 종류에 따라 다르지만 발육 중인 숙주 새끼들의 10~20% 정도가 감염되는 것으로 보고되고 있다(Memmott et al., 1994: Várkonyi and Roslin, 2013). 따라서 농림 해충의 구제를 위한 생물학적 방제용으로서 맵시벌의 가치는 매우 크다고 할 수 있다(Várkonyi et al., 2002: Hawkins et al., 1997).

맵시벌 종류의 유충은 다른 곤충의 애벌레에 기생하는 육식성이지만, 맵시벌의 성충은 대부분 꽃의 꿀이나 나무의 수액을 먹이로 삼는다. 드물지만 일부 맵시벌 성충은 다른 곤충을 잡아먹는 육식성을 보이기도 한다.

두색맵시벌이 속하는 *Trogus*속은 전북구와 신열대구에 걸쳐 서식하는 기생성 곤충이다. 맵시벌아과에 속하며 모두 호랑나비과Papilionidae의 청띠제비나비족Graphiini과 호랑나비족Papilionini의 유충 및 번데기에 기생하는데 여기에 속하는 나비 중 일부는 이 맵시벌에 전혀 기생 당하지 않는다. 그 이유는 호랑나비과 나비들이 유충 때 먹는 식초(食草)의 화학적 성분 차이가 이유인 것으로 보고 있다. 이 속 곤충은 전 세계에 12종이 알려져 있으며 우리나라에서는 두색맵시벌 및 석수맵시벌*Trogus lapidator lapidator* 2종이 서식하며 석수맵시벌의 아종인 로만석수맵시벌*Trogus lapidator romani*도 함께 서식한다.

두색맵시벌은 몸길이가 약 15mm이고 머리와 가슴은 황색이고 배는 흑갈색이지만 제1배마디만은 적갈색이고 뒤쪽 양편은 황색이다. 두색맵시벌이란 이름은 머리~가슴과 배 부분의 색이 뚜렷하게 서로 다른 두 가지 색으로 나뉘기 때문에 붙은 이름이다. 더듬이의 기부는 황색이고 끝은 흑갈색이다. 우리나라 중부 이남에 분포하는데 기생하는 숙주는 호랑나비의 유충이다.

암컷 두색맵시벌은 숙주가 되는 호랑나비 유충을 찾아서 몸속에 단 하나의 알을 낳는다. 알에서 깬 애벌레는 호랑나비 애벌레 속에서 자라게 된다. 두색맵시벌은 숙주성장형 기생을 하므로 맵시벌에 기생 당한 호랑나비 애벌레는 계속 성장하여 유충에서 번데기로 탈바꿈하게 된다. 그러나 결국에는 호랑나비 번데기를 뚫고 나오는 것은 두색맵시벌이며 호랑나비는 우화하지 못하고 죽게 된다. 맵시벌의 번데기는 다 자라면 바로 우화하는 경우도 있고 장기간 휴면하여 이듬해에 우화하는 경우도 있는데 이는 번데기로 탈바꿈하는 시기에 따라 결정된다.

두색맵시벌이 호랑나비 유충을 발견하면 주변을 맴돌며 알을 낳을 기회를 노리게 되는데 얼핏 호랑나비 유충은 무방비로 당할 것 같지만 꼭 그렇지만은 않은 것 같다. 산초나무에서 자라는 호랑나비 애벌레를 노리는 두색맵시벌을 지켜본 적이 있는데 호랑나비 애벌레는 두색맵시벌이 공격하려고 하자 놀랍게도 나뭇가지에서 땅으로 툭 떨어져 버리는 것이었다. 두색맵시벌은 다시 유충을 찾아 다녔지만 결국 산란에 실패하고 사라지고 말았다. 아마 호랑나비 애벌레도 본능적으로 두색맵시벌의 공격이 예사로운 공격이 아니고 생명의 위협을 느끼는 공격으로 알아챈 것이 아닌가 하는 느낌을 받았다.

호랑나비는 탱자나무 잎으로 쉽게 기를 수 있다. 탱자나무에서 자라고 있는 꽤 크게 자란 호랑나비 유충을 가져와서 사육 상자에 넣고 탱자

잎을 먹여 기르다 보면 이윽고 번데기로 변신하게 되고 나중에는 호랑나비가 우화하게 된다. 운이 좋다면 (물론 호랑나비 입장에서는 매우 운이 나쁜 경우가 되겠지만) 호랑나비 번데기에서 놀랍게도 호랑나비 대신 두색맵시벌이 우화하는 모습을 볼 수 있을 것이다.

11. 난초꽃을 암컷으로 착각하여 사랑에 빠지는

얼간이난초벌*Lissopimpla excelsa*

맵시벌과 Ichneumonidae

| 얼간이난초벌에 의해 수분되는 난초(*Cryptostylos erecta*)의 꽃.

꿀벌과의 난초벌과 이름이 비슷한 얼간이난초벌은 맵시벌과에 속하는 벌이므로 난초벌과는 가까운 사이가 아니다. 얼간이난초벌은 호주와 뉴질랜드에 서식하는 야생벌로 1864년에 이탈리아의 곤충학자인 Achille Costa가 최초로 보고하였다. 맵시벌과의 다른 벌과 마찬가지로 기생 생활을 하는데 숙주는 밤나방과(科)의 왕담배나방*Helicoverpa armigera*이다. 얼간이난초벌 암컷은 왕담배나방의 애벌레를 찾아 몸속에 알을 낳으며 그 안에서 얼간이난초벌의 애벌레가 자라게 된다. 기생 당한 왕담배나방의 애벌레는 성충으로 탈바꿈하지 못하며 대신 얼간이난초벌이 자라 나오게 된다. 이 얼간이난초벌은 호주에 분포하는 난초과 *Cryptostylis*속(屬) 다섯 종의 꽃가루받이를 모두 책임지고 있다. 얼간이난초벌 수컷은 꽃의 혀 부분을 암벌로 착각하여 짝짓기를 시도하는 과정에서 수분을 매개하게 된다. 서로 다른 난초 종을 오가며 짝짓기를 시도하기도 하지만 이들 이종(異種) 난초 간에는 교잡이 되지 않는다. 얼간이난초벌의 짝짓기 시도에 의한 난초의 수분은 일찍이 1928년에 호주 과학자인 Edith Coleman에 의해 보고되었다. 꽃이나 꽃의 구조물을 암컷으로 착각하여 벌이는 이런 짝짓기 행동을 유사짝짓기(pseudocopulation) 행동이라 부르는데 그 외 난초과(科)의 다른 屬에서도 보고된 바 있다(Peakall, 2007). 유사짝짓기라 부르지만 실제는 강한 짝짓기 행동과 함께 사정도 일어나며 꽃에 방출된 정액을 육안으로도 확인할 수 있다(Gaskett et al., 2008).

*Cryptostylis*속 난초의 꽃은 사람 눈으로 봤을 때는 암벌과 상당히 달라 보이지만 벌의 시각으로는 암벌과 그 색이 매우 흡사하다. 맵시벌을 포함한 모든 벌의 시각이 동일한지는 확인되지 않았지만 꿀벌을 포함

한 일부 벌 종류의 시각으로는 녹색과 청색 및 자외선을 비슷한 색으로 인지하는 것으로 알려져 있다(Gaskett & Herberstein, 2010). 또 이 난초 꽃에서는 사람의 후각으로는 별다른 냄새를 맡을 수 없지만 얼간이난초벌을 유혹하는 벌과 흡사한 냄새까지 풍긴다고 하니(Schiestl et al., 2004) 기발하고 흥미롭다. 얼간이난초벌의 유사짝짓기 행동에 의해 꽃가루받이가 되는 난초는 수분을 전적으로 얼간이난초벌에 의존하므로 만약 어떤 연유로 얼간이난초벌이 사라진다면 이들도 자연에서 살아남을 수 없게 된다. 자연 생태계에서 이런 의존적인 관계는 서로 이익을 주고받게 마련인데 얼간이난초벌은 수분을 해 주는 대가로 난초로부터 무슨 이득을 얻는 게 없다. 난초벌처럼 일방적인 봉사만 하는 경우는 생태계에서 흔치 않은 일이다. 물론 보는 관점에 따라서는 인간사회에서도 매춘을 직업으로 삼는 사람도 있고 수컷에게 성욕의 해소는 나름대로 중요한 문제가 될 수 있으므로 그런 관점에서 보면 전혀 이익이 없는 것이 아니라고 볼 수도 있기는 하다.

12. 겉치장은 화려해도 속은 뻐꾸기 심보

사치청벌*Chrysis ignita*

청벌과 Chrysididae

| 사치청벌.

청벌과科, Chrysididae 곤충은 전 대륙에 걸쳐 널리 분포하며 전 세계적으로 약 3,000여 종이 알려져 있다. 전 대륙에 걸쳐 분포하지만 아열대나 지중해성 기후에 속하는 덥고 건조한 지역에 흔하다. 단독생활을 하는 작은 벌로 체색이 무척 화려하고 아름다운 특징이 있다. 과명 Chrysididae는 그리스어 *chrysid*에서 온 말로 '황금으로 치장한 드레스'란 의미이다. 외관이 아름다우므로 청벌과에 속하는 벌은 영어로 jewel wasp, gold wasp, emerald wasp, ruby wasp 등으로 불린다. 여러 이름 모두 화려한 귀금속이나 보석이름을 땄을 정도로 아름다운 벌이다. 또한 남의 둥지에 몰래 알을 낳아 탁란 기생하는 생태를 가지므로 cuckoo wasp라 부르기도 한다.

사치청벌은 청벌과에 속하는 대표적인 곤충으로 우리나라를 포함한 아시아와 유럽대륙에 걸쳐 널리 분포한다. 작은 몸에 아름다운 금속성 광택이 나며 단독생활을 하는 기생벌이다. 몸은 찬란히 빛나는 외골격으로 덮여 있으며 몸을 공처럼 둥글게 말 수 있어 숙주의 둥지에 침입할 때 자신의 몸을 보호할 수 있다. 산란관은 아주 짧아 알 낳는 데만 사용되며 사람을 쏘지는 못한다. 기생하는 습성상 서식지는 숙주 벌이 사는 곳과 대체로 일치한다. 암벌은 둥지를 짓고 있거나 저장할 먹이를 끌고 가는 숙주를 찾아다니다가 적당한 숙주를 발견하면 둥지 부근에 숨어서 기회를 엿본다. 숙주의 둥지에 침입할 때는 주인 벌이 없을 때를 이용하거나 때로는 끌고 가는 먹이에 편승하여 따라 들어가기도 한다(Agnoli and Rosa, 2013). 성충은 꽃에서 꿀을 빨아 먹기도 하는데 특히 산형과, 국화과, 대극과 식물의 꽃을 좋아한다.

기생 방식

사치청벌은 두 가지 기생 전략을 쓴다. 한 가지는 도둑기생(kleptoparasite)으로 남의 둥지에 침입한 사치청벌이 숙주의 알과 어린 애벌레를 먹어버리고 대신 자기 알을 낳아 숙주가 저장해 둔 먹이를 이용해 자신의 새끼를 자라게 하는 것이다. 도둑기생은 마치 뻐꾸기가 개개비나 붉은머리오목눈이 둥지에 몰래 알을 낳아 남의 힘으로 번식하는 방식과 비슷하다. 이런 기생 방식 때문에 청벌과 벌을 영어로 cuckoo wasp라 부르는데 우리말로 '뻐꾸기벌'이란 뜻이다. 숙주 벌이 2세를 기르기 위해 열심히 일하여 모은 식량을 탈취하는 것도 모자라 그 새끼까지 죽이고 자신의 후손을 기르는 모습은 참으로 비열하고 야비한 모습이지만 이런 모습도 자연의 일부이고 다양한 생물이 살아가는 여러 방법 중의 하나이다. 어쩌면 사기꾼이 판치는 인간 세상과 닮은 것 같기도 하다. 도둑기생을 하는 경우는 숙주 벌이 애벌레의 먹이로 동물성 먹이를 마련하는 경우가 많다.

또 다른 전략은 숙주기생(parasite) 방식으로 숙주가 될 애벌레가 전용(前蛹, prepupa)이 될 때까지 기다렸다가 알을 낳아 그곳에서 자라게 하는 방식이다. 두 번째 전략은 애벌레의 먹이로 대개 꿀과 꽃가루를 모아두는 숙주에게 사용되는 방법인데 그 이유는 사치청벌의 애벌레는 꽃가루를 잘 소화하지 못하기 때문이다. 이렇게 기생당한 전용은 정상적인 발육을 하지 못하고 결국 사치청벌이 자라는 데 필요한 영양만 공급하고 자신은 죽고 만다. 어떤 기생 방법이든지 숙주에겐 죽음이 따르는 끔찍한 결과를 낳게 된다.

체색

사치청벌은 그 이름에서 짐작할 수 있듯이 청람색의 금속성 광택이 나는데 보는 각도에 따라 그 색이 달라진다. 그러나 서로 다른 종에서도 색이 비슷하고 또 같은 종에서도 개체에 따라 미묘하게 달라 체색으로 종을 구분하는 것은 어렵다. 또한 표본을 만들기 위해 죽이거나 건조 및 보존하게 되면 체색이 달라질 수 있으며 성장과정의 온도와 습도 등의 환경요인에 의해서 체색이 달라질 수도 있다(Agnoli and Rosa, 2013).

장갑성 외골격을 이용한 침입 전략

청벌 종류는 기생하는 그들의 습성에 맞도록 잘 진화하였다. 둥지도 짓지 않고 애벌레를 위한 먹이를 모으지도 않으며 남의 둥지에 몰래 알을 낳아 새끼를 자라게 하므로 아주 배짱 편하고 편한 삶을 사는 것 같지만 그 일이 그리 만만한 것은 아니다. 이들은 큰턱과 침으로 무장하고 있는 숙주 몰래 침입하여 알을 낳아야 하는 매우 위험한 생존 방식을 택하고 있으므로 숙주인 주인에게 들키면 큰 위험이 닥치게 되므로 그런 위험에 노출되더라도 피해를 줄이도록 진화하였다. 복부 등 쪽 외골격은 매우 단단한 구조로 되어 있는 반면 배 쪽 표면은 오목하게 들어간 구조를 하고 있다. 만약 숙주의 둥지에 침입했다가 주인 벌에게 발각되면 사치청벌은 취약한 부위인 더듬이와 다리를 포함하여 몸을 배 쪽으로 구부려 공처럼 둥글게 만다. 마치 위험에 처한 고슴도치가 취약한 부분을 안쪽으로 넣고 몸을 구부려 공처럼 되어 외적을 방어하는 것과 비슷한 전략을 쓰는 것이다. 이렇게 몸을 말아 공처럼 되면 단단한 장갑만 노출되므로 숙주는 침으로 쏠 수도 큰턱으로 물어 해칠 수도 없다. 숙주 벌이 할 수 있는 방법은 이 뻔뻔스런 기회주의자를 큰턱으로 물어서 집 밖으로 내다 버리는 것뿐이다. 남의 집에 무단 침입하여 못된 짓을 하려다 들킨 사치청벌로서는 심하게 체면은 구겼지만 전혀 다치거나 손상을 입지 않고 다시 몰래 기회를 엿보면 되는 것이다

사치청벌의 숙주

사치청벌의 숙주는 매우 다양하다. 가장 많이 감염시키는 숙주로는 진흙으로 둥지를 짓거나 나무나 풀줄기의 구멍에 둥지를 만드는 호리병벌과Eumenidae의 여러 곤충이다. 그 다음으로는 가위벌과科, Megachilidae의 뿔가위벌*Osmia*과 가위벌 종류*Megachile*도 사치청벌의 기생을 많이 당한다. 흔하지는 않지만 땅속에 굴을 파고 집을 짓는 구멍벌과Sphecidae 및 타선에서 분비되는 물질로 집을 짓는 어리꿀벌과Colletidae의 벌도 숙주로 삼기도 한다.

화학적 의태

숙주와 기생자 간의 상호작용은 마치 무기 경쟁과 비슷하다. 공격무기가 개발되면 그 공격무기를 무력화할 수 있는 방어무기가 개발되기 마련이며 그러면 다시 방어무기를 뚫을 수 있는 더 강한 공격 무기가 개발되는 식이다. 만약 숙주가 기생자를 식별하여 퇴치할 수 있는 방법을 개발했는데 기생자가 이를 회피하는 방법을 찾아내지 못하면 멸종되고 말

것이므로 숙주의 식별을 무력화시키지 않으면 안 된다. 일부 청벌 종류는 숙주의 둥지에 침입할 때 화학적으로 위장하여 숙주를 회피하는 것으로 알려져 있다. 사치청벌은 오직 숙주에게 시각적으로 발견될 때만 공격을 받는다고 한다. 야간에 숙주의 둥지에 침입했을 때는 숙주 벌은 기생벌을 탐지하지 못했는데 이는 기생벌이 숙주와 비슷한 냄새의 포화 및 불포화 탄화수소를 분비하여 자신을 위장하기 때문으로 밝혀졌다(Strohm et al., 2008). 이처럼 냄새 물질과 같은 화학적 물질을 이용하여 남의 흉내를 내는 것을 화학적 의태(chemical mimicry)라 한다. 사치청벌이 냄새로 자신을 위장하여 숙주를 속이는 것을 보면 생물의 진화에는 끝이 없음을 새삼 느끼게 된다.

13. 풍뎅이 천적

배벌*Campsomeris schulthessi*

배벌과 Scoliidae

| 배벌 일종인 어리줄배벌.

배벌과科, Scoliidae에 속하는 벌은 전 세계에 560여 종이 기록되어 있다. 몸은 길쭉하지만 극단적으로 가늘지는 않다. 배벌과 벌은 벌 중에서 체구가 큰 편에 속하며 단독생활 하는 기생 곤충으로 풍뎅이의 유충이 이들의 숙주가 된다. 암컷은 땅속에 있는 풍뎅이 유충을 찾아서 침으로 마비시키고 알을 낳는다. 숙주로 삼는 풍뎅이 상당수가 해충이므로 배벌은 생물학적 방제 수단으로서도 의미가 있다. 성충은 꽃을 찾아 꿀과 꽃가루를 먹으므로 야생 식물의 수분매개자로서 역할도 한다.

배벌은 우리나라, 중국, 일본에 분포하며 몸길이는 암컷 23~33mm, 수컷 19~25mm로 길쭉하며 넓적한 체형을 가졌다. 체색은 흑색이며 암컷의 뒷머리 가슴등판 등에 황갈색 털이 촘촘히 있다. 가슴배마디등판 양 옆의 긴 털은 엷은 갈색이고, 가슴등판의 긴 털은 회백색이다. 배마디는 광택이 있고 제2~4배마디등판의 뒷 가장자리에 백색 띠무늬가 있으며, 제1~4배마디등판과 제2~4배마디배판 뒤의 가장자리에는 백색 털로 된 띠가 있다. 날개는 엷은 갈색이며, 앞날개 앞 가장자리는 어두운 색이다. 수컷은 가슴에 연한 황갈색 털이 밀생하고, 가운뎃가슴등판 중앙부는 털이 없고 매끈하다. 제1~4배마디등판의 황백색 띠는 넓고 제5배마디에서는 좁거나 없다. 더듬이는 짧고 굵으며 앞날개 길이의 2분의 1이다. 풍뎅이의 유충인 굼벵이에 외부기생하며 성충은 5~6월에 많이 나타난다.

우리나라에 서식하는 배벌 종류의 생태는 연구된 바가 없어 생태가 비교적 잘 알려진 외국산 배벌 종류 몇 종을 소개하고자 한다. *Campsomeris trifasciata*는 미국 플로리다에 서식하는 배벌 종류로 몸길이가 10~15mm로 조금 작은 편이며 풍뎅이의 애벌레에 산란하여 외부에 기생한다. 또 다른 배벌 종류인 *Campsomeris fulvohirta* 종은 몸길이 15~20mm 정도이고 플로리다와 쿠바에 서식한다. *Campsomeris plumipes fossulana*는 몸길이 15~25mm이고 미국 동부지역에 널리 서식하는 종이다. 배벌 종류는 다양한 식물의 꽃에서 꿀을 빠는 모습을 볼 수 있으며 암컷은 땅에 내려앉아 턱과 앞다리를 이용하여 땅을 파거나 또는 풍뎅이의 유충이 뚫어 놓은 구멍 자체를 이용하여 풍뎅이의 유충을 찾아낸다(Iwata,1976). 유충에 도달하면 침을 놓아 마비시키며 배 위에다 알을 낳거나 아니면 조금 더 깊은 곳으로 집어넣은 후 주변에 공간을 마련하여 그곳에다 산란하기도 한다(Bradley 1945, Clausen 1940, Iwata 1976). 배벌은 침을 쏜 풍뎅이의 유충에 때로 알을 낳지 않고 지나치기도 하지만 한번 침을 맞은 풍뎅이 유충은 기생당하지 않더라도 마비에서 다시 회복하지는 못한다(Clausen, 1940; Fleming, 1968). 알은 항상 숙주의 몸에 수직으로 산란되는데 알의 앞쪽이 숙주에 접착하며 뒤쪽은 접하지 않고 위를 향하게 된다. 알에서 부화한 애벌레는 숙주인 풍뎅이 유충의 몸을 먹고 자라며 열흘 정도 지나면 고치를 짓고 번데기가 된다. 땅속에서 자라기 때문에 이들의 생태를 자세히 연구하기는 무척 어렵지만 학자들에 의하면 배벌 종류는 고치 안에서 번데기 상태로 겨울을 나고 이듬해에 우화하는 것으로 추정하고 있다(Clausen, 1940). 하와이 등 사탕수수 재배지에서는 사탕수수에 피해를 입히는 굼벵이의 생물학적 방제를 위해 배벌을 이용하는 연구가 성공을 거두었다고 한다(DeBach, 1964). 그러나 1920년대에 미국에서 알풍뎅이를 방제하기 위해 두 종류의 배벌,

Campsomeris annulata 와 *Campsomeris marginella*의 성충 15,000마리를 미국의 북동부 지역에 방사한 시도에서는 이들 두 종이 성공적으로 정착하지 못하여 사실상 실패했다고 한다(Fleming, 1968).

14. 잔디밭의 귀찮은 존재

곰개미*Formica japonica*

개미과 Formicidae

| 곰개미.

곰개미는 우리나라 외에 일본, 사할린, 극동 러시아, 몽고, 중국, 타이완 등에 분포한다. 들이나 산지의 건조한 풀밭과 집 주변 공터 등에서 흔히 발견되는데 여왕개미를 중심으로 여러 일개미가 함께 군집을 이루고 사는 사회성 곤충이다. 하나의 군집 내에는 대개 여러 마리의 여왕개미와 수백 마리 때로는 천 마리 이상의 일개미들이 함께 사회생활을 한다. 그러나 일개미 내에서 형태 등으로 구분되는 별도의 계급은 존재하지 않는다. 여왕개미의 몸길이는 약 13mm, 일개미는 4.5~6mm이며 수개미는 약 11mm이다. 몸은 전체적으로 회색빛이 도는 갈색 또는 흑갈색이다. 일본왕개미와 함께 우리 주변에서 가장 흔히 볼 수 있는 개미 종류로, 일본왕개미보다 체구는 작고 몸은 가늘다.

집은 햇볕이 잘 쬐는 다소 건조한 풀밭이나 큰 돌 아래 등의 땅속에 짓는다. 주로 낮에 활동하지만 더운 여름철에는 밤에도 활동하는 모습을 볼 수 있다. 계절적으로는 3월부터 10월말까지 활동하는 일개미들을 볼 수 있으며 늦가을부터 겨울 동안에는 땅속 집에서 겨울을 넘긴다.

곰개미 활동이 왕성한 곳에서는 이들이 진딧물이 분비하는 감로를 먹기 위해 천적으로부터 진딧물을 보호하므로 주변 화초나 농작물에 진딧물이 증가하여 피해를 입히기도 한다. 그러나 사람에게 피해를 주기만 하는 것은 아니다. 곰개미는 여러 종류의 나비와 나방의 애벌레를 사냥하므로 해충을 구제하는 역할도 하므로 양면성이 있다.

먼저 사람을 공격하는 일은 없으나 개미집을 건드리면 순식간에 많은 일개미가 몰려들어 사람을 물고 개미산을 분비하기도 한다.

15. 세상에서 가장 부지런한 곤충 군단

일본왕개미*Camponotus japonicus*

개미과 Formicidae

| 일본왕개미, 공주개미.

이름만 보면 우리나라에 사는 개미가 아니고 일본산 개미로 생각하기 쉽지만 일본왕개미는 우리나라에서 가장 흔한 개미 종류로 정원, 공원, 잔디밭, 공터 등에서 쉽게 볼 수 있다. 우리나라 외에 일본, 중국, 대만, 몽골, 러시아, 필리핀, 미얀마 등 동남아까지 분포한다. 종명이 일본산이란 뜻의 japonicus라 그런 이름을 붙였는지 모르겠지만 우리나라 전역에 서식하는 개미에 일본왕개미라고 이름을 붙인 것에는 아쉬운 감이 적지 않게 드는 것이 사실이다. 앞으로 곤충학자뿐 아니라 분류학자들이 처음 이름을 붙일 때 좀 더 신중하게 그 생물의 특성을 잘 표현하는 좋은 이름을 붙였으면 하는 생각이 든다. 몸길이는 여왕개미 약 17㎜, 수개미 약 12㎜, 일개미 6~15㎜에 달한다. 일개미의 경우 몸은 전체적으로 검은색이며 다리와 턱 끝은 진한 갈색을 띠기도 한다.

여왕개미 한 마리를 중심으로 수백 내지 수천 마리의 일개미가 함께 군집을 이루고 사는 사회성 곤충이다. 일개미는 크기에 따라 소형개미와 중형개미, 대형개미〔병정개미〕로 분화된다. 대형 일개미인 병정개미는 뒷머리의 양 옆이 모가 졌으며 다른 일개미들에 비하여 몸집이 크며 특히 머리의 비율이 크고 가슴과 큰턱이 발달하였다. 병정개미를 포함한 불임성 암개미는 홑눈이 없다.

여왕개미의 경우 가슴이 잘 발달하여 둥글며, 날개는 투명한 갈색이며 날개 맥은 진한 갈색이다. 여왕개미의 몸은 흑색이고 갈색의 미세한 털이 많이 나 있다. 일개미와 달리 여왕개미는 커다란 겹눈과 함께 3개의 홑눈이 있다. 수개미는 더듬이가 길고 쭉 뻗고 있는 경우가 많으며, 몸이 가늘고 길며 머리는 둥글고 3개의 홑눈이 있고 겹눈이 크다.

일개미는 3월에서 10월 말까지 볼 수 있으며 겨울에는 땅속 집에서 보낸다. 인가 주변의 정원과 산, 들의 건조한 풀밭에 많다. 주로 낮에 활동하지만 더운 여름철에는 밤에도 활동한다. 집은 주로 돌 아래와 공터의 땅속에 지으며 간혹 썩은 나무에도 짓는다. 썩은 나무에 집을 지을 경우 큰턱으로 굴을 파서 터널을 만드는데 목재 부스러기는 버리며 먹지는 않는다. 집은 수많은 터널로 이어진다. 다양한 식물의 꽃을 찾아 꿀을 빨며 나무의 수액도 즐겨 찾는다. 진딧물의 배설물인 감로를 먹기 위해 진딧물에 잘 꼬이며 진딧물을 보호하고 보살펴 주는데 개미가 진딧물을 보살필 때 진딧물의 생존율이 높아진다. 따라서 정원의 식물이나 농작물에 진딧물을 옮겨 피해를 입히는 농업 해충이 된다. 죽은 곤충 등을 먹이로 운반하며 작은 생물들을 사냥하기도 한다. 때로 죽은 곤충에서 여러 마리의 일개미가 체액을 빨아 집으로 운반하고 키틴질의 외골격 등은 버리기도 한다. 대부분 먹이의 주성분은 단백질과 탄수화물이 된다.

일개미가 먹이 원을 발견하면 그 정보를 둥지의 다른 동료들과 공유하게 된다. 그리고 먹이에서 둥지로 가는 지름길에 페로몬으로 표지를 한다. 다수의 일벌이 이 표지를 따라 이동하면 이 표지물질의 강도가 더 강해져 뚜렷한 길이 형성된다. 이 표지 길은 먹이 자원이 고갈되어 더 이상 일개미가 다니지 않으면 사라지게 된다(Dreisig, 2000).

공생 세균

이 속의 개미는 모두 *Blochmannia*라고 하는 세균과 공생하고 있다. 이 세균은 일부 필수 아미노산과 다른 영양소를 합성하는 유전자를 가져 개미의 영양에 중요한 역할을 한다(Feldhaar et al., 2007).

혼인 비행

우화한 여왕개미와 수개미는 기상 조건이 좋은 날에 혼인비행을 하게 된다. 비행 중 여왕개미는 다수의 수개미와 짝짓기를 하며 짝짓기를 마친 수개미는 죽게 된다. 짝짓기를 마친 여왕개미는 날개를 버리고 둥지를 지을 장소를 찾아서 새로운 둥지를 마련하고 20개 내외의 알을 낳아 길러낸다. 태어나는 개미는 모두 일개미로 이들은 여왕개미를 보조하여 집을 짓고 여왕이 낳는 알의 양육을 책임지게 된다. 개미의 집단이 커져 세력이 왕성해지면 다시 위성 둥지를 마련하고 그곳에서 다시 새 세대를 열어갈 여왕개미와 수개미가 양육된다.

유전자 공유 정도(유연관계)와 이타적 행동

일개미는 평생 알을 낳지 않고 여왕개미가 낳는 알과 애벌레를 보살피고 기르며 먹이를 모으는 등의 일을 한다. 또 둥지가 공격을 받으면 목숨을 걸고 싸운다. 어째서 자신의 후세를 남기지 않으면서 집단을 위한 이런 행동이 일어날까? 영국의 진화학자 해밀턴(William D. Hamilton, 1936–2000)은 이에 대해 자기 자신이 번식에 참여하지 않고 자신의 동생 같은 친족을 돌보는 것이 자신의 유전자를 후대에 더 많이 남길 수 있기 때문이라 설명했다.

이런 결과는 벌목의 독특한 성 결정 방식에서 비롯된다. 개미를 포함한 벌목의 모든 곤충은 수컷은 반수체이고 암컷(여왕과 일개미 또는 일벌)

| 일본왕개미 수개미

은 이배체이다. 만약 일개미가 짝짓기 하여 알을 낳고 후손을 생산한다면 그 후손은 자신의 유전자 절반(50%)을 전달받게 된다. 후손은 언제나 어미의 유전자 절반과 아비의 유전자 절반을 물려받기 때문이다. 반면에 어미인 여왕개미가 낳는 일개미 동생은 아비의 유전자는 일개미와 똑같이 가지고 어미의 유전자는 평균적으로 일개미와 절반만 같게 된다. 그 이유는 어미의 염색체 세트 둘 중 하나를 가지는 난자와 아비 수개미의 정자가 수정되기 때문에 일개미와 동일한 어미의 유전자 세트를 가질 확률이 50%이고 전혀 다른 확률 또한 50%이므로 평균적으로 어미의 유전자는 25%가 동일하게 되는 것이다. 결국 동일한 아비의 50%를 더하면 여왕개미가 낳는 일개미 동생의 유전자 동일 정도는 75%가 되며 이는 다음 세대의 여왕개미에서도 마찬가지가 된다. 결국 일개미

는 자기 자신이 알을 낳는 것보다 여왕개미가 더 많은 자손을 생산하도록 돕는 것이 자기 자신이 가지는 유전자를 후세에 남기는 데 더 유리한 결과가 되는 것이다.

친족 인식

일본왕개미는 같은 군집의 동료와 다른 군집 소속의 개미를 식별한다. 여기엔 몇 가지 방법이 있다. 우선 주변 환경의 냄새, 페로몬 및 여왕개미에 의해 집단 내 개미에 제공되는 화학물질 등이 친족 인식을 가능하게 한다.

페로몬

다른 사회성 벌과 마찬가지로 집단 내의 구성원들은 여왕이 분비하는 페로몬의 영향을 강하게 받는다. 페로몬은 한 가지만 있는 게 아니고 몇 가지가 있어 종류별로 작용이 다른데 어떤 페로몬은 일개미를 안정시키지만 또 어떤 페로몬은 흥분시킨다. 또 산란하고 있는 여왕의 페로몬은 처녀 여왕의 페로몬보다 일개미에게 더 강하게 작용한다(Jones et al., 2004).

사회성 면역(Social immunity)

사회성 곤충에서는 흔히 사회성 행동으로 인해 질병에 대한 면역이 증진될 수 있는데 이를 사회성 면역이라 한다. 일본왕개미 속에서도 이런 사회성 면역 현상이 확인되었다. 이런 현상은 일개미가 먹이를 게워 내어 다른 개체에게 먹이는 데서 일어나는데 대체로 군집 내에서 이런 일은 광범위하게 볼 수 있다. 먹이를 게워 내어 다른 개체에게 먹임으로써 항 미생물 작용이 활성화되고 일부 단백질 분해효소도 첨가되는 것으로 알려져 있다(Hamilton et al., 2011).

피해와 구제

일본왕개미는 사람의 주거 인근에 많이 서식하여 귀찮게 하거나 또 목조 주택의 구조물에 집을 지어 피해를 입히기도 한다. 피해가 심할 때는 살충제를 이용하여 구제할 수 있는데 개미굴에 직접 살충제를 주입하거나 개미가 활동하고 있는 지역에 살포하거나 또는 먹이에 살충제를 뿌려서 먹이를 집으로 운반하게 하여 퇴치할 수 있다.

식용 자원으로서의 개미

왕개미 종류의 성충과 유충은 세계 각지에서 식용으로 이용된다. 호주의 원주민들은 일본왕개미와 같은 속에 속하는 호주의 꿀단지개미honeypot ant, *Camponotus inflatus*를 날것으로 먹어 왔다. 건조한 지역에 서식하는 이 개미를 원주민들은 달고 맛있는 별식으로 여겨 왔다. 그들은 개미굴을 발견하면 이 식량자원을 보존하기 위해 완전히 파괴하여 모조리 잡아먹는 대신 일부만 잡아먹고 살려 두어 군집이 유지되게 한다.

미국 북동부의 메인주에서는 벌목꾼들이 괴혈병을 예방하기 위해 왕개미를 잡아먹는다고 한다. 또 미국 서부의 디거 인디언(Digger indians)은 자극적인 시큼한 맛의 큰검정왕개미의 복부를 먹는다. 또 아프리카의 산족(San)에게 왕개미는 다양한 곤충 식품 중 하나로 꼽히기도 한다(Srivastava et al., 2009).

16. 배 속에 꿀을 저장하는 개미

꿀단지개미Honeypot ant

개미과 Formicidae

| 꿀단지개미, *Myrmecosystus mimisus*.

꿀벌은 꽃이 많이 피는 계절에 꿀을 따서 집 안에 저장해 두었다가 겨울철이나 꽃이 없는 시기에 식량으로 이용한다. 그런데 놀랍게도 어떤 종의 개미는 일개미가 몸 안에 엄청난 양의 꿀을 저장하여 식량이 부족할 때를 대비하는데 이런 개미를 꿀단지개미라 한다. 자신의 배를 마치 거대한 식량 저장 그릇처럼 이용하는 것이다. 꿀단지개미의 복부에 저장된 이 꿀은 먹이가 부족할 때 토해 내어 동료들에게 먹이므로 살아 있는 식량 창고라 할 수 있다. 꿀단지개미는 특정 종의 명칭이 아니고 복부에 꿀을 저장하는 개미를 통틀어 부르는 이름인데, 여러 속genus에 속하는 여러 종의 개미가 이런 습성을 가지며 대표적인 속으로 *Myrmecocystus*와 왕개미속*Camponotus*이 있다. 왕개미속의 개미는 우리나라에도 10여 종이 서식하고 있지만 아쉽게도 우리나라의 왕개미속 개미 중에는 복부에 꿀을 저장하는 종류는 없다. 꿀단지개미에 관한 기록은 1882년에 맥쿡(McCook, 1882)이 처음 하였고 그 후 빌러(Wheeler, 1908)가 보다 상세히 연구하여 기록하였다.

일개미는 꿀단지개미에 저장된 먹이가 필요하면 꿀단지개미에게 다가가서 더듬이를 두드리는데, 그러면 저장된 식량을 토해 내어 제공하게 된다. 꿀단지개미의 복부는 검은색의 딱딱한 등판(sclerite)이 부드럽고 신축성 있는 관절성 막으로 연결되어 있다. 복부가 빈 상태일 때는 관절성 막이 접혀서 등판은 포개진다. 반면 복부에 꿀이 가득 차면 이 막이 완전히 팽창되어 등판은 서로 멀리 떨어지는 것이다.

생태

*Myrmecocystus*는 건조한 곳이나 준 건조한 환경의 다양한 곳에 둥지를 짓는다. 어떤 종은 극한의 뜨거운 사막에 살기도 하며 또 다른 종은 보다 선선한 삼림지대에 살기도 하지만 이러한 곳도 연중 대부분의 기간은 아주 건조한 기후를 보인다.

생태가 비교적 잘 밝혀진 *Myrmecocystus mexicanus*는 미국 서남부의 건조지 및 준 건조지에 서식한다. 일개미는 식량이 부족할 때 꿀단지개미plerergates or repletes로서 역할을 수행한다. 이들은 배가 가득 차면 움직일 수가 없으며 지하에 있는 둥지의 천장에 매달려 있게 된다. 다른 일벌들은 이 꿀단지개미에게 액체 먹이를 제공받아 집단의 다른 식구를 먹인다. 꿀단지개미는 둥지 어느 곳에서든지 살 수 있지만 대개 둥지 깊은 곳에서 발견되며 배는 포도알만큼 부풀어 있다(Conway, 1986).

호주에 사는 *Camponotus inflatus*의 두 군집을 조사했더니 전체 개미의 절반 가까운 49%와 46%가 꿀단지개미repletes 역할을 하고 있었으며 그중 가장 큰 꿀단지개미는 몸길이가 15mm였고 1.4g의 꿀을 가지고 있었다. 둥지의 깊이는 최대 1.7m 깊이였고 터널은 입구에서 2.4m까지 번어 있었다(Conway, 1991).

북미 애리조나에 사는 꿀단지개미인 *Myrmecocystus mimicus*는 때로 서로 다른 군집의 여왕벌이 연합하여 보다 큰 새로운 군집을 만드는 경우도 있는데 이는 군집이 커질수록 다른 군집과 경쟁할 때 우위를 점할 수 있고 따라서 생존에 유리하기 때문이다.

인간과 꿀단지개미

꿀단지개미는 여러 곳에서 식용으로 이용되어 왔다. 호주 원주민들은 *Melophorus bagoti* 와 왕개미속*Camponotus*의 종들을 식용으로 이용해 왔다. 주민들은 개미가 있을 만한 곳의 표면을 긁어 수직 터널을 찾으면 2m깊이까지 땅을 파고는 꿀단지개미를 잡아 날것으로 먹는다고 한다. 달콤한 꿀단지개미는 원주민들에게 중요한 에너지원이며 맛좋은 간식거리가 된다.

꿀단지개미를 가지는 개미속

지금까지 7속의 개미가 꿀단지개미를 가지는 것으로 나타났다. 특정 속이 아니고 다양한 속의 여러 종이 이런 성질을 가졌다는 것은 다수 개미에서 꿀을 저장하여 대비하는 유전자가 있음을 보여 주는 증거라고 하겠다. 복부에 꿀을 저장하는 꿀단지개미는 다음 7속에서 볼 수 있다.

Camponotus(호주 산)
Cataglyphis(북아프리카 산)
Leptomyrmex(멜라네시아 산)
Melophorus(호주 산)
Myrmecocystus(북중미 산)
Plagiolepis(남아프리카 산)
Prenolepis(북미 산)

17. 부산항을 공포에 떨게 한 침입종

붉은불개미*Solenopsis invicta*

개미과 Formicidae

| 붉은불개미 일벌 떼.

붉은불개미는 개미과科, Formicidae 두마디개미아과亞科, Myrmicinae에 속하는 곤충으로 원래 남아메리카 원산이지만 지금은 미국, 호주, 뉴질랜드 및 아시아 여러 나라와 카리브 해의 여러 나라 등에도 침입하여 정착하였다. 종명인 *invicta*는 라틴어로 '무적의', '정복되지 않는' 이라는 의미를 가졌다. 영어로 Red imported fire ant로 불리는데 '붉은 외래 불개미' 란 뜻이며 미국에 유입된 외래종 불개미이므로 이런 이름이 붙었다.

이 불개미는 다형 현상을 보여 다양한 모양과 체구의 일개미가 존재한다. 일개미의 체색은 붉으며 복부는 갈색과 검정색 기미가 있는 황색에 가깝다. 암벌인 일개미와 달리 수개미는 완전 검정색이다. 여러 다양한 환경에 잘 적응하며 열대 우림, 사막, 초원, 도로변이나 건물 주변 등에서 서식하는데 특히 환경이 훼손된 지역에 잘 침입하여 정착한다.

홍수가 나서 수위가 높아지면 수많은 개미떼들이 모여 '개미 뗏목'을 형성하여 이주하거나 살아남는 모습을 보이는 것으로 유명하다. 개미 뗏목은 물에 떠내려가다가 새로운 곳에 정착할 수 있게 되므로 단순히 생존에 성공하는 것이 아니라 서식지를 옮기면서 동시에 넓히는 효과가 있다. 개미 뗏목을 형성할 때 일개미는 가장자리에 위치하고 군집의 유지에 절대적으로 중요한 여왕개미는 보다 안전한 뗏목의 중앙에 위치하게 된다. 또한 새끼들은 가장 높은 곳에 위치한다. 개미 뗏목은 최대 12일 정도까지 지속될 수 있는 것으로 알려져 있으며 이때는 매우 취약한 상태이므로 일개미는 더 공격적이고 또 독성도 강해지므로 함부로 건드리면 위험에 빠질 수 있다(Adams et al., 2011).

군집 내의 동료가 죽으면 사체나 사체 토막을 둥지 밖의 폐기물 처리장에 버리는 습성이 있다. 먹이 활동은 온도가 올라가는 낮 동안에만 하며 일개미들은 먹이 활동, 방어 등을 하면서 동료들과 페로몬 등으로 서로 소통한다. 먹이는 잡식성으로 각종 동물성 먹이, 곤충, 씨앗, 진딧물 등의 곤충이 분비하는 감로 등을 먹으며 감로를 얻기 위해 진딧물과 서로 공생 관계를 이루기도 한다. 붉은불개미를 잡아먹는 포식자로는 거미류, 조류, 다른 종의 개미, 잠자리, 집게벌레, 딱정벌레 등의 각종 곤충 등이 있다.

한살이와 군집의 발달

한살이

알은 산란 후 1주일이면 부화하여 애벌레가 되며 4령 유충을 거쳐 번데기가 된다. 알에서 성충 개미로 자라는 데 걸리는 기간은 온도에 따라 크게 달라진다. 24℃에서 개미의 발육 기간은 55일이 소요되지만, 35℃에서는 23일 밖에 걸리지 않는다.

일개미의 평균 수명은 62일 정도로 기대 수명은 대체로 체구에 비례한다. 작은 체구의 일개미minor workers의 기대 수명은 30일에서 60일 정도지만 보다 큰 일개미들은larger workers 훨씬 오래 살아 기대 수명이 60일 내지 180일 정도로 작은 체구의 일개미보다 수명이 50~140% 더 길다. 그러나 수명은 온도에도 크게 좌우되며 낮은 온도에서 일을 적게 하면 수명이 길어진다. 여왕개미는 일개미보다 수명이 훨씬 더 길어 2년 내지 7년에 달한다(Calabi and Porter, 1989).

| 혼인비행 때의 여왕과 일개미

혼인비행

붉은불개미의 혼인비행은 따뜻한 계절인 봄에서 여름에 걸쳐 일어난다. 대개 비가 온 이틀쯤 후의 정오에서 오후 세시 사이에 비행이 일어나는데 플로리다에서 관찰된 예에서는 약 700마리의 암개미와 수개미가 집단 비행에 참여하는 것으로 나타났다. 먼저 일부 수개미들이 둥지를 떠나 날아오르며 곧이어 나머지 수개미와 암개미가 날아오르게 된다. 이때 일개미들은 비행하는 개미들의 대악선(mandibular gland)에서 분비되는 페로몬 물질에 의해 극도로 흥분되어 바삐 왔다 갔다 하며 공격적인 성향을 보이기도 한다. 수개미는 여왕개미보다 더 높은 고도에서 비행하며 대개 지표에서 100~300m 높이를 날아다니는 데 반해 여왕개미는 지표에서 60~120m 높이에서 비행한다. 혼인비행은 약 30분 정도 이루어지며 여왕개미가 비행하는 거리는 1.6km 미만이다. 혼인비행을 한 여왕개미의 95% 정도는 짝짓기에 성공하며 대개 단 한 번 짝짓기 한다. 혼인비행이 일어나는 기온은 24~32℃ 수준이며 습도는 공중 습도가 80%를 넘는 조건이다(Markin et al., 1971).

군집 창시

군집 창시(founding)는 한 마리의 여왕개미에 의한 단독 창시 또는 다수 여왕개미에 의한 공동 창시에 의한다. 공동 창시의 경우 군집의 생존율이 높고 일개미의 증가 속도도 단독 여왕개미에 비해 3배 정도 빠르다. 그러나 다수 여왕에 의한 공동 창시는 군집이 불안정하여 일개미가 출현하게 되면 여왕개미 간 및 여왕개미와 일개미 간에 투쟁이 시작되어 오직 한 마리의 여왕개미만 살아남고 패퇴한 나머지 여왕개미는 결국 일개미에 의해 살해당하게 된다. 어떤 여왕개미가 살아남는지는 여왕개미의 체구 크기에 따른 전투 능력이 주요 요인으로 알려져 있다(Tschinkel and Howard, 1983). 여왕개미 한 마리가 단독으로 창시하는 경우 군집으로 발달하여 생존할 가능성이 매우 낮다고 한다.

여왕개미는 맨 처음에 낳은 알이 애벌레를 거쳐 번데기가 되면 이 번데기가 일개미로 우화할 때까지 2주 내지 4주 동안은 알 낳기를 중단하고 생육 중인 나머지 애벌레의 양육에만 치중한다. 아직 일개미가 출현하기 전에는 여왕개미가 과중한 노역과 양육 부담을 지기 때문일 것이다. 어린 애벌레의 먹이는 여왕개미의 소낭(crop)에서 토해 내는 oil이나 영양란(trophic egg) 또는 분비물 등이며 또한 자신의 날개 근육 등을 먹여 기른다. 처음 태어나는 일개미 세대는 성장에 필요한 영양을 충분히 공급받지 못하므로 체구가 작아 minims* 또는 nanitics**라 불린다. 이들은 태어나면 곧이어 여왕 방에서 밖으로 나가는 굴을 뚫고 나가 필요한 먹이를 구해 오게 된다. 개미둔덕의 건축도 이들이 시작하게 된다. 첫 세대의 일개미가 출현하고 한 달쯤 지나면 보다 큰 일개미major workers의 발달이 시작되고 약 6개월이 지나면 개미 둔덕도 커져서 드러나기 시작한다. 이 무렵 군집 내에는 수천 마리의 개미떼가 거주하게 된다. 여왕개미는 매일 1500개의 알을 낳을 수 있으며 일개미는 생식 능력이 없다. 군집의 발달은 무척 빨라 5월에 15~20마리이던 일개미는 9월이면 7,000마리 이상이 된다. 군집이 창시된 지 1년이 지나면 생식 능력을 가지는 여왕개미와 수개미를 생산하기 시작하며 2년이 지날 무렵이면 군집은 25,000마리에 달하며 3년이면 50,000마리에 달하게 된다. 아주 크게 자란 군집의 경우 10만 마리 내지 25만 마리에 달하며 때로 40만 마리가 넘기도 한다(Markin et al., 1973).

군집의 발달에는 여러 요인이 작용하는데 그중 기온이 큰 변수가 된다. 24℃ 이하에서는 군집 발달이 정지되며 군집의 성장은 24℃에서 36℃ 사이에서만 일어나는데 높은 온도에서 개체의 발육이 빨라져 군집 발달도 빨라지게 된다. 여왕개미의 창시 후 처음 출현하는 nanitics 세대의 발육기간은 일반 소형 일개미 발육 기간보다 35% 정도 짧다. 최초의 nanitics 세대의 발육 기간이 이렇게 짧은 것은 여왕개미의 부담을 줄여주므로 초기 군집 발달에 매우 유리하다.

---

* 작은 개체라는 의미

** 작은 개체라는 의미

단독 여왕과 복수 여왕 군집

붉은불개미 사회에는 단독 여왕 군집과 복수 여왕 군집 두 가지가 있다. 단독 여왕 군집은 여왕개미의 출산 능력, 군집의 확산과 지속성 및 구성원의 관계 등에서 복수 여왕 군집보다 불리한 것으로 조사되고 있다. 복수 여왕을 구성하는 경우 체구가 작은 경향이 있으며 생산되는 일개미도 체구가 작다. 어떻게 복수 여왕이나 단독 여왕이 구성되는지는 복잡하지만 여왕개미의 페로몬 수준이 영향을 미친다. 만약 여왕개미의 페로몬이 대량으로 발산되면 일개미는 새로운 여왕개미를 거부한다. 또한 단독 여왕의 군집에 속한 일개미와 복수 여왕 군집에 속한 일개미의 행동에는 상당한 차이가 있는데 단독 여왕 군집에 속한 일개미들이 다른 군집의 일개미에게 적대적이며 공격적이다. 반면 복수 여왕에 속하는 군집의 일개미들은 자기 군집에 속하지 않는 일개미를 식별하지만 적극적인 공격적 행동을 보이지 않는 경향이 있다. 이런 복수 여왕 군집은 생식 능력이 높으며 영역 또한 훨씬 넓게 유지한다(Goodisman and Ross, 1997).

유전적 측면에서 본 붉은불개미

미토콘드리아 DNA를 조사한 결과 복수 여왕 군집의 개미들은 서로 다른 미토콘드리아 DNA를 가지는 개체들로 구성되어 있으나 단독 여왕 군집의 경우에는 개체들 간에 그런 변이가 나타나지 않았는데 이는 미토콘드리아 DNA는 모계를 통해서 유전되기 때문이며 복수 여왕 군집의 경우 여러 마리의 여왕개미가 생식에 참여한다는 반증이기도 하다. 또한 삼배체성*이 나타나기도 하는데 이는 이배체성 수개미**에 기인하며 일개미의 경우 약 12%가 삼배체성으로 나타난다(Krieger et al., 1999).

다형현상

붉은불개미는 다형현상***이 나타나는 것으로 알려져 있다. 일개미의 크기는 작은 개체는 2.4mm에서 큰 개체는 6.0mm에 이르기까지 큰 차이를 보인다. 일개미는 크기에 따라 역할이 달라지는데 가장 큰 개미는 병정개미 역할을 한다. 작은 일개미는 먹이 활동을 위한 외역을 나가지 않고 대신 집 안의 일을 맡아 하게 되며 외역은 큰 일개미가 맡게 된다. 그러나 군집 발생 초기에는 다형 현상이 나타나지 않으며 일개미의 크기는 모두 비슷하다. 군집 발생 후 5년이 지난 군집의 경우 큰 일개미의 체구는 거의 변화가 없지만 작은 일개미의 체구는 크게 감소하여 큰 일개미 체중의 1/4에 불과하게 된다. 또한 일단 일개미의 체구에 차이가 나타난 이후에는 큰 개체가 노동력의 주축이 되며 수적으로는 전체의 35% 정도를 차지하게 된다. 큰 일개미와 작은 일개미의 다형 현상에서 체구의 모든 부분이 똑 같은 비율로 커지는 것은 아니며 특히 머리 부분의 크기가 상대적으로 더 많이 커지며 복부의 경우 길이보다는 폭이 상대적으로 더 많이 커진다. 큰 일개미와 작은 일개미의 다형이 존재하는 것은 특히 식량이 부족할 때 유리하며 새끼들의 양육에도 긍정적으로 작용하는 것으로 보고되고 있다(Porter and Tschinkel, 1985).

---

* **삼배체성** 염색체가 세 벌 존재하는 것으로 대부분의 생물에서는 염색체가 두 벌 존재하며 따라서 세 벌 존재하는 경우는 이례적이고 특별한 경우임.

** 일반적인 수개미는 일배체성임.

*** **다형현상** 같은 종의 생물이 체구나 모양, 체색 등이 서로 크게 다른 양상을 보이는 현상

분포 및 서식지

중남미 열대지방 원산으로 지리적으로 페루의 남동부에서 중부 아르헨티나 및 브라질 남부까지 광범위하게 분포한다(Mescher et al., 2003). 분포 범위는 특히 남북으로 광범위하게 분포하여 북단인 브라질의 Porto Velho에서 남단인 아르헨티나의 Resistencia까지 약 3,000km에 달하지만 동서로는 상대적으로 좁게 분포하는 편이다.

서식지는 매우 다양하며 남미의 우림지역과 강 주변의 범람원, 관개수로 주변, 호수, 연못, 저수지, 강, 계류, 제방 등 물이 있는 주변에서 흔히 발견되며 농경지, 해변, 저습지, 해안의 모래 사구, 사막, 삼림, 초지, 자연림, 참나무 숲, 낙엽이 쌓인 곳, 관목이 우거진 곳, 도로변이나 건물 주변 등에서도 발견된다. 환경이 교란된 지역에서도 잘 생존하며 심지어 맹그로브 습지에서도 발견된다(Ahrens et al., 2005). 특히 경작지나 경영되는 삼림, 농장, 목장, 온실, 정원, 학교 정원, 공원 등에서도 발견되므로 사람에게 피해를 입히기 쉽다.

붉은불개미 둥지의 개미둔덕*은 군집의 크기에 따라 높이 10~60cm에 달하며 직경은 45cm 전후이며 입구는 보이지 않는다. 일개미는 둥지로 연결되는 일련의 지하 통로를 통해서 둥지로 진입할 수 있다. 둥지로 진입하는 통로는 수평으로 벋으며 대개 지표에서 20~30cm 지하에 위치한다. 개미둔덕 아래에는 5cm^2 정도 넓이의 방이 수없이 존재하

* 개미집 위에 쌓아 놓은 흙으로 된 둔덕

며 방의 깊이는 10~8cm 정도에 달한다. 하나의 방에 거주하는 개미는 200마리 내외이다(Cassill et al., 2002).

다른 대륙과 새 서식지로의 확산

붉은불개미는 원래의 서식지뿐 아니라 세계 여러 곳으로 확산되어 분포하고 있으며 최악의 외래 침입 종 중 하나로 꼽히고 있다. 특히 생태계가 교란된 지역에 잘 침투하여 적응하는 것으로 알려져 있다. 미국의 경우 1933년부터 1945년 사이에 화물선에 의해 앨라배마 주의 모빌(Mobile) 항으로 처음 들어왔으며 근연 관계가 아닌 서로 다른 9~20마리의 여왕개미가 정착한 것으로 확인되었다(Ross and Shoemaker, 2008). 침입 후 초기에는 개체수가 적었기에 곤충학자들도 제때 인지하지 못했으며 1950년대 들어서 폭발적인 팽창을 하였다. 남부 여러 주와 멕시코 북동부지역까지 서식지가 확장되어 생태계에 악영향을 주기 시작했고 경제적 손실도 초래했다(Callcott and Collins, 1996). 북미에서는 붉은불개미가 급격하게 확산되지 않는 것으로 보이는데 그 이유는 테네시(Tennessee)의 겨울을 이겨 내지 못하기 때문이다. 그러나 전 지구적인 온난화 현상은 추가적인 서식지 확산을 가져올 가능성이 있다. 미국의 경우 2004년 현재 13개 주에 걸쳐 128,000,000 헥타르 면적까지 확산되었으며 미국 농무국의 추산으로는 매년 193km씩 확장되고 있다고 한다.

호주의 경우 2001년 퀸즈랜드(Queensland)에서 처음 발견됐는데 컨테이너 화물을 통해 북미에서 브리즈번 항으로 들어온 것으로 추정하고 있다. 붉은불개미의 잠재적인 위험을 염두에 둔 호주 정부는 발 빠르게 움직여 막대한 예산을 들여 박멸책을 마련하였다. 그 결과 침입지 내의 박멸 정도는 99% 이상으로 평가되었다. 하지만 2014년 시드니 동남방에 있는 보터니 (Botany) 항에서 둥지가 발견되었고 항구는 대대적인 방역에 들어갔다. 이듬해인 2015년엔 미국에서 온 붉은불개미가 브리즈번 공항에서 발견되기도 했다.

붉은불개미의 확산은 북미와 호주에 국한되는 것이 아니다. 외래 침입 종에 대한 연구와 감시를 하는 세계적 네트워크인 〈외래종 전문가 그룹〉(The Invasive Species Specialist Group (ISSG))에 의하면 케이먼 군도(Cayman Islands)의 3개 섬에 붉은불개미가 침입했으며, 2001년에는 뉴질랜드에서 발견되었으나 수년간의 노력 끝에 박멸에 성공하였다. 홍콩과 중국 본토에는 2004년 처음 발견되었고 마카오와 타이완을 포함한 여러 지역으로 확산되었다(Wang et al., 2013). 아마도 붉은불개미의 확산에는 이처럼 지리적 장벽이 없는 것으로 보이며 장차 아시아의 열대 및 아열대 기후 전 지역에 이 종이 확산될 것으로 추정된다. 유럽에는 2002년 네덜란드에서 하나의 둥지가 발견되었다. 중미 여러 국가에서는 골프장으로 많이 확산됐는데 이는 미국 플로리다에서 수입한 뗏장을 통해 유입된 것으로 추정되어 붉은불개미의 확산 방지를 위해서는 뗏장에 대한 엄격한 검역이 필요한 것으로 나타났다.

DNA 검사 결과 호주, 중국, 타이완에 침입한 붉은불개미는 미국에서 유입된 것으로 밝혀졌다(Ascunce et al., 2011). 이러한 확산에도 불구하고 붉은불개미에 비해 근연종인 *S. geminata*의 분포 범위가 훨씬 넓다. 그러나 *S. geminata*의 군집은 붉은불개미에 의해 쉽게 대체될 수 있는 것으로 드러나고 있다. 미국 플로리다에서는 붉은불개미가 들어오기 전에는 조사 지역의 83%에서 *S. geminata*가 발견되었으나 침입 이후의 조사에서는 단 7%에서만 발견되었다고 한다(Wetterer, 2013). 이는 붉은불개미가 새로운 지역에 침입하면 원래 서식종에 파괴적인 영향을 끼칠 수 있음을 단적으로 보여 주는 것이다.

우리나라에도 유입된 붉은불개미

우리나라에서는 2017년 9월에 부산 감만항 컨테이너 야적장에서 붉은불개미 집과 개미 수백 마리가 발견되어 큰 우려와 주목을 받았으며 이의 확산을 막기 위해 방역에 초비상이 걸린 바 있다. 또 이듬해인 2018년 2월과 7월엔 인천항에서, 6월엔 평택항에서 유입된 붉은불개미가 발견되어 역시 긴급 방역을 한 적이 있다. 우리나라는 무역 대국이라 외국과의 교역 규모가 엄청나므로 이런 악성 외래종이 침입할 위험이 매우 높으므로 감시와 검역을 강화할 필요가 크다고 본다.

환경부도 2017년 가을의 소동과 또 이 종이 독성이 강하고 한번 침입하여 정착하면 박멸이 어려운 것을 고려하여 우리나라에 본격적으로 침입하여 확산된 종이 아닌데도 이례적으로 2018년 1월 3일 생물다양성 보전 및 이용에 관한 법률에 따른 생태계 교란 생물 지정 고시를 개정해 붉은불개미를 생태계 교란 생물에 포함시켰다. 생태계 교란 생물은 생태계의 균형을 교란하거나 교란할 우려가 특히 큰 것으로 판단되는 생물이다. 생태계 교란 생물로 지정된 종은 환경부가 생태계에 끼치는 영향을 지속적으로 조사·평가하며 위해를 줄이기 위한 조처를 하도록 규정되어 있다.

먹이 활동과 의사소통

붉은불개미는 잡식성이다. 다양한 동물성 먹이를 이용하지만 포식자라보다는 오히려 청소부에 가깝다. 먹이는 죽은 포유류 사체, 절지동물, 곤충, 지렁이, 무척추동물, 그리고 식물의 종자 같은 딱딱한 먹이까지 무척 다양하다. 이런 고체성 먹이 외에 액체성 먹이도 이용하는데 식물이 분비하는 꿀, 진딧물 같은 곤충이 분비하는 감로 등이 있으며 고체성 먹이보다 이런 액체성 먹이를 더 선호한다. 또한 곤충의 사체 등 일부 먹이를 바로 소비하지 않고 저장하기도 하는데 이런 고기 조각들은 개미둔덕의 맨 위쪽, 지표 바로 아래에 둔다. 이곳은 가장 건조하고 더운 곳으로 보존에 유리한 것으로 보인다(Gayahan and Tschinkel, 2008). 식물의 종자를 저장하여 먹이로 삼게 되어 발아에 부정적 영향을 끼치기도 하는데, 다년초인 *Sanguinaria canadensis*의 종자는 80%가 피해를 입었으며 제비꽃의 일종인 *Viola rotundifolia*의 종자는 86%가 피해를 입을 정도로 피해가 적지 않다. 그러나 소나무 일종인 *Pinus palustris*의 경우 개미가 종자를 저장한 후 일부는 싹이 터서 자라게 되어 이들의 번식에 도움이 될 수도 있다(Zettler et al., 2001). 붉은불개미는 성충과 애벌레 간에 영양교환(trophallaxis)을 하는데 이는 애벌레가 분비하는 액체성 먹이를 성충이 받아먹는 행위이다.

먹이 활동은 봄이 되어 토양 온도가 27℃ 정도 되면 시작된다. 가을이 되면 먹이 활동은 급격히 감소하게 되고 겨울에는 거의 외부 활동을 하지 않는다. 따라서 미국의 북부지방에서는 활동 기간이 줄어들며 플로리다나 텍사스처럼 따뜻한 지역에서는 1년 내내 먹이 활동이 가능하게 된다. 비가 올 때 역시 먹이 활동이 중지된다(Porter and Tschinkel, 1987).

일개미가 먹이 활동을 할 때는 탐색, 동료소집, 운반의 삼단계로 진행된다. 아주 무거운 먹이를 발견하면 페로몬을 이용하여 동료를 소집한다. 둥지로 돌아가는 길에 추적 페로몬(trail pheromone)을 분비하기도 하는데 이러한 페로몬은 종 특이적인 것이어서 다른 개미의 페로몬과는 구별된다. 양육 페로몬 또한 존재하는데 일개미들의 나이와 계급에 따라 새끼들이 있는 곳으로 모여 핥고 돌보며 더듬이로 교감하는 행동을 유발하게 된다. 군집이 공격당할 때는 경보 페로몬을 분비하게 된다. 또 군집을 이루는 동료와 다른 군집의 개체를 냄새 등의 화학적 소통을 통해 식별할 수 있다. 한 마리의 여왕개미가 지배하는 집단의 일개미는 다른 군집의 개미에 대해 매우 공격적이지만 여왕이 죽고 없는 군집의 일개미는 다른 군집의 일개미나 여왕개미가 추가되는 것에 대해 공격성이 훨씬 약해지는데 이는 여왕개미에 의해 분비되는 페로몬의 영향 때문으로 생각된다(Obin, and Vander Meer, 1988).

다른 생물종에 미치는 영향

미국 플로리다의 스토크 섬에 서식하는 스토크달팽이(*Orthalicus reses*)는 야생에서 멸종되었는데 멸종의 가장 큰 이유는 붉은불개미에 의한 포식으로 밝혀졌다. 붉은불개미가 새로운 지역에 침투하면 원래 서식하던 절지동물과 척추동물의 다양성이 심각하게 감소된다. 척추동물의 경우 도마뱀 같은 작은 파충류뿐 아니라 플로리다왕뱀Florida kingsnake, *Lampropeltis getula floridana* 같은 큰 파충류도 영향을 받으며 그 외 거북*Terrapene carolina triunguis*,

아메리카 악어*Alligator mississippiensis* 등도 먹이가 되는데 악어의 경우 갓 부화한 어린 개체가 희생양이 된다(Wojcik et al., 2001). 조류에도 심한 피해를 입힐 수 있는데 부화 직후의 어린 새를 공격하여 먹이로 삼으며 특히 절벽 등 땅 위에 둥지를 짓는 새에게 큰 위협이 된다(Moloney and Vanderwoude, 2003). 또한 다른 개미 종류와 경쟁 관계가 되어 기존에 서식하던 개미 종을 대체하기도 하는 데 특히 환경 파괴가 심한 곳에서 붉은불개미의 침입과 서식이 용이하게 일어나는 것으로 보고 있다. 이처럼 붉은불개미는 생태계에 수많은 피해를 입히지만 일부 긍정적인 측면도 있는데, 진드기의 수를 감소시켜 진드기에 의해 동물이나 사람에게 매개되는 질병의 전파를 줄이는 데 기여하기도 한다(Castellanos et al.. 2016).

포식자

거미는 붉은불개미를 잡아먹는 대표적인 포식자이다. 거미의 일종인 남방검정과부거미*Latrodectus mactans*는 거미줄에 걸린 곤충을 먹고 사는데, 붉은불개미가 전체 먹이의 75% 정도를 차지한다. 그 외 수 많은 곤충, 거미강의 여러 종류, 조류가 이 불개미를 잡아먹는다. 여왕개미가 혼인비행을 할 때는 여러 종류의 잠자리가 여왕개미를 잡아먹는다. 그 외 집게벌레, 딱정벌레 등의 곤충과 여러 종류의 새가 붉은불개미를 잡아먹는다(Nichols and Sites, 1991).

기생동물

기생파리의 일종인 *Pseudacteon obtusus*는 붉은불개미의 머리 뒤쪽에 앉아 알 하나를 낳는다. 개미는 머리 뒤편에 산란된 이 기생파리의 알을 잘 제거하지 못하며 알에서 부화한 파리 애벌레는 개미의 혈 림프, 근육 조직, 신경 조직 등을 먹고 자라게 되며 약 2주가 지나면 기생파리 애벌레는 효소를 분비하여 숙주의 머리가 몸통에서 분리되게 만든다. 기생파리 애벌레는 잘린 머리 내부에서 번데기가 되고 2주가 지나면 우화하여 성충이 된다(Williams and Banks, 1987). 역시 기생파리인 *P. tricuspis*도 붉은불개미에 기생하지만 그 피해 정도는 심하지 않다.

인간과의 관계

붉은불개미 독이 사람에게 미치는 영향

붉은불개미 독은 먹이를 사냥하고 군집을 방어하는 데 중요한 기능을 한다. 독성분의 95% 정도는 물에 불용성인 피페리딘 알칼로이드(piperidine alkaloid)로 이 성분은 사람에게도 매우 강한 독성을 가진다. 그러나 '살인불개미'라고 언론에 소개된 것처럼 사람의 생명을 위협할 정도의 맹독은 아니다. 붉은불개미 독은 46가지 단백질을 포함하며 이 중 4가지는 알레르기를 일으킬 수 있는 물질이다(Baer et al., 1979). 미국에서는 매년 1,400만 명 이상이 붉은불개미에 물려 고통받을 정도로 심각한 해충이다. 물리면 뜨거운 작렬감과 함께 통증을 일으키고 물린 부위가 부어오르며 이어 농포가 생겨 며칠 지속된다. 통증이 있고 농포가 형성되는 정도의 경우에는 별도로 치료하지 않아도 되지만 과민성 쇼크(anaphylactic shock)가 일어나면 즉시 적절한 치료를 받아야 한다. 과민성 쇼크는 물린 사람의 0.6~6.0%에서 발생할 수 있으며 적절히 치료하지 않으면 목숨을 잃을 수도 있다. 쇼크가 일어나면 대개 현기증, 가슴 통증, 메스꺼움,

식은 땀, 혈압 강하, 호흡 상실, 말이 어눌해지는 등의 증상이 수반된다. 미국에서 붉은불개미에 물려 죽은 사람은 80 사례 정도가 알려져 있다. 붉은불개미가 미국에 본격 확산된 것이 1950년경부터였고 근년에는 매년 1,400만 명 이상이 물리는 것을 고려하면 치사율이 아주 높은 곤충이라고 하기는 어렵다.

미국 FDA 추정에 의하면 미국 내에서 매년 이 불개미에 물려 치료받는 비용과 감염 지역의 구제에 들어가는 비용이 50억 달러에 이르는 것으로 보고 있다. 지난 20년간 끼친 손실은 매년 25억 달러에 달하며 텍사스 주에서 가축, 야생 동물, 공중 보건에 끼친 피해만 해도 매년 3억 달러에 달하는 것으로 보고 있다(Pimentel et al., 2000). 호주의 경우 방역 실패로 향후 30년간 입게 될 피해가 무려 430억 달러에 달할 것으로 전망하고 있다.

농업과 생활에 미치는 영향

붉은불개미가 새로운 지역에 침입할 경우 사람에게뿐 아니라 농업에도 심각한 해충이 된다. 농작물을 해치고 목초지와 과수원에도 피해를 입힌다. 개미둔덕은 관개설비를 손상시키고 또 수확용 기계에 고장을 일으킬 수 있다. 미국 동남부의 조지아와 노스캐롤라이나에서는 콩 농장에서 개미둔덕으로 인해 수확이 어려워 손실되는 피해가 엄청난 것으로 알려져 있다. 콩을 수확하는 콤바인이 개미둔덕 때문에 낮은 부위의 콩을 수확하지 못하기 때문이다. 콩 농장 외에도 양배추, 감귤, 오이, 가지, 오크라, 땅콩, 감자, 해바라기, 감자 등의 재배 농장에도 피해를 입힌다. 수확만 어렵게 하는 게 아니고 농작물의 뿌리를 해치고 또 어린 새싹과 꽃,

어린 열매를 먹어 피해를 입히기도 한다.

농업에 상당한 피해를 입히지만 도움을 주는 면도 있다. 유해 곤충을 포식하여 구제하는 생물학적 방제자 역할도 하는데 특히 사탕수수밭과 면화 밭에서 유익한 곤충이다. 붉은불개미가 포식하는 주요 해충으로는 면화바구미*Anthonomus grandis*, 사탕수수천공충*Diatraea saccharalis*, 동애파리*Haematobia irritans*, 콩밭의 모충*Anticarsia gemmatalis* 등 무척 다양하다(Eubanks, 2001).

붉은불개미는 도시 지역에서도 번성하는데 정원, 골프장, 공원, 학교원과 운동장, 도로변 등이 주 서식지로 불개미가 나타나면 야외활동이 크게 제약을 받는다. 집으로 들어오면 사람뿐 아니라 애완동물에게도 피해를 입힐 수 있다. 둥지를 도로변, 포장도로 아래, 건물 아래, 잔디밭, 보도 주변, 전기 장치 내부 등에도 지을 수 있어 피해가 막심하다. 도시 지역에서만 서식하는 게 아니고 사회 인프라 시설에 피해를 입히기도 하며 부동산의 가치를 떨어뜨리기도 한다. 붉은불개미는 전류에 유인되어 수많은 일개미를 불러들이고 또 페로몬을 발산하기도 하여 더 많은 일개미를 불러들여 전기시설을 망가뜨리기도 한다. 이는 전기가 흐를 때 형성되는 자기장에 일개미가 유인되는 것으로 이 과정에서 수많은 일개미가 전선에 서로 달라붙거나 절연체를 물어뜯어 손상시켜 합선을 일으키거나 모터 등의 고장을 일으킬 수 있다(Anderson and Vander Meer, 1993).

방제

제한된 지역의 붉은불개미를 방제하기는 그리 어렵지 않다. 여러 가지 살충제로 방제할 수 있기 때문이다. 1957년 미국에서 붉은불개미를 근절하기 위한 프로그램을 가동했을 때 환경보호국이 원래부터 서식하던 수많은 곤충에 피해를 입힌다고 제동을 걸어 프로그램이 중단된 바 있다. 이처럼 살충제를 광범위하게 사용하는 것은 또 다른 피해를 일으키므로 적용하기 쉽지 않으며 붉은불개미에게만 적용되는 방법을 택하여 방제하는 것은 쉽지 않은 난점이 있다. 일단 한 곳에 정착하여 확산한 후라면 이를 근절시키는 것은 거의 불가능하다고 보고 있다. 일반적으로 살충제를 개미둔덕에 뿌리거나 또는 둔덕을 파내고 살충제를 처리하는 등의 방법을 이용하며 농업용 살충제 살포 기구를 이용하여 보다 넓은 면적에 광범위하게 살포하기도 하지만 환경에 대한 피해가 크므로 이 방법은 제한적일 수밖에 없다.

붉은불개미를 구제하는 데는 분제, 수화제, 훈증제의 사용보다는 독이 든 미끼를 이용하는 방법이 효과적이다. 독이 든 먹이를 개미 둔덕 주변에 뿌려 두면 불개미가 독 먹이를 운반하여 먹게 된다. 사용되는 약제로는 성장조절제, 붕산과 설탕을 함께 녹인 용액 등이 다른 동물에 피해를 입히지 않으면서 군집을 제거하는 데 효과적인 것으로 나타났다(Klotz et al., 1997). 그 외 Amdro, Ascend, Hydramethylnon, Maxforce 등의 약제가 이용될 수 있다. 현재 이 불개미의 천적을 이용한 방제에 관한 연구도 꾸준히 이루어지고 있는데 기생 개미, 기생벌, 진드기, 병원균, 선충, 진균 등을 이용한 방법이 어느 정도 효과가 있는 것으로 알려져 있다(Williams and deShazo, 2004).

18. 거미 전문 사냥꾼

대모벌spider wasps

대모벌과 Pompilidae

| 거미를 사냥하여 운반하는 왕무늬대모벌.

벌이라고 하면 사회생활을 하는 꿀벌이나 무서운 말벌을 떠올리는 사람이 많다. 실제 꿀벌과 말벌은 우리 주위에서 가장 흔하게 볼 수 있고 또 우리 생활과 밀접한 관계를 가지고 있으므로 우리가 많은 관심을 가지는 게 너무도 당연하다. 그러나 벌은 그 종류가 아주 많고 생태와 살아가는 방법 또한 제각각이어서 더욱 흥미롭다.

대모벌과에 속하는 모든 벌은 꿀벌이나 말벌 같은 사회생활을 하지는 않고 단독생활을 한다. 단독생활을 한다는 말은 가족과 함께 살아가는 것이 아니고 혼자서 산다는 의미이다. 얼핏 그런 벌도 있냐고 생각하는 사람도 있겠지만 알고 보면 꿀벌이나 말벌처럼 사회생활을 하는 벌은 아주 특수한 예외적인 경우라 할 수 있고 대부분의 벌 종류가 단독생활을 한다. 대모벌의 삶과 같은 단독생활이 일반적인 벌의 생태인 것이다. 우리는 우리에게 친숙한 몇몇 벌만 보고 모든 벌들이 다 그런 식으로 살고 있으려니 지레 짐작하고 있지만 사실은 그렇지 않다.

대모벌과의 벌은 전 세계에 널리 분포하며 6개 아과에 약 5,000종이 알려져 있다. 대부분 거미를 사냥하여 기생하지만 Ceropalinae아과의 대모벌 종류는 다른 대모벌의 몸 안에 내부 기생하거나 아니면 살아 있는 거미에 외부 기생하며 혈 림프를 빨아먹고 자라는 독특한 생태를 보인다(Goulet and Huber, 1993).

대모벌은 숲 속이나 풀밭 등에서 배를 위 아래로 흔들며 부산하게 이리저리 날며 또 걷기도 하는 등 바쁜 모습으로 관찰된다. 한가로이 꽃에서 꿀을 빨거나 나뭇잎에서 쉬고 있는 모습을 보기 어려운 벌이다. 대모벌이 이처럼 바삐 돌아다니는 것은 애벌레의 먹이가 되는 거미를 찾기 위함이다. 거미를 찾더라도 느긋하게 찾으면 될 텐데 대모벌은 천성이 부지런하고 성질이 급한지 항상 바쁜 모습이다. 대모벌에게 발각된 거미는 저승사자를 만난 격이다. 찾는 종류의 거미를 발견하면 기회를 봐서 재빨리 거미에게 달려들어 침을 쏘아 마비시킨다. 거미는 우리가 잘 알다시피 다른 곤충을 사냥하여 먹는 무서운 포식자이다. 이빨이 튼튼하여 물리면 웬만한 곤충은 죽고 말며 또 튼튼한 거미줄에 걸리면 날고 기는 힘센 곤충도 꼼짝없이 거미의 밥이 될 수밖에 없는 무서운 존재지만, 그런 거미도 대모벌에게는 별수 없이 당하니 뛰는 놈 위에 나는 놈 있다고나 할까, 자연의 법칙에서 천하무적은 없다는 것을 또 한 번 보여 준다. 그렇다고 모든 대모벌이 거미라면 아무 거미나 마구 사냥하는 것은 아니다. 대모벌의 종류에 따라 대개 사냥하는 거미 종류가 정해져 있으며 체구가 큰 대모벌은 보다 큰 체구의 거미도 사냥하지만 체구가 작은 대모벌 종류는 보다 작은 거미를 사냥하게 된다. 대모벌의 종류에 따라서는 거미줄을 치고 있는 큰 거미까지 어렵지 않게 사냥하니 호랑이 굴에서 호랑이를 사냥하는 셈이다. 그런 모습을 관찰하면 참으로 거미 사냥의 대가라는 생각이 든다. 이렇게 사냥한 거미는 집으로 운반하는데, 집은 종류에 따라 흙으로 짓거나 땅속에 굴을 파고 집으로 삼기도 한다. 집은 여러 개의 방으로 나뉘어 있다. 각 방에는 한 마리 또는 몇 마리의 거미를 저장 해두고 거미의 배 위에 하나의 알을 낳는다. 알을 낳은 후에는 흙으로 외부를 막아 버려 천적의 침입을 막게 된다. 어떤 종류는 마지막 방에 죽은 개미를 저장하여 둥지를 보호하는데, 죽은 개미에서 발산하는 화학물질이 포식자의 접근을 막는다고 한다(Punzo, 1994).

알에서 깬 대모벌 애벌레는 어미가 사냥해 둔 거미를 먹고 자라게 된다.

미국산 대모벌 종류인 타란툴라대모벌*Pepsis thisbe*은 강한 독을 가진 무서운 타란툴라 거미를 사냥한다. 타란툴라대모벌의 성별과 크기는 숙주인 거미의 크기에 따라 결정되며 먹이가 크면 보다 큰 암벌로 자라게 된다고 한다. 먹이의 크기에 따라 대모벌의 크기도 비례하여, 계절에 따라 숙주의 체구가 달라지면 그에 따라 대모벌의 체구도 변이를 보이게 된다. 타란툴라대모벌은 어떻게 거미를 찾아 사냥할까? 그 비밀은 숙주에서 풍기는 냄새와 같은 화학 물질을 탐지하는 것이다(Punzo and Ludwig, 2005). 후각 기관을 사용하여 냄새를 맡아 사냥을 한다니 마치 짐승을 사냥하는 육식동물이 후각을 이용하여 먹잇감을 찾는 것과 흡사하다.

대모벌의 어미는 집을 짓고 먹이를 저장한 다음엔 알을 낳고 봉해 버리고는 다시는 새끼를 찾지 않는다. 이에 애벌레는 어미의 보살핌 없이 홀로 먹이를 먹고 자라게 된다. 어미 벌은 하나의 방에 먹이를 저장하고 알을 낳은 후 봉하고 나면 옆에다 다음 방을 만들어 마찬가지로 또 거미를 사냥하여 저장하고 알을 낳는 과정을 반복하게 된다. 따라서 대모벌 집을 보면 이어진 여러 개의 방에서 차례로 애벌레가 자라는 모습을 볼 수 있다. 새끼들은 다른 보살핌 없이 오로지 본능에 따라 어미가 저장해 둔 거미를 먹고 자라 번데기를 거쳐 성충이 된다. 번데기에서 성충으로 우화하는 시기는 종에 따라, 그리고 계절에 따라 다른 것으로 보이며 어떤 종은 당년 여름에 우화하지만 일부 종은 1년 정도 지난 이듬해 여름이 되어야 우화하게 된다. 새끼는 거미를 먹고 자라지만 어미 대모벌은 육식을 하지 않으며 오로지 꽃의 꿀만 먹는다. 따라서 대모벌은 다양한 식물의 꽃가루받이를 도와준다.

성충이 된 대모벌은 짝짓기 후 다시 본능이 가르치는 대로 어미가 했던 방식대로 집을 짓고 거미를 사냥하여 후세를 남기게 된다. 대모벌의 한살이를 보면 참으로 모성은 위대하며 본능 또한 신기하기만 하다.

굴을 파서 둥지를 짓는 대모벌의 경우 먹이를 저장하고 알을 낳은 후에는 둥지를 막아 버리며 포식자가 둥지를 찾지 못하도록 주변과 비슷하게 위장하는 습성도 있다.

대모벌 애벌레가 거미를 먹고 자라는 동안에 거미가 죽고 썩지 않을까? 대모벌 어미는 거미를 죽여 저장하는 것이 아니라, 독침을 쏘되 죽이지는 않고 마비시킨 상태로 저장하게 된다. 보다 정확히 얘기하면 마취 상태를 유지한다고 하는 것이 맞겠다. 따라서 거미는 살아 있으므로 썩지 않게 된다. 또한 애벌레가 살아 있는 거미를 먹고 자라면서 본능적으로 거미의 생명 유지에 필수적인 장기인 심장, 중추신경계 등은 먹지 않고 마지막까지 남겨 두어 거미가 죽지 않게 한다니(Punzo, 2005) 본능으로 이런 교묘한 것까지 실행하는 대모벌의 능력이 신기하기만 하다.

한편 미국의 곤충학자인 슈미트 등(Schmidt et al., 1983: Schmidt, 1990)은 42속 78종에 달하는 다양한 종류의 벌에서 독침의 통증을 조사하여 지수를 개발했다. 사람의 피부를 뚫지 못하는 지수 0에서부터 약한 통증을 주는 지수 1, 중간 정도 통증을 주는 지수 2에 이어, 차례로 지수 3과, 가장 강한 통증을 주는 지수 4까지로 구분했는데, 타란툴라대모벌은 지수 4에 해당할 정도의 아주 강한 통증을 유발하지만 그 통증의 지속 시간은 5분 정도로 짧다고 한다. 작은 거미를 사냥하는 벌의 독이니 그 독성과 통증은 약하리라 생각하기 쉽지만 그렇지만은 않다는 것을 보여 준다. 그러나 모든 대모벌이 독침의 독성이나 그에 따른 통증이 강한 것은 아니다. 종류에 따라 다르며 우리나라에 서식하는 대모벌 종류에 의한 통증은 비교적 약한 편이다.

좀대모벌*Anoplius nigerrimus*

좀대모벌은 우리나라를 포함한 아시아 각국과 북아메리카, 중부 및 북부 유럽 각국과 영국 및 아일랜드에 걸쳐 널리 분포하는 종으로 우리나라에서 가장 흔하게 발견되는 대모벌 종류 중 하나이다.

암컷의 몸길이는 6~8mm, 수컷은 5~8mm 정도인 작은 체구의 대모벌이다. 몸은 흑색이나 윗입술과 큰턱은 광택 있는 흑갈색이고 큰턱의 중앙은 적갈색이며 홑눈의 앞쪽에 가는 1개의 세로 도랑이 있다. 배에는 무늬가 없고 꼬리마디에 흑갈색 강모(剛毛)가 많다. 다리는 흑색이나 발목마디와 며느리발톱은 암갈색이다.

주로 초원이나 작은 관목 덤불이 자라는 곳에 서식하며 성충은 5월부터 8월 사이에 관찰된다. 늑대거미과科, Lycosidae, 수리거미과科, Gnaphosidae 및 닷거미과科, Pisauridae에 속하는 다양한 거미를 사냥하며 침을 놓아 마비시킨 후 둥지로 운반한다. 둥지는 돌 아래, 바위 암벽의 틈새, 나무줄기의 틈새, 버려진 개미나 다른 종류의 야생벌의 땅굴 등에 지으며 스스로 땅굴을 파서 둥지를 만들기도 한다. 둥지는 몇 개의 방으로 구성되며 각 방에서는 새끼가 한 마리씩 자라게 된다.

왕무늬대모벌*Anoplius samariensis*

몸 빛깔은 흑색이며 복부 제2절 등판에 넓은 황적색 띠가 있어 이런 이름이 붙었다. 암컷은 머리방패의 앞 가두리가 반달 모양으로 뒤쪽으로 굽었다. 몸에는 흑갈색의 미세한 털이 밀생하고 배등판은 약간 윤이 난다. 다리의 털은 회백색이고 머리, 가슴, 배의 끝에는 회흑색 털이 성기게 있다. 날개는 어두운 색이고 수컷은 암컷에 비해 몸이 가늘고 길며 더듬이도 길고 얼굴은 은백색 털에 덮여 있다. 제2배마디에는 무늬가 없다. 성충은 6~8월에 활동하며 거미를 잡아서 새끼의 먹이로 삼는다. 한국, 일본, 중국 동북부, 몽골, 시베리아, 인도, 북아메리카 및 유럽에 걸쳐 분포한다.

황대모벌*Cryptocheilus flaves*

황대모벌은 배는 대부분 검정색이지만 가슴과 날개가 주황색이어서 황대모벌로 불린다. 주로 바닷가 모래밭 잔풀이 나 있는 곳에 서식하는데 성충은 7~8월에 출현하며 모래밭에 굴을 파고 둥지를 만든다. 성충의 먹이는 꽃의 꿀이므로 꽃에 모여 들기도 하지만 새끼의 먹이는 거미이다. 다른 대모벌 종류와 마찬가지로 단독생활 하는 벌로 7~8월에 활동하며 긴호랑거미 등의 거미를 사냥하여 둥지에 저장하고는 알을 낳아 새끼가 자라게 한다.

긴호랑거미는 주로 풀밭에 거미줄을 치고 사는데 특히 바닷가 풀밭에 흔하다. 황대모벌은 이 거미줄에 걸리지 않고 용케 거미를 사냥하여 새끼의 먹이로 삼는다. 거미는 거미줄을 치고 잠복하여 있다가 거미줄에 걸리는 곤충이라면 뭐든지 가리지 않고 잡아먹는 무서운 포식자이지만 이 황대모벌에게는 그저 사냥감에 지나지 않는다. 그런데 다른 곤충을 사냥하여 애벌레의 먹이로 준비하는 야생벌 종류는 대부분이 먼저 둥지부터 마련하고 사냥에 나서기 마련인데 이 황대모벌은 예외이다. 황대모벌은 우선 사냥부터 하고 둥지는 나중에 판다. 이는 둥지 짓는 곳이 모래밭이라 둥지를 파기 쉬운 점이 있긴 하지만 이례적이라 할 수 있다.

황대모벌의 거미 사냥을 보면 아주 프로라는 것을 알 수 있다. 거미줄이 있지만 대모벌은 거미줄을 잘 피해 순식간에 거미를 덮쳐 침을 꽂는다. 거미를 향한 기습 공격 한 방이면 거미는 그대로 무력해지고 저항을 하지 못한다. 사냥한 거미는 주변의 풀숲이나 나뭇가지 사이 등에 숨겨 놓고 둥지 지을 장소로 가서 둥지를 판다. 둥지 하나를 파는 데는 20~30분 정도가 걸린다. 둥지가 완성되면 감춰 두었던 사냥감을 운반하여 둥지 앞에 내려 두고 그새 둥지에 이상이 없는지 살펴본다. 그 다음에 사냥감을 터널 안으로 끌고 가서 저장하고는 거미의 배에다 알을 낳고 터널을 메운다. 터널을 메울 때는 혹시나 흔적이 남아 누가 침입할까 복부로 메운 곳을 두드려 다져 가며 메우며 작업이 끝나면 다시 사냥에 나서게 된다.

어미가 저장해 둔 거미를 먹고 자란 황대모벌 애벌레는 변태하여 번데기가 된 후 이듬해 여름까지 기다렸다가 성충으로 우화한다.

19. 진흙으로 항아리 만드는

줄무늬감탕벌*Orancistrocerus drewseni*

호리병벌과 Eumenidae

| 진흙으로 집 짓는 줄무늬감탕벌.

우리나라, 중국, 일본에 분포하며 단독생활 하는 벌로 몸길이 약 13~18mm이다. 체색은 흑색이며 등황색의 점무늬가 있다. 영어로 이런 부류의 벌을 potter wasp라 부르는데 '항아리 만드는 벌'이란 의미이다.

암컷은 여름철, 6~8월에 작은 진흙 덩어리를 뭉쳐서 건물의 틈새 등을 들락거리는데 이는 집을 짓기 위함이다. 집은 진흙으로 속이 빈 형태로 길쭉하게 만드는데 이 빈 공간이 육아실이 된다. 출입구는 연통처럼 길쭉하게 만들어 그 안을 드나드는데 나중에 육아실이 완성되면 제거한다. 처음에 만드는 안쪽의 방은 제법 크다. 이 큰 방에서 자란 벌은 반드시 암컷이 되며 바깥의 작은 방에선 수벌이 양성된다. 육아실이 만들어지면 명나방과科, Pyralidae, 잎말이나방과科, Tortricidae, 밤나방과科, Noctuidae 및 뿔나방과科, Gelechiidae의 각종 유충을 사냥하여 저장해 두고 알을 낳는다. 사냥할 때는 독침을 쏘아 사냥감을 죽이지는 않고 마비된 채로 저장할 수 있다. 어미 벌은 사냥감을 저장한 후 알을 낳고는 하나씩 방을 봉쇄한 후 둥지를 떠난다. 부화한 줄무늬감탕벌의 애벌레는 홀로 어미가 마련해 둔 먹이를 먹고 자라게 된다. 어미가 새끼를 돌보지는 않지만 집을 짓고 먹이를 마련해 두는 이런 방식은 새끼를 적극적으로 보호하며 기르는 수준은 아니지만, 자연 그대로의 먹이에 산란만 하는 벌에 비하면 좀 더 발달된 번식 방법이라고 할 수 있으며 꽤 투자를 하는 셈이라고 하겠다.

20. 도공(陶工) 뺨치는 항아리 만들기 장인

호리병벌*Oreumenes decoratus*

호리병벌과 Eumenidae

| 집 지을 진흙 덩어리를 운반하는 호리병벌.

인류는 언제부터 그릇을 만들기 시작했을까? 이전에는 인류가 정착하여 농사를 짓기 시작한 약 1만 년 전의 농경시대부터 그릇을 만들었다는 주장이 많았다. 그러나 최근에 약 2만 년 전에 만들어진 토기 조각이 중국에서 발견되는 등 수렵시대에도 토기를 만들었다는 주장이 힘을 얻고 있다. 토기는 진흙으로 빚어 불에 구운 것으로 만들기 쉽고 또 요리나 곡식 저장 등의 용기로 이용하기에도 좋지만 무거운 게 단점이다. 따라서 언제부터 만들었든지 간에 실제로 토기가 생활 도구로 널리 사용된 시기는 약 1만 년 전의 농경시대 초기부터였다고 보고 있다. 수렵시대엔 그릇의 활용 가치도 낮지만 또 이동하면서 사용하기에는 토기는 너무 파손이 잘 되고 무거워 이용에 불편했을 것이기 때문이다. 따라서 우리 인류가 본격적으로 그릇을 만들고 이용해 온 역사는 1만 년 정도로 보는 게 타당하다고 보는 것이다.

그런데 지구상에서 가장 머리 좋고 유일하게 문명을 꽃 피운 생명체인 인류의 토기 역사는 고작 1만 년 정도인데 반해 그 몇 백 배나 더 오래전부터 항아리를 만들기 시작한 생물이 있다고 하면 믿을 수 있겠는가?

가장 먼저 항아리를 만들기 시작한 주인공은 바로 호리병벌이다. 호리병을 만든다고 이름도 호리병벌이다. 아메리칸 인디언이 토기를 빚게 된 것은 바로 이 호리병벌 종류의 항아리 모습에서 착안한 것이라는 주장을 하는 학자도 있다. 호리병벌은 호리병벌과Eumenidae의 단독생활을 하는 벌이다. 단독생활이란 가족을 구성하거나 동료들과 어울려 생활하는 것이 아니고 혼자 살아가는 벌의 생활방식을 말한다.

호리병벌과 곤충은 전 세계에 200여 속에 3,200종 이상이 기록되어 있다.

호리병벌과 벌은 모두 포식자로 다른 작은 동물을 사냥한다. 사냥감은 호리병벌 종류에 따라 딱정벌레목의 유충, 거미, 모충(毛蟲) 등 다양하며 침을 놓아 마비시킨 후 둥지로 운반한다. 이들이 새끼를 위해 준비하는 먹이는 영양가 높은 벌레이지만 성충 자신이 먹는 것은 꽃의 꿀이며 성충은 육식을 하지는 않는다.

몸길이 25~30mm 정도로 호리병벌과 벌 중에서 가장 큰 종류에 속하고, 우리나라 외에 일본, 중국, 타이완 등지에 분포하며 성충(成蟲)은 6~10월에 걸쳐 많이 나타난다.

암컷 호리병벌은 번식기인 여름이면 길가, 마당, 마른 경작지 등에서 흙을 팥알만 하게 뭉쳐서 집 짓는 장소로 운반한다. 집 짓는 장소로는 대개 바위 아래나 바위면, 또는 나뭇가지 등을 이용한다. 집 지을 장소가 결정되면 물어온 진흙 덩이를 턱으로 얇게 펴서 항아리를 빚는 것이다. 항아리를 만드는 도공이 발로 물레를 돌리면서 손으로 항아리를 빚는 것과 달리 호리병벌은 잘 발달된 턱으로 항아리를 빚는다. 항아리는 속이 비어 나중에 벌레를 저장하게 된다. 한 번에 물어오는 진흙의 양이 팥알 크기만 하므로 하나의 항아리를 완성하기 위해서는 수 십 차례 흙을 뭉쳐 와야만 된다. 바짝 마른 흙도 침으로 흙을 반죽하여 둥글게 뭉쳐 가는 모습이 신기하기만 하다. 항아리는 입구가 약간 넓은 모습이 영락없이 옛날에 사용하던 술병이나 초병을 닮았다. 이렇게 애써 항아리를 만들고 나면 호리병벌은 항아리 만드는 도공에서 사냥꾼으로 변모한

| 수중다리밤나방 애벌레를 사냥하여 운반하는 호리병벌.

다. 이들이 노리는 사냥감은 나비나 나방의 애벌레로 적당한 사냥감을 발견하면 침을 쏘아 마비시켜 큰턱으로 물고 둥지로 운반한다. 자신의 체중에 비해 꽤 큰 사냥감을 사냥하므로 대개 단번에 날아서 운반하지는 못하며 조금씩 날기도 하고 끌기도 하여 운반하게 된다. 이렇게 사냥하여 항아리에 저장하는 벌레는 대개 여러 마리가 되며 저장이 끝나면 그곳에다 알을 낳은 후 다시 흙을 뭉쳐 와서 항아리 입구를 봉해 버린다. 입구가 봉해진 항아리에는 다른 곤충의 접근이 어려워지며 그곳에서 호리병벌의 애벌레는 안전하게 어미가 저장해 둔 나비목의 애벌레를 먹고 성장하게 된다. 노란점나나니나 대모벌의 경우와 마찬가지로 저장해 둔 애벌레는 독침에 마취만 된 상태이므로, 죽지도 않고 저항도 않는 상태에서 새끼가 자라는 동안 썩지 않고 신선한 채로 새끼의 먹이가 된다.

| 진흙으로 집 짓는 호리병벌.

방에 먹이 저장과 산란이 끝나서 입구를 막고 나면 이어 그 옆에다 다시 두 번째 방을 역시 항아리 모양으로 짓게 된다. 다른 곳으로 옮겨 새로운 항아리를 만들기보다는 먼저 만든 항아리의 벽면을 새로 만드는 항아리의 벽면으로 다시 이용할 수 있으니 옮기는 것보다는 그 자리에서 여러 개의 항아리를 만드는 것이 수월하고 시간과 재료를 절약하는 길이 될 것이다. 두 번째 항아리 역시 완성되면 첫 번째와 마찬가지로 나비목 애벌레를 사냥해 와서 저장한 다음 알을 낳고는 입구를 봉하며 다시 세 번째 항아리를 짓는 공사를 이어가게 된다. 따라서 호리병벌 집은 여러 개의 항아리가 옆으로 이어진 형태를 유지하며 대략 7~8개 내외의 항아리형 방을 가지게 된다. 항아리 만드는 일이 모두 끝나면 전체를 진흙으로 뒤덮는다. 최종적으로 완성된 집은 암벽에 지은 경우는 타원형 방패 모양이며 나뭇가지에 지은 경우는 영락없는 알 모양이고 그 크기는 대개 달걀 크기 내지 오리 알 정도 크기에 달하게 된다. 어미

가 물어다 놓은 나비목 애벌레를 먹고 자란 호리병벌 애벌레는 번데기를 거쳐 성충이 되면 스스로 큰턱으로 흙벽을 물어뜯고 집 밖으로 탈출하게 된다. 호리병벌은 자기가 자란 이 집을 다시 찾거나 사용하는 일은 없고 이전의 어미 역시 다시 찾지 않아 1회용 집으로 끝나게 된다. 성충이 탈출하고 난 호리병벌 집을 보면 곳곳에 작은 구멍이 뚫려 있는데 이 구멍이 바로 성충의 탈출구이다. 그런데 이렇게 어미가 애써 항아리 모양의 방을 만들고 외부와 격리하여 새끼를 기르면 그 새끼들은 과연 외적으로부터 완벽히 안전이 보장될까? 그렇지는 않다. 세상에 암만 안전을 기해도 또 그 틈을 노리고 이용하는 천적은 있게 마련이다. 이 호리병벌 애벌레에 기생하는 맵시벌도 발견되었는데 호리병벌 몰래 접근하여 애벌레에 알을 낳아 호리병벌 애벌레로부터 맵시벌을 자라게 한다. 어미의 그런 정성도 새끼에게 완벽한 보호 장치는 되지 못하며 운이 나쁜 새끼는 또 다른 곤충을 키우는 먹이가 되는 희생양에 불과하게 되니 자연의 먹이 사슬은 절대 강자가 없는 셈이다.

띠호리병벌 *Discoelius japonicus*

호리병벌이 흙으로 항아리를 빚어 새끼를 기르는 데 반해 띠호리병벌은 나무에 굴을 파고 둥지를 짓는다. 둥지는 이미 만들어져 있는 나무 속 구멍을 이용하는 경우가 많은 것 같다. 둥지 속에는 여러 마리의 나비목 유충을 사냥하여 저장하고 알을 낳는다. 띠호리병벌이 둥지를 튼 곳에는 기생벌인 줄육니청벌과 사치청벌 등 청벌 종류가 침입하여 띠호리병벌 알을 먹어 버리고 자신의 알을 낳아 기르기도 한다. 이들은 자신의 둥지를 짓지 않고 남의 둥지에 몰래 알을 낳아 자신의 새끼를 자라게 하므로 영어로 cuckoo wasp(뻐꾸기벌)이라 부른다.

21. 암흑가의 보스, 매미 전문 사냥꾼

말벌 *Vespa crabro flavofasciata*

말벌과 Vespidae

| 낙과된 단감을 파먹는 말벌

말벌 생태를 개별적으로 알아보기 전에 말벌속 전체의 생태를 먼저 간단히 알아보자. 말벌 종류는 모두 우리 사람의 생활과 밀접한 관계가 있으므로 가급적 다양한 말벌을 소개하고자 한다. 비슷한 생활사를 모두 따로따로 설명하기보다는 묶어서 설명하고 서로 다른 구체적 부분만 각 종에서 설명하고자 한다.

말벌속屬, *Vespa*의 생태

말벌속의 생활 주기

말벌은 꿀벌, 땅벌, 왕바다리와 함께 쉽게 볼 수 있고 또 우리생활과 밀접한 관계가 있어, 벌 하면 가장 먼저 떠오르는 종류 중 하나라 할 수 있다. 말벌에 쏘인 사람이 병원에 실려 가거나 심지어 목숨을 잃는 일까지 생기니 말벌은 무섭고 사람에게 큰 위협이 되는 해충으로만 인식되고 있지만 실상은 언론에 의해 그 위험성이 과장되고 부풀려진 점이 많다. 말벌은 곤충 생태계에서 꼭 필요한 최상위 포식자로 수많은 해충을 제거해 주며 식물의 수분도 도와주므로 인간에게 적지 않은 이익을 가져다준다. 보이는 대로 퇴치해야 할 대상은 결코 아니며 생태계의 일원으로 꼭 필요한 존재라는 인식의 전환이 필요한 곤충이다. 말벌에도 여러 종류가 있지만 사람에게 가장 많은 피해를 주는 것은 독성이 특히 강한 장수말벌과 근년에 우리나라에 유입되어 봉군이 강한 등검은말벌이며 그 외 나머지 말벌 종류에 의한 피해는 사실상 미미한 수준이다. 물론 장수말벌과 등검은말벌도 피해만 주는 것은 아니며 이로운 점도 많은 곤충이라는 점은 다른 말벌 종류와 마찬가지다.

말벌이란 이름은 말벌속*Vespa*의 곤충을 통틀어 일컫는 이름이기도 하면서 또 특정 종*Vespa crabro*을 일컫는 이름이기도 하여 좀 혼동되는 측면이 있다.

말벌속 곤충은 모두 지난 해 가을에 짝짓기 한 후 월동한 여왕벌이 봄이 되어 혼자서 벌집을 짓고 알을 낳고 애벌레를 길러 봉군을 일으킨다. 초여름 무렵부터 일벌이 나타나게 되고 세력을 키워 간다. 늦여름 또는 초가을 이후에는 새 여왕벌과 수벌이 출현하게 된다. 새 여왕벌은 수벌과 짝짓기 후 월동에 들어가며 그 해의 여왕벌과 일벌 및 새로 나온 수벌은 모두 삶을 마치는 1년생의 생활 주기를 가진다.

말벌속의 생활사를 좀 더 구체적으로 보면 여왕벌이 아직 집을 짓기 시작하기 전의 전영소기(前營巢期), 집을 짓기 시작하여 산란하고 새끼를 기르며 일벌이 나오기 전인 단독 영소기, 일벌이 나온 후 다수의 일벌과 여왕벌이 함께 집을 짓고 육아에 참여하는 공동 영소기, 일벌이 많이 생산되어 일벌의 수가 많아져 여왕벌과 일벌의 임무가 완전히 분리되어 여왕벌은 산란만 하고 일벌이 육아와 집 짓기 등 일체의 노역을 담당하는 분업기(分業期), 그리고 일벌의 생산은 중지되고 새로운 여왕벌과 수벌이 출현하는 시기인 생식봉 생산기, 마지막으로 수벌과 짝짓기 한 여왕벌이 동면으로 겨울을 나는 월동기로 나눌 수 있다(松浦, 1984). 단독 영소기는 여왕벌 혼자서 집을 짓고 산란도 하며 자라는 애벌레에게 먹일 먹이를 사냥하여 새끼를 기르는 일까지 여왕벌 혼자서 도맡아 하므로 매우 힘든 시기이며 이 시기에 살아남지 못하고 죽게 되는 경우도 많다. 또 이 시기엔 집 지을 적당한 장소를 찾지 못한 여왕벌이 다른 여왕벌이 이미 짓고 있는 둥지를 뺏으려 하는 경우도 있어 때로는 목숨을 건 싸움이 벌어지는 경우도 있다. 벌집에서 최초의 일벌이 출현한 후 당분간은 집 지을 재료 모으기, 집 짓기, 먹이 사냥과 애벌레 기르기 등의 일을 여왕과 일벌이 함께 하게 되는데 이 시기를 공동 영소기라 한다. 공동 영소기는 일벌 출현 후 2~3주간 정도 이어지며 시일이 지남에 따라 여왕벌은 점차 벌집 내에 머무르게 되고 궁극적으로는 산란만 하게 된다. 일벌의 수가 증가되어 여왕벌이 산란만 하고 일은 일벌이 전적으로 맡게 되는 시기를 분업기라 하는데 수벌과 새 여왕벌이 나오기 전까지 이어진다. 분업기의 일벌들은 여왕벌 주위를 빙 둘러싸고 더듬이로 여왕벌을 만지작거리거나 여왕벌의 온몸을 핥기도 하는 행동을 보이게 되는데 이는 여왕벌에서 여왕물질(queen substance)이라 불리는 화학물질이 분비되어 일벌이 여왕벌에 유인되기 때문이다(Ikan et al., 1969). 여왕물질에는 일벌의 난소 발달을 억제하는 성질이 있는 것으로 알려져 있다. 만약 공동 영소기나 분업기 때 어떤 사유로 여왕벌이 죽게 되면 여왕물질에 의한 일벌의 난소 억제가 사라지므로 일벌들의 난소가 점차 발달하게 되고 산란에까지 이르게 되는데 이때는 일벌 사이에 권력투쟁이 발생하여 가장 우세한 일벌*이 다른 일벌을 억제하고 혼자 산란을 하게 된다. 일벌은 수벌과 짝짓기 한 적이 없으므로 산란하더라도 무정란만 낳게 되고 무정란에서 발생한 벌은 모두 수벌이 된다.

분업기 후반부쯤이 되면 여왕벌의 몸에는 털이 거의 사라지고 따라서 몸이 반질반질 윤이 나는데, 이는 여왕물질에 유인된 일벌들이 핥고

* 이를 알파 일벌이라 부른다.

| 말벌집.

물기도 하는 등의 행동으로 인해 털이 빠지기 때문이다. 이로 인해 여왕벌의 날개가 완전히 떨어져 나가는 경우도 흔히 볼 수 있다. 가을이 되면 일벌의 생산은 더 이상 일어나지 않고 다음 해를 대비한 새 여왕벌과 수벌의 생산이 시작되는 생식봉 생산기로 접어들게 된다. 이 무렵이면, 기존의 여왕벌은 수명이 다하여 이미 죽고 없는 경우가 일반적이며 때로는 분업기 도중에 일벌들이 집단으로 여왕벌을 공격하여 죽이고 대신 일부 일벌이 산란하는 경우도 있다. 일벌의 산란으로 발생한 수벌은 어미인 여왕벌이 낳은 수벌보다 자매 사이인 일벌 입장에서는 더 많은 유전자를 공유하게 된다. 생식봉 생산기의 일벌은 이미 우화하여 벌집 내에 머무르고 있는 생식봉의 먹이 공급과 생식봉이 될 유충의 양육에 여념이 없지만 먹이 자원이 고갈되는 시기인 데다 기온도 내려가므로 먹이 공급 사정이 지속적으로 나빠지게 된다. 새 여왕벌이 출현한 지 1~2주 정도 지나면 일벌이 구해 오는 먹이는 애벌레를 위한 동물성 위주에서 수액 등 탄수화물이 주성분인 식물성으로 점차 바뀌게 된다. 탄수화물 먹이는 새 여왕벌과 수벌 등 성충을 위한 것이므로 유충은 먹이를 충분히 섭취하지 못해 기아 상태에 빠진다. 더욱이 이 시기에는 새 여왕벌과 수벌이 유충을 자극하여 타선 분비물을 분비토록 하여 섭취하므로 결국 성장이 정지되는 개체가 많아지고 상당수는 사망하게 된다.

가을이 깊어지면 새 여왕벌은 수벌과 짝짓기 한 후 땅속, 썩은 나무 등걸, 낙엽 아래 등의 적당한 곳을 찾아 동면으로 월동에 들어가게 된다. 쌍살벌 종류가 대개 여러 마리가 모여 월동하는 데 반해 말벌 종류는 단독으로 월동하는 게 일반적이다. 새 여왕벌과 달리 수벌과 일벌 등은 모두 월동하지 못하며 생을 마치게 된다. 월동에 들어가기 직전의 여왕벌은 복부에 다량의 지방을 축적한 상태이며 이는 월동하는 데 매우 중요하다. 월동이 끝날 무렵에는 이 지방은 대부분 소진되어 여왕벌의 체중은 크게 줄어들게 된다.

말벌속의 집 짓기

말벌이 집 짓는 재료는 우리가 잘 아는 꿀벌과는 전혀 다르다. 꿀벌은 일벌의 밀선에서 분비되는 밀랍으로 집을 짓는데 말벌은 이런 물질을 분비하지 못한다. 대신 이들은 자연에서 재료를 구해 와서 집을 짓는데 그 재료는 썩어가는 나무를 갉아 만든 펄프이다. 말벌은 약간 썩어 부드러워진 나무를 큰턱으로 갉아 침과 섞어 콩알만 한 펄프 덩어리로 만들어 운반하여 처마 아래나 나뭇가지 등의 토대에 집을 짓는다. 말벌의 집이 갈색과 회갈색의 무늬를 가지는 것은 집 짓는 재료를 여기저기 서로 다른 곳에서 물어 오기 때문에 서로 다른 색의 재료가 무늬로 나타나기 때문이다.

말벌 종류가 집을 짓는 장소는 종에 따라 조금씩 다른데 크게 개방된 공간에 짓는 경우와 차폐된 공간에 짓는 경우로 구분할 수 있다. 장수말벌과 꼬마장수말벌 및 말벌은 땅속이나 수동(樹洞) 등 차폐된 공간에 집을 지으나 좀말벌, 털보말벌, 황말벌 및 등검은말벌은 건물의 처마 밑이나 나뭇가지 또는 관목 덤불 등의 개방된 장소에 짓는다.

말벌속의 먹이

말벌 종류가 외부에서 수집해 오는 먹이는 고체로 된 먹이와 액체로 된 먹이로 나눌 수 있다. 고체로 된 먹이는 다른 곤충 등을 사냥한 동물성 먹이로 유충의 먹이가 되며 액체성 먹이는 탄수화물이 주성분으로 주로 성충의 먹이가 된다. 단백질원이 되는 동물성 먹이는 주로 곤충과 거미인데 때로는 동물의 사체에서 고기를 물어 가기도 한다. 말벌의 종류에 따라 즐겨 사냥하는 곤충은 서로 다른 경우가 많아 종 간 경쟁이 완화되는 측면이 있다.

말벌 성충의 주요 먹이로는 참나무를 위시한 나무의 수액, 꽃의 꿀, 과일의 과육과 과즙, 진딧물이나 깍지벌레 등의 곤충이 배설하는 감로, 쓰레기장이나 유원지 등에 버려진 병이나 캔 속의 청량음료와 주스 등이 있다. 이 중 늦여름부터 가을에 걸쳐 익는 여러 과일은 말벌이 특히 즐겨 먹는데 우리나라에서 재배하는 과수 중 피해를 많이 입는 것으로는 포도, 배, 복숭아, 감, 사과 무화과, 자두 등을 들 수 있다. 잘 익은 싱싱한 과일도 먹지만 조류나 다른 곤충 등이 파먹어 발효가 진행 중인 과일을 특히 좋아하며 땅에 떨어진 낙과도 즐겨 먹는다.

사람에 해를 끼치는 곤충으로서의 말벌

말벌류는 우리나라에 서식하는 야생벌 중에서 공격성이 가장 강하며, 독침의 독성 또한 강하여 쏘이면 심한 통증을 유발하며 심지어 사망에 이르는 경우도 있다. 말벌의 봉군이 크게 확장되어 왕성하게 활동하는 8월 무렵부터는 전국적으로 피해가 잇따르며 매년 적지 않은 인명 피해가 나는 실정이다. 특히 생활 자체가 자연 환경과 밀접한 시골 사람들의 경우는 말벌과 마주칠 기회가 많으므로 모기나 파리에 버금가는 주요한 해충이 된다. 말벌 중에서도 특히 위험한 종은 체구가 크고 독성이 강한 장수말벌과 남부지방에서 우점종으로 자리 잡아 밀도가 아주 높은 등검은말벌이다. 등검은말벌은 독성이 특히 강한 것은 아니지만 가장 흔하게 마주칠 수 있는 데다 군집의 규모가 커서 실수로 벌집을 자극하면 수많은 벌에 집단으로 쏘이기 쉬워 위험하다.

이들에 의한 피해를 줄이는 가장 쉬운 방법은 벌집이 있을 만한 곳에서는 사전에 주의 깊게 벌집의 존재 여부를 살핀 후 야외활동이나 작업을 하는 것이다.

벌에 쏘였을 때에 통증만 나타난다면 대개 큰 문제가 없으며 시간이 지나면 통증은 완화된다. 그러나 말벌에 쏘였을 때는 독성이 강하므로 통증 외에 별다른 증상이 없어도 빨리 병원에 가서 적절한 치료를 받는 것이 안전하다. 특히 현기증이 나거나 오한, 호흡곤란 등이 나타나면 아나필락시스성 쇼크일 가능성이 크므로 기도를 유지하고 최대한 빨리 병원으로 이송하여 응급 치료를 받아야 한다. 말벌, 쌍살벌, 땅벌 등의 말벌과 곤충에 쏘였을 때는 꿀벌에 쏘인 경우와는 달리 독침이 피부에 남지 않는다. 따라서 독침을 뽑으려고 애쓸 필요는 없다.

약용 및 식용 곤충으로서의 말벌

말벌의 애벌레와 번데기는 식용 및 약용으로 이용하며 민간에서는 성충 또한 포획하여 약용으로 이용하는데 주로 술을 담가 복용한다. 말벌 집은 한방에서 노봉방이라 부르며 귀한 약재로 이용하는데, 동의보감에 의하면 성질은 평하고 맛은 쓰며 독이 없고 경간(驚癎), 계종(瘈瘲), 옹종(癰

腫)이 낫지 않는 것과 유옹(乳癰), 치통, 악창을 삭인다고 한다. 또한 민간에서는 노봉방을 각종 암 치료제 외에 해소 천식 등에도 이용한다. 우리나라에서는 지금도 여러 종류의 말벌 및 땅벌의 성충과 노봉방이 약재로 이용되고 고가에 거래되지만 특히 장수말벌의 인기가 높다. 노봉방 채취에 적당한 시기는 벌집에 애벌레와 번데기가 많이 들어 있는 늦여름부터 초가을이며 늦게까지 봉군이 활동하는 등검은말벌과 땅벌의 경우는 늦가을에서 초겨울까지도 이어진다.

말벌이나 땅벌 등의 유충과 번데기를 식재료로 이용하는 사례는 우리나라뿐 아니라 일본, 동남아시아 등의 여러 나라에서도 볼 수 있다. 벌의 유충과 번데기 모두 단백질 급원으로서 가치가 높으나 그것을 채취하는 데 드는 노력과 위험 부담이 크므로 식용으로 이용 가치가 크다고는 할 수 없겠다.

해충을 구제하는 천적으로서의 말벌

말벌과 곤충은 새끼를 기르는 데 있어서 모두 동물성인 먹이를 이용하며 포식하는 대상은 대부분이 곤충으로 파리, 등에와 같은 위생 해충을 위시하여 나비목, 매미목, 딱정벌레목 등의 농업 및 임업 해충이 많으므로 인간에게 유익한 측면도 크다.

미국에서는 1840~1860년 사이에 삼림 해충 구제를 위해 유럽산 말벌*Vespa crabro germana*을 도입하여 방사하였는데 이것이 지금 북미 대륙에 서식하는 유일한 말벌속의 기원이 되었다(Shaw & Weidhaas, 1956; Akre et al., 1981).

수분 매개 곤충으로서의 말벌

말벌과 곤충의 성충은 먹이를 꽃의 꿀에 크게 의존하므로 수분 매개 곤충으로서도 기여하는 바가 적지 않다. 물론 말벌이 수분을 매개하는 꿀벌 및 여러 야생벌을 사냥하므로 수분에 부정적인 영향을 끼치는 면도 있으므로 기여하는 바가 큰지 부정적 영향이 더 큰지는 앞으로 더 연구하여 분석해 봐야 할 과제라 본다. 이처럼 자연 생태계는 수없이 얽히고설켜 복잡하며 그 어느 구성원도 소홀히 볼 수 없는 면이 있다.

말벌의 구제

말벌의 구제는 대상에 따라 크게 세 가지로 나눌 수 있는데, 첫째는 각각의 봉군을 벌집과 함께 제거하는 방법으로 현재 우리나라에서 가장 일반적으로 사용하는 방법이기도 한다. 두 번째는 독이 든 먹이를 이용하여 피해가 심한 지역의 봉군을 근절시키는 방법이고, 세 번째는 페로몬 등의 화학물질을 사용하여 여왕벌이나 일벌을 유인하여 포살함으로써 지역 내의 개체군의 밀도를 낮추는 방법이다.

봉군과 벌집의 제거 방법

말벌의 피해가 심한 지역에서 벌집과 함께 봉군을 소탕하려면 발견된 벌집을 낮 동안 출입구 등을 잘 관찰해 둔 후 야간에 제거하는 게 확실하다. 낮 동안에 작업하게 되면 외역 나간 일벌이 살아남게 되어 인근에 다시 집을 짓게 되는 경우가 많으며 특히 여왕벌이 탈출에 성공할 경우 봉군의 근절은 어렵게 된다. 나뭇가지에 지은 좀말벌이나 털보말벌, 중땅벌 등의 경우 외피에 난 출입구를 통해 살충제를 분무기로 주입한 후 탈지면 등으로 출입구를 봉쇄한다. 맹독성 살충제를 사용하지 않고 처리하고 싶다면 에틸에테르(ethyl ether)나 클로로포름(chloroform) 같은 마취제를 이용하여 벌집의 벌을 마취시켜 채취한 후 소각하거나 냉동 처리하여 제거할 수도 있다. 우리나라에 서식하는 말벌*V. crabro*은 야간에도 외역을 나가므로 유의해야 한다. 이러한 작업은 상당한 위험이 따르므로 반드시 방호복과 보호 장갑을 착용하고 작업을 해야 한다.

말벌 개체의 구제

말벌을 유인할 수 있는 먹이, 예컨대 육류, 생선, 고양이 사료 등에 다이아지논(diazinon)과 같은 살충제를 처리하여 말벌의 출현이 잦은 곳에 두면 일벌이 독이 든 먹이를 둥지로 운반하여 유충에게 먹이게 되는데, 이런 방법으로 일벌뿐 아니라 새끼들까지 죽게 하여 봉군을 괴멸시킬 수 있다. 이 방법은 말벌 집을 직접 수색하여 제거하는 어려움과 위험을 피할 수 있는 방법이지만 다른 육식성 곤충이나 조류, 애완동물 등이 이를 먹고 화를 입을 위험이 있다. 따라서 말벌이 출현하여 많은 사람들이 불편과 위협을 느끼는 도시 공원이나 유원지 등에서 선별적으로 그리고 다른 동물에 대한 피해가 가지 않도록 세심한 주의를 기울여 시행할 필요가 있다.

또 다른 방법으로는 양봉장 등에 침입하는 말벌을 포충망으로 생포하여 살충제를 묻혀 놓는 것이다. 살충제가 묻은 말벌이 둥지로 돌아가게 되면 이는 동료들에게 살충제를 살포하는 결과가 된다. 이 방법은 벌떼를 크게 위축시켜 피해를 줄일 수 있는 비교적 손쉬운 방법이 될 수 있다.

말벌*Vespa crabro*의 생태

말벌은 4월 하순쯤부터 눈에 띄기 시작한다. 월동을 마친 여왕벌은 곧바로 집을 짓지 않고 나무의 수액을 먹거나 봄꽃에서 꿀을 빤다. 월동하면서 소진된 체력을 우선 보충하는 것이다. 이 시기에 가장 중요한 먹이는 활엽수의 수액으로 특히 참나무 수액을 좋아한다. 참나무 숲이라 할지라도 수액이 나오는 나무는 제한적이므로 수액이 나오는 나무에는 여러 종류의 말벌이 모여 수액을 둘러싼 말벌 간의 경쟁이 치열하다. 월동 직후 여왕벌의 체중은 월동 직전에 비해 약 40% 정도가 감소된 상태로 체중 감소는 복강 내에 저장된 지방의 감소에 기인한다(Matsuura, 1984). 따라서 월동 직후에 적당한 먹이를 섭취하여 기력을 회복하는 것은 여왕벌의 향후 생존과 영소 활동에 매우 중요하다. 15~30일 정도 수액을 섭취하며 기력을 회복한 여왕벌은 이후 집을 지을 장소를 물색하며 집 짓기에 나서게 된다.

우리나라 남부지방을 기준으로 할 때 말벌이 집을 짓기 시작하는 시기는 5월 상순에서 6월 중순 사이이다. 군집이 팽창하여 왕성한 활동을 보이는 시기는 7월 중순에서 9월 하순까지며 이 시기는 말벌에 의한 피해가 가장 많이 발생하는 때이기도 하다. 10월이면 더 이상의 먹이 공급도 사라지고 생산되는 벌도 거의 없으며 봉군은 와해되어 월동기에 들어가게 된다. 말벌의 전성기 봉군의 수는 100~300마리 정도로 우리나라에 서식하는 말벌 종류 중 중형 군집에 해당한다.

말벌은 우리나라에 서식하는 말벌 종류 중 유일하게 야간에도 일부 활동하는 모습을 보인다. 말벌을 암흑가의 보스라 이름 붙인 것은 어둡

| 거미줄에 걸린 애매미를 약탈하는 말벌.

고 밀폐된 곳에 집을 짓는 데다 야간에 활동하는 특성을 묘사한 것이다. 그러나 야간의 활동은 주간만큼 왕성하지는 않으며 전적으로 야행성을 보이는 것은 아니다.

말벌의 집 짓는 습성

말벌은 대개 땅속이나 건물의 지붕 내부*나 창고 내부 등 어둡고 차폐된 공간에 집을 짓는다. 필자가 관찰한 말벌 집 18개 중 개방된 곳에 지은 것은 주택의 처마 아래에 말벌 집단이 이주하여 지은 것 한 개에 불과하였고 나머지 17개는 완전히 차폐된 어두운 곳에 지은 것이었다. 차폐된 곳에 지은 17개 중 11개는 땅속에 지었고, 그 외 지붕 및 창고 내부, 블록 담장, 수동(나무줄기의 속이 썩어 빈 공간) 속이나, 나무누리 등에 지었다(정계준, 2016). 유럽과 북아메리카에 서식하는 말벌 아종*V. crabro crabro* 및 *V.*

* 천정과 지붕 사이의 거의 밀폐된 어두운 공간

*crabro germana*은 주로 지상의 차폐 공간에 집을 지으며 땅속에 집을 짓는 경우도 있으나 그 빈도는 낮은 것으로 보고되어 영소 습성이 다소 다름을 보여 주었다(Akre & Davis, 1978).

먹이

다른 말벌 종류와 마찬가지로 성충은 수액, 꽃의 꿀, 과일 등 탄수화물이 주성분인 식물성 먹이를 먹지만 애벌레에게는 일벌이 사냥해 온 동물성 먹이를 먹인다. 다양한 곤충을 사냥하지만 특히 매미를 즐겨 사냥하므로 '매미사냥꾼'이라 할 만하다. 말벌의 전체 사냥물에서 매미가 차지하는 비율은 80% 이상으로, 소형 매미뿐 아니라 가장 크고 힘이 센 말매미도 사냥감에 포함된다. 말벌이 자기 몸보다 수십 배나 무거운 말매미를 사냥하는 모습을 보면 말매미의 사냥 실력에 놀라게 된다. 말벌은 말매미의 복부에 독침을 쏘아 마비시킨다. 말매미는 덩치가 있으므로 쉽게 제압되지 않고 격렬한 저항을 하지만 결국에 말벌의 먹이가 되고 만다. 매미가 출현하기 이전에는 다양한 종류의 곤충을 사냥하며 거미줄에 걸린 거미의 먹이에서 살점을 곧잘 훔치기도 한다. 말벌이 거미줄에 걸린 포획물을 훔칠 때 거미는 이를 방해하지 못하며 말벌은 거미줄에 걸려도 거미줄을 능숙하게 끊고 먹이를 훔쳐간다. 이렇게 남이 마련해 둔 먹이를 훔치는 행동을 동물생태학에서는 도둑기생(kleptoparasitism)이라 한다. 도둑기생의 또 다른 예는 앞에서 청벌이 숙주벌의 둥지에 몰래 들어가서 숙주의 알을 제거하고 대신 자신의 알을 산란하여 숙주의 노력을 가로채는 예를 본 적이 있다. 말벌은 양봉장에 나타나서 꿀벌을 한 마리씩 사냥하기도 하지만 말벌에 의한 꿀벌의 피해는 그리 크지 않은 편이다.

22. 오로지 바다리만 사냥하는 편식꾼

꼬마장수말벌*Vespa ducalis*

말벌과 Vespidae

| 왕다바리 둥지에 침입하여 새끼를 약탈하는 꼬마장수말벌.

이름만 듣고 보면 아주 작은 말벌이면서 용맹한 싸움꾼 같지만 실제는 이와 정반대다. 꼬마장수말벌은 우리나라에 서식하는 말벌 종류 중에서 장수말벌 다음으로 체구가 크며 성질은 말벌 종류 중에서는 가장 온순하다. 흔한 종류가 아니며 사람에게 피해를 끼치는 일도 거의 없다. 꿀을 좋아하긴 하여 꿀 냄새를 맡고 양봉장에 나타나기도 하지만 꿀벌을 사냥하지는 않으며 꿀을 훔쳐가지도 않는다. 꿀벌에는 전혀 피해를 입히지 않지만 이를 모르는 양봉가들은 다른 말벌과 마찬가지로 잡아 죽이므로 억울한 희생을 당하는 말벌이다.

꼬마장수말벌도 다른 말벌속 곤충과 마찬가지로 월동한 여왕벌이 혼자서 벌집을 짓고 알을 낳고 애벌레를 길러 봉군을 일으킨다. 그러나 다른 말벌 종류보다는 집을 짓기 시작하는 시기와 일벌 생산 시기 및 생식봉 생산 시기가 훨씬 늦으며 또 여왕벌과 일벌 사이의 분업화가 거의 일어나지 않는 특징이 있다.

우리나라 남부지방을 기준으로 할 경우 꼬마장수말벌의 경우 전영소기는 5월 중순부터 6월 상순이며 단독영소기는 6월 상순부터 7월 중순 그리고 공동영소기는 7월 중순부터 8월 하순쯤이며 분업기는 없이 생식봉은 8월 하순부터 9월 하순에 출현하게 된다. 10월 상순부터는 봉군이 붕괴되는 월동기에 접어들게 된다. 꼬마장수말벌이 다른 말벌류에 비해 특히 봉군 발달 시기가 늦은 것은 애벌레의 먹이를 전적으로 쌍살벌 유충에 의존하기 때문에 먹이를 구하기 쉬운 계절에 적응되었기 때문으로 보인다. 또 전성기 봉군이 수십 마리에 불과할 정도로 극단적으로 작은 봉군 규모가 여왕벌과 일벌의 역할이 명확히 구분되지 못하는

| 땅 속에 지은 꼬마장수말벌집.

것과도 관련이 있는 것으로 생각된다. 꼬마장수말벌의 봉군은 우리나라에 서식하는 말벌 종류 중 가장 약한 편으로 봉군 당 50~80마리 수준이며 100마리를 넘는 경우가 거의 없다. 이처럼 봉군이 적으므로 공격성도 아주 약하며 성질이 온순한 편이다.

꼬마장수말벌의 집 짓는 습성

꼬마장수말벌은 흔한 벌이 아니므로 벌집을 발견하기 매우 어려운 종이다. 꼬마장수말벌은 땅 속에 둥지를 지으며 봉군의 규모가 무척 작아 전성기인 8월에도 봉군이 수십 미리에 불과하다. 일본산의 경우도 모두 지붕속이나 수동과 같은 차폐된 공간에 짓는 것으로 보고되었다(松浦, 山根, 1984). 벌집의 크기는 크지 않으나 전체적인 형태는 장수말벌과 비슷하여

| 어리별쌍살벌 집을 습격하는 꼬마장수말벌.

한 겹의 외피가 벌집을 감싸고 있으며 출입구는 아래로 넓게 열려 있다.

먹이

꼬마장수말벌은 오로지 쌍살벌 종류와 뱀허물쌍살벌 종류의 집을 습격하여 애벌레와 번데기를 약탈하는 특이성을 보여 흥미롭다. 이들은 벌집에 있는 성충은 결코 잡아먹지 않으며 성충들은 도망치지도 않고 대항하지도 못하며 새끼를 잡아먹는 모습을 지켜보기만 한다. 꼬마장수말벌의 약탈은 단번에 끝나는 것이 아니고 마치 쌍살벌을 사육하듯이 지속적으로 내습하여 필요한 만큼씩 애벌레와 번데기를 잡아간다.

23. 털이 많아 추운 기후에 잘 적응하는

털보말벌*Vespa simillima simillima*

말벌과 Vespidae

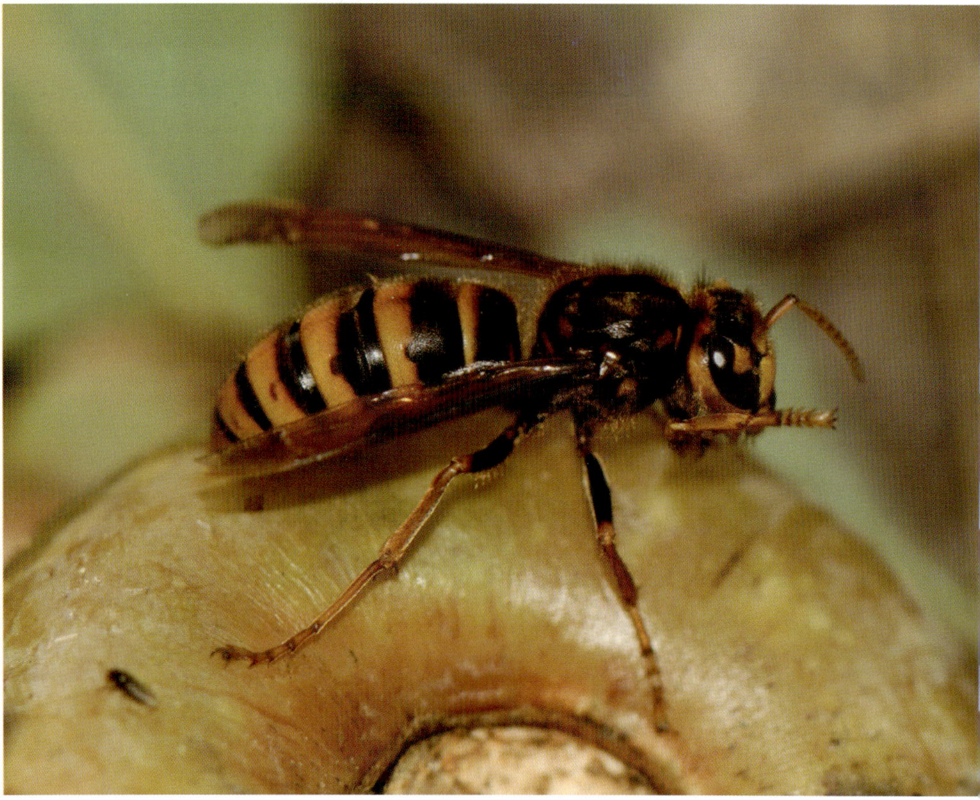

| 낙과된 감을 먹는 털보말벌.

이름 그대로 온 몸에 미세한 털이 빽빽이 나 있어 털보말벌이라 부른다. 곤충은 변온동물이라 체온을 일정하게 유지할 필요는 없지만 대신 체온이 일정 수준 이하로 떨어지면 활동이 불가능하다. 털보말벌은 털이 많이 나 있어 체온 유지에 보다 유리하여 다른 말벌보다 낮은 기온에서도 활동할 수 있는 이점이 있다.

털보말벌도 다른 말벌속 곤충과 마찬가지로 봄이면 월동한 여왕벌이 혼자서 벌집을 짓고 알을 낳고 애벌레를 길러 봉군을 일으킨다. 초여름이면 일벌이 나타나게 되고 가을에는 새 여왕벌과 수벌이 출현하게 된다. 새 여왕벌은 수벌과 짝짓기 후 월동에 들어가며 그 해의 여왕벌과 일벌 및 새로 나온 수벌은 모두 삶을 마치는 1년생의 생활 주기를 가진다.

털보말벌의 봉군은 우리나라에 서식하는 토종 말벌 종류 중 가장 강한 편으로 봉군 당 500~1500마리 정도이다.

털보말벌의 집 짓는 습성

털보말벌은 우리나라에서 비교적 높은 빈도로 관찰되는 종이었지만 등검은말벌이 유입된 이후 그 세력이 크게 위축된 듯하다. 주로 산지 바위벼랑이나 건물의 벽면이나 처마 아래 또는 덤불 속의 나뭇가지에 집을 짓는다. 털보말벌과 아종 관계인 황말벌은 제주도에 서식하는데 사찰의 일주문 처마 아래에 집을 지은 것을 딱 하나 발견한 적이 있으며 털보말벌과 습성이 비슷할 것으로 추측된다.

먹이

털보말벌은 종류를 가리지 않고 다양한 곤충을 사냥한다. 수십 종의 곤충이 사냥 대상이며 파리, 등에 등의 파리목 곤충을 위시하여 다양한 야생벌과 양봉꿀벌 등이 주요 사냥 대상이다. 양봉장에도 흔히 출현하여 꿀을 채취하여 돌아오는 일벌들을 낚아채 가기도 하므로 양봉장에 적지 않은 피해를 입히기도 한다.

그러나 장수말벌이나 꼬마장수말벌이 사회성 벌의 집을 습격하여 유충과 번데기를 사냥하는 것과는 달리 털보말벌은 벌집을 습격하여 유충을 약탈하지는 않으며 오직 성충을 한 마리씩 포획하기만 한다.

| 더덕꽃에서 꿀을 빠는 털보말벌.

24. 얼룩무늬 공 모양 집을 짓는

좀말벌*Vespa analis*

말벌과 | Vespidae

| 좀말벌집.

월동에서 깨어난 여왕벌은 일단은 수액이나 꽃의 꿀 등을 먹으면서 체력을 보충한 후 대체로 4월 말쯤부터 5월 중에 집을 짓기 시작하며 가장 흔한 영소개시기는 5월 상~중순쯤이다. 집을 짓는 장소로는 건물의 처마 밑, 관목 덤불 속의 나뭇가지 등을 선호하며 처음엔 꼭지에 한 겹의 불완전한 외피를 만들고 그 아래에 육아방이 있는 소반(巢盤)을 만든다. 여왕벌이 집을 짓기 시작하여 첫 일벌이 나오기 전까지 시기를 여왕벌 단독 영소기라 하는데 좀말벌의 경우 대개 6월 상순까지 지속된다. 6월 중순쯤에 첫 일벌이 나온 후부터 새로운 여왕벌 후손이 나오기 전까지 시기 중 여왕벌이 일벌과 함께 외역과 육아 등에 참여하는 시기를 공동영소기, 여왕벌이 외역에 참여하지 않고 산란 위주의 역할만 하고 외역은 일벌들이 도맡아서 하는 시기를 분업기로 구분하기도 하는데 사실 이 두 시기를 경계선을 긋듯 명확하게 구분하기는 애매한 점이 있다. 대체로 좀말벌의 경우 공동영소기는 6월 중순쯤부터 7월 중순까지, 분업기는 7월 중순부터 8월말까지 지속된다. 대개 9월 상순부터 9월 하순쯤이면 새 여왕벌과 수벌이 탄생하게 된다. 수벌과 여왕벌이 생산되면 일벌은 더 이상 생산되지 않으며 기존의 일벌들은 수명이 다하여 지속적으로 감소하므로 봉군은 점차 쇠퇴하게 된다. 10월 중순 무렵이면 수벌과 짝짓기 한 새 여왕벌은 점차 둥지를 떠나게 되고 월동할 장소를 물색하여 겨울 동안은 휴면 상태로 월동하게 되는데 이 시기가 월동기이다. 좀말벌은 우리나라에 서식하는 말벌 종류 중 가장 흔한 종류중의 하나로 전성기 봉군은 100~300마리 정도이다.

| 조롱박 모양의 좀말벌 초기 집.

좀말벌의 집 짓는 습성

개방된 공간에만 집을 짓는 특성이 있으며 가장 흔한 영소 장소는 관목 덤불 속과 같은 곳이고 그 다음이 가옥이나 창고의 처마 아래이다. 이전에 시골에서 나무를 땔감으로 많이 이용하던 시절엔 화목용으로 쌓아 둔 나무누리*에 집을 짓는 경우도 꽤 있었으나 지금은 화목을 이용하는 농가가 거의 사라져 보기 어렵게 되었다. 본인이 진주 인근에서 관찰한 38개의 좀말벌집 중 나뭇가지에 지은 것이 26개로 68%였고 나무누리에 지은 것이 8개로 21%, 가옥이나 창고 등 건물 처마 아래에 지은 것이 4개로 11%를 차지했다. 일본에서 조사된 바로는 나뭇가지에 지은 벌집의 비율이 90%였고 그 외 처마 아래와 암벽에 지은 집이 다소 있는 것

* 나뭇가지를 단으로 묶어 쌓아 둔 것

으로 나타나(松浦, 山根, 1984) 우리나라의 경우와는 상당한 차이를 보였다.

나뭇가지에 지은 좀말벌 집의 경우 대체로 지엽(枝葉)이 무성하여 은폐되는 곳으로 1m 이하의 낮은 곳에 위치하는 경우가 많으며 높은 곳에 지은 것도 2m를 넘지 않았다. 건물 처마에 지은 것은 대개 2~4m 높이에 있었다.

먹이

좀말벌은 종류를 크게 가리지 않고 각종 곤충을 사냥하는 편이다. 주로 파리목과 벌목에 해당하는 여러 곤충들의 성충이 좀말벌이 선호하는 사냥감이 된다. 좀말벌의 사냥 대상이 되는 벌목 곤충에는 양봉꿀벌 각종 쌍살벌 종류, 땅벌 및 다양한 야생벌이 포함된다.

장수말벌이나 꼬마장수말벌이 사회성 벌의 집을 습격하여 유충과 번데기를 사냥하는 것과는 달리 좀말벌은 벌집을 습격하는 일은 없으며 벌통 주변이나 꽃에서 꿀을 찾는 성충 등을 공격하여 포획하기만 한다.

| 외피를 일부 제거하여 본 좀말벌집 내부.

25. 주인 죽이고 집 가로채어 가족을 노예로 삼는 잔혹한 폭군

검정말벌*Vespa dybowskii*

말벌과 Vespidae

| 검정말벌.

검성말벌은 말벌과 영소 습성이 흡사하며, 지붕 속, 판자로 된 벽체 내부, 수동 등에 흔히 집을 짓는다. 여왕벌은 스스로 집을 지어 영소할 능력을 가지고 있지만 일벌이 출현한 지 얼마 지나지 않은 말벌이나 털보말벌 집에 침입하여 여왕벌을 죽이고 벌집과 일벌 및 새끼들을 자신의 노예로 삼는 '사회성 기생(social parasitism)'을 하는 특이한 영소 습성을 보이기도 하는 것으로 알려져 있어 흥미롭다(Sakagami & Fukushima, 1957a).

사회성 기생은 사회생활을 하는 곤충에서 다른 집단을 이용하여 그 노동력을 착취하고 자신의 후손을 생산하는 독특한 생존 방식으로 노동기생(labor parasitism)이라고도 한다. Taylor(1939)는 사회성 기생을 그 정도와 상호 관계에 따라 4가지로 분류하였다.

①같은 종 내에서의 조건적, 일시적 기생– 이 방식은 새끼를 기르고 있는 다른 여왕의 집에 침입하여 여왕을 죽이고 둥지를 차지하는 것이다. 죽은 여왕의 새끼들은 새 여왕벌을 위해 일하게 되며 탈취한 여왕벌은 곧이어 자신의 일벌과 생식봉을 생산하게 되며 일시적으로 죽은 여왕벌과 새 여왕벌의 일벌이 공존하는 기간이 존재한다. 이러한 종 내 기생은 대부분의 말벌과 곤충에서 발견되는 것으로 알려져 있다.

②서로 다른 종 사이의 조건적, 일시적 기생– 이 경우는 기생하지 않고 여왕벌이 스스로 집을 창설하기도 하지만 때로는 다른 종의 벌집에 침입하여 여왕벌을 죽이고 그 둥지를 뺏어 자기 자신의 일벌과 생식봉을 생산하기도 하는 방식이다. 서로 다른 종 사이에서 일어나는 점만 다를 뿐 그 외에서는 ①번과 동일하다. 기생은 숙주가 되는 여왕벌이 생산한 일벌의 수명이 다할 때까지이며 그 후에는 자신이 생산한 일벌들

과 함께하므로 일시적 기생이 되는 것이다. 검정말벌의 기생 방식은 바로 이와 같은 종간의 조건적, 일시적 기생의 예가 된다.

③서로 다른 종 사이의 절대적, 일시적 기생- 절대적이라 함은 여왕벌이 자기 스스로 집을 짓기 시작하는 경우는 없고 오로지 다른 종의 둥지에 기생하여 자신의 일벌과 생식봉을 생산하는 방식으로 이런 기생을 하는 벌로는 북미산 땅벌 종류인 *Vespula squamosa*가 대표적이다. *Vespula squamosa*는 역시 땅벌 종류인 *V. vidua* 및 *V. maculifrons*의 둥지에 침입하여 여왕벌을 죽이고 기생하는데 전체 *V. squamosa* 둥지 중 약 85%가 다른 땅벌의 둥지를 뺏은 기생 둥지라고 한다. 엄밀하게 말하면 조건적 일시적 기생이지만 기생률이 85%나 되는 점에서 자기 자신이 집을 짓기보다는 거의 기생하는 방식을 따른다고 볼 수 있다.

④서로 다른 종 사이의 절대적, 영구적 기생- 이 방식은 전적으로 다른 종에 기생하되 자신의 일벌을 생산하지 않고 숙주가 되는 일벌에 전적으로 의존하는 형으로, 우리나라에 드물게 서식하는 기생땅벌 *Vespula austriaca*은 이와 같은 기생 방식을 취한다. 기생땅벌은 우리나라 외에도 시베리아, 유럽 등에 분포하는데 같은 지역에 서식하는 노랑띠땅벌*Vl. rufa*의 둥지에 침입하여 여왕벌을 죽이고 뺏은 둥지에 산란하며 노랑띠땅벌의 일벌을 노예처럼 이용하여 자신의 생식봉을 생산하는 것으로 알려져 있다(Yamane and Kubo, 1970).

이와 같은 사회성 기생은 마치 한 나라가 다른 나라를 침략하고 점령하여 식민지로 삼아 점령지 국민을 노예처럼 부리는 것과 비슷하다고 하겠다. 인간 세상에서 볼 수 있는 수많은 현상들이 이런 곤충 사회에서도 볼 수 있다는 게 놀랍고 신기하다.

26. 곤충세계 최강의 전투군단

장수말벌*Vespa mandarinia*

말벌과 Vespidae

| 낙과된 단감을 파먹는 장수말벌.

장수말벌은 지방에 따라서 왕탱이, 왕벌 등으로 불리며 우리나라에 서식하는 벌 중에서 가장 체구가 크고 독침의 독성은 전 세계의 모든 벌 중에서도 제일 강하다.

우리나라 남부지방에서 장수말벌이 월동을 마치고 모습을 드러내는 시기는 4월 하순에서 5월 초순쯤이고 대개 5월 중순부터 집 짓기에 들어간다. 첫 일벌은 6월 중순쯤에 나타나며 일벌 생산이 중지되고 새 여왕벌과 수벌이 출현하기 시작하는 것은 9월 중순쯤부터이다. 새 여왕벌 생산은 10월 중순쯤까지 지속되며 10월 하순이면 더 이상의 먹이 공급도 사라지고 생산되는 벌도 거의 없으며 봉군은 와해되어 월동기에 들어가게 된다.

장수말벌의 봉군은 우리나라에 서식하는 말벌 종류 중 비교적 강한 편으로 전성기에는 대략 400~1,000마리에 이른다.

장수말벌을 위시한 말벌은 사회생활을 한다. 일벌은 자기희생을 하며 여왕벌이 최대한 많은 2세를 생산할 수 있도록 군집을 위해 봉사한다. 하지만 유전학적인 측면에서 보면 이러한 희생이 단순한 희생이 아니라 자신의 유전자를 후세에 더 많이 남길 수 있는 전략적 진화의 결과라고 할 수도 있다. 말벌 일벌은 자기 자신이 알을 낳아 새끼를 기르는 것보다 여왕벌이 더 많은 후손을 생산하도록 돕는 것이 자기 자신의 유전자를 후대에 많이 남기는 데 더 유리한 것이다. 왜냐하면 자신이 직접 알을 낳으면 자식은 자기가 가진 유전자의 50%만 물려받지만 여왕벌이 낳은 동생은 평균 75%의 유전자를 물려받으니 자식을 낳는 것보다 동생을 기르는 것이 더 유리한 것이다. 이와 같은 결과는 말벌의 수

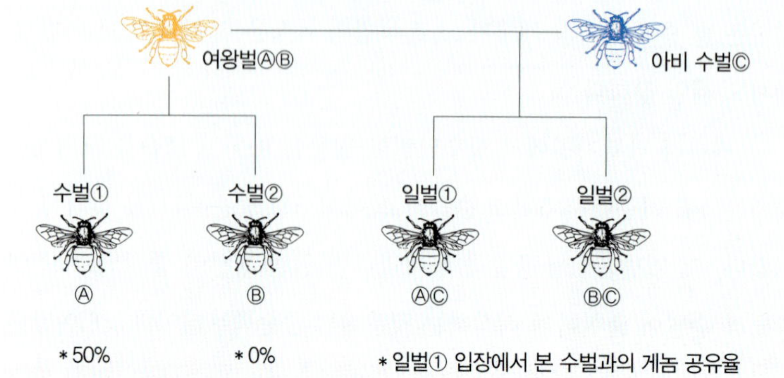

| 장수말벌의 성 결정과 게놈 공유율. 일벌과 수벌간의 게놈 공유율은 (50+0)÷2=25로 평균 25%가 된다. 이와 같은 결과는 일벌②를 기준으로 해도 마찬가지다.

벌은 반수체이고 일벌과 여왕벌만 2배체라는 특이한 유전적 바탕 때문에 일어나는 일이다. 늦여름이 되면 장수말벌 일벌들은 집단으로 반역을 일으켜 어미인 여왕벌을 죽여 없애고 일벌 중의 일부가 산란을 하는 일이 발생하기도 한다. 어미를 죽여 없애는 이런 충격적인 일도 유전적 측면에서는 충분히 이해가 되는 면이 있다. 왜냐하면 이 시기는 새 여왕벌과 수벌로 발생할 알을 낳는 시기인데 여왕벌이 낳는 수벌은 일벌들과 25%의 게놈 공유를 하지만 일벌이 낳은 수벌의 게놈 공유율은 37.5%가 되어 여왕벌이 생산한 동생을 기르는 것보다 다른 일벌이 생산한 조카를 기르는 것이 자기 자신의 유전자를 후세에 더 많이 남길 수 있기 때문이다. 자연계에서 일어나는 이런 믿지 못할 일들도 알고 보면 유전자와 관계가 있으며 따라서 유전학자들은 생물체를 '유전자의 노예'라 칭하기도 하는 것이다.

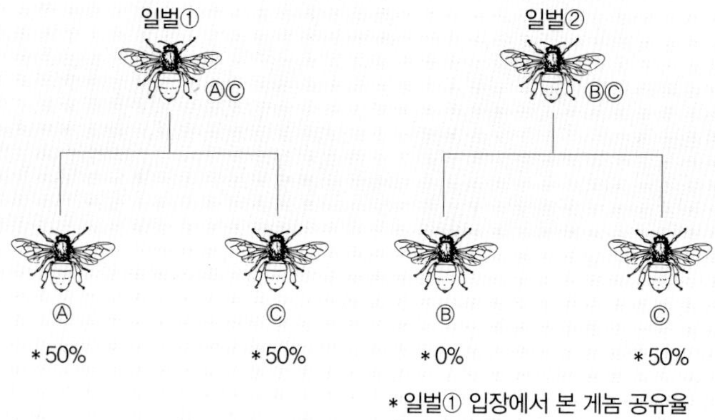

| 다른 일벌이 낳은 수벌(조카)과 일벌의 게놈 공유율은 (50+50+0+50)/4=37.5가 된다.

장수말벌의 집 짓는 습성

장수말벌은 드물게 고목의 수동에 짓는 경우도 있지만 대부분 땅속에 집을 짓는다. 필자가 우리나라 남부지방에서 관찰한 12개의 장수말벌 집 모두 땅속에 지었는데 벼논의 논둑에 지은 것이 3개, 계단식 경작지의 밭둑에 지은 것이 4개, 산지에 개간된 밤나무 과수원을 포함한 야산의 땅속에 지은 것이 5개로 나타났다. 벌집의 입구에서 벌집까지 통로의 길이는 15cm에서 70cm까지로 대개 깊지 않다.

먹이

장수말벌 역시 성충은 나무의 수액이나 꽃의 꿀, 과일 즙액 등을 먹는다. 애벌레의 먹이는 동물성이며 대부분 곤충이다. 장수말벌은 다른 말벌 종류에 비해 체구가 커서 비행 속도가 느리고 민첩성이 떨어지므로

| 분업기 이전의 장수말벌 여왕벌.

| 분업기 이후의 장수말벌 여왕벌, 날개가 사라지고 없다.

등검은말벌이나 털보말벌처럼 파리나 꿀벌 또는 야생벌 같은 빠른 곤충을 사냥하는 것은 어렵다. 이런 이유로 장수말벌이 가장 선호하는 사냥감은 상대적으로 느린 풍뎅이로 전체 수렵물의 6-8할을 차지한다. 풍뎅이는 외골격이 비교적 단단하여 다른 소형 말벌 종류는 포식하기가 쉽지 않으나 장수말벌은 강력한 턱을 가지고 있어 풍뎅이의 외골격을 어렵지 않게 파괴할 수 있는 점도 이를 사냥하는 이유가 될 것이다. 풍뎅이는 수액이 흐르는 나무에 많이 모이는데 수액은 장수말벌도 좋아하는 먹이이다. 장수말벌은 수액 터에서 수액도 마시고 풍뎅이도 사냥하는 일석이조를 노릴 수 있다. 마치 아프리카의 세렝게티에서 건기에 물웅덩이에 모이는 초식동물을 사자가 쉽게 사냥하는 것과 비슷하다고 하겠다. 그 외에도 크고 동작이 굼뜬 대형의 박각시나방의 유충과 무당거미 같은 것들도 장수말벌의 수렵 대상이다. 그러나 장수말벌의 먹이 사냥에서 가장 흥미로운 점은 꿀벌이나 다른 말벌, 땅벌 및 쌍살벌 같은 사회생활을 하는 벌의 군집을 습격하여 성충을 모두 물어 죽이고 유충과 번데기를 약탈하는 파괴적 먹이 사냥 방식이다. 이 때문에 양봉가들은 장수말벌을

가장 두려운 해충으로 여긴다.

꿀벌을 포식하는 해충으로서 장수말벌

말벌과 곤충에 의한 꿀벌의 포식은 크게 성충을 한 마리씩 잡아먹는 단독 사냥과, 10여 마리 이상의 병력이 동원되어 꿀벌 군집 전체를 학살하는 집단 공격형으로 나눌 수 있다. 단독사냥은 주로 등검은말벌, 털보말벌에 의해 일어나며 그 외 말벌과 좀말벌도 단독사냥을 하지만 그 피해는 크지 않다.

꿀벌의 집을 습격하여 일벌을 죽이고 유충이나 번데기 등을 약탈하는 집단 공격 방식은 다른 말벌은 하지 않으며 오직 장수말벌만 이런 사냥 방식을 쓴다. 장수말벌은 다른 말벌과 비교할 수 없을 정도로 체구가 크고 싸움 실력 또한 월등하므로 이런 사냥 방식이 가능한 것이다. 장수말벌의 집단 공격을 받은 양봉 무리는 대개 3~4시간 내에 전멸을 당하게 되므로 그 피해가 막심하다.

꿀벌 성충의 단독 포식

장수말벌은 외역중인 꿀벌을 노리기도 하지만 체구가 크고 몸이 날렵하지 못해 사냥 성공률은 매우 낮다. 양봉장에 침입하여 꿀벌을 사냥하는 경우 털보말벌이나 등검은말벌처럼 비행하면서 꿀벌을 낚아채기보다는 벌집 부근에 착륙하여 꿀벌을 포획하는 방법을 주로 쓰지만 이런 단독 포식에 의한 피해는 크지 않다.

꿀벌에 대한 장수말벌의 집단 공격

집단 공격형 포식은 장수말벌에 의해서만 일어나는데 짧은 시간 내에 벌통 내의 모든 벌과 유충 및 번데기가 전멸을 당하는 끔찍한 대 학살극이 연출된다. 장수말벌에 의한 양봉 꿀벌의 집단 공격 과정은 정찰 및 단독 사냥, 집단 살육, 점거 약탈의 3단계로 이루어진다.

정찰 및 단독 포식

이 단계에서 장수말벌은 다른 말벌 종류와 마찬가지로 홀로 벌통 부근을 찾아서 공중에서 또는 벌통의 출입구 부근에 착륙하여 출입하는 꿀벌을 포획한다. 같은 집단의 장수말벌 몇 마리가 함께 찾아 사냥하기도 하고 순차적으로 내습하기도 하지만 집단행동은 하지 않으며 이 단계에서 피해를 입는 꿀벌의 수는 그리 많지 않다. 정찰 결과 약탈할 꿀벌의 벌통이 결정되면 정찰병은 벌통의 입구에 표지가 되는 페로몬을 남겨 공격 대상임을 동료 장수말벌에 알리게 된다.

집단 살육

정찰과 단독 포식을 하던 장수말벌 무리의 둥지가 벌통에서 1km 이내의 비교적 가까운 거리에 있다면 곧이어 집단 살육기로 들어가게 된다. 이 단계에서는 여러 마리의 장수말벌이 특정 벌통만 공격하며 대항하는 꿀벌을 몰살시킬 때까지 집단 공격을 지속한다. 장수말벌의 전투병들은 전투 도중에 자기 집으로 돌아가거나 임무를 교대하는 경우 없이 상황이 종료될 때까지 전투를 중지하지 않는다. 싸움이 길어져 일몰이 가까워지면 전체 전투병들이 자기 둥지로 철수하여 이튿날 아침 일찍 다시 공격하는 경우도 있지만 이럴 경우도 전투병이 교체되지 않고 전날 전투에 참가했던 개체가 다시 전투에 나서게 된다. 장수말벌이 꿀벌을 공격하는 방식은 대개 오전에 시작하여 오후까지 지속되며 벌통 출입구 앞에서 방어를 위해 나오는 꿀벌의 전투병들을 강력한 턱으로 물어 죽이는 것으로, 벌침을 사용하는 경우는 없다. 벌통에 대한 공격이 지속되고 있는 동안에 다른 둥지의 장수말벌이 출현하면 꿀벌과 전투 중이던 일부 전투병이 즉각 출동하여 격퇴하게 된다. 방어하는 꿀벌은 벌통 문 앞에서 모여 둥글게 진을 치고 있다가 한 마리씩 접근하는 장수말벌의 머리를 향해 돌진하곤 하지만 거의 타격을 입히지 못한 채 물려 죽고 만다. 전투가 계속되는 동안 체력이 고갈된 장수말벌의 전투병들은 벌통 인근의 나뭇가지나 벌통 위 등에서 동료 장수말벌 보급병으로부터 입에서 입으로 전달받는 방식으로 액체성 먹이를 공급받게 된다. 집단 살육에 소요되는 시간은 전투에 참여하는 장수말벌의 수와 꿀벌의 방어 능력과 봉군 규모에 따라 다르지만 대체로 10마리 이상의 장수말벌이 전투에 참여하여 10,000마리 내지 30,000마리 규모의 꿀벌을 공격할 경우 30분 내지 3시간 정도 걸리며 벌통 앞은 꿀벌의 사체로 뒤덮이게 된다. 꿀벌이 전멸되는 대 살육전이 수행되었지만 이러한 전투로 희생되는 장수말벌은 불과 2~3 마리 이내로 미미하므로 완전히 일방적인 살육전이라고 표현할 수 있다.

점거 약탈

장수말벌의 공격으로 노련한 일벌 대부분이 죽고 나면 우화한 지 며칠되지 않은 소수의 일벌과 여왕벌만 남게 되고 이들은 장수말벌에 대항하지 못하고 벌통을 버리고 도망치게 되는데 장수말벌은 도망치는 어린 일벌이나 여왕벌에게는 관심을 두지 않고 육아방 내의 다 자란 유충이나 번데기를 한 마리씩 물어 자신의 둥지로 운반한다. 또한 벌통 밖의 꿀벌의 사체에서 고기 덩이를 만들어 운반하기도 하는데 꿀벌 사체가 부패하기 시작하는 이튿날 이후에는 사체로부터 고기 덩이는 더 이상 만들지 않는다. 벌통 내부에서 꿀벌의 새끼들을 약탈하는 일은 전투병 외에도 다른 동료들이 참여하며 대개 수 십 마리가 가담한다. 꿀벌의 새끼 외에 저장해 둔 꿀도 운반하는데 약탈 기간은 벌통이 완전히 빌 때까지 수일에서 때로는 1~2개월간 지속되기도 한다. 점거한 후에는 야간에 마치 자신의 둥지를 지키듯 일부 전투병들이 남아 벌통을 지키며, 부근을 비행하는 다른 둥지의 장수말벌이 있으면 마치 자신의 둥지를 지키는 것과 같은 수준으로 격렬하게 공격하여 쫓아낸다. 사람이나 동물이 접근하여도 막무가내로 공격하므로 매우 위험하다. 정찰 및 단독 포식기나 집단 살육기의 장수말벌 전투병들은 판자로 때려잡거나 포충망 등으로 쉽게 처치할 수 있지만 점거 약탈기의 장수말벌은 공격성이 아주 강하므로 함부로 접근하거나 잡으려 해서는 안 된다.

장수말벌의 공격에 대한 토종 재래 꿀벌의 방어 전략

양봉 꿀벌은 장수말벌의 공격을 받으면 대부분 속수무책으로 전멸당하지만 오랜 기간 동안 장수말벌과 같은 서식지에서 살아온 재래꿀벌(토봉)은 장수말벌의 공격에 대항하는 방법을 터득하여 그 피해가 덜하다. 장수말벌의 정찰병이 벌집에 페로몬을 바르면 재래꿀벌은 턱으로 긁어 이를 제거하여 증원 병력이 오는 것을 막는다. 여의치 못하여 장수말벌의 전투병이 다수 공격하는 상황에까지 몰리게 되면 벌집 내로 후퇴하여 다수의 일벌이 동시에 장수말벌을 포위하는 방식으로 저항한다. 이는 벌통 문 앞에서 주로 방어하는 양봉과는 상당히 다른 전략이다. 또한 많은 일벌들이 덩어리져 뭉쳐 있는 봉구(蜂球)를 형성하고 있다가 침입하는 장수말벌 위로 봉구가 떨어져 수많은 일벌이 일시에 장수말벌을 완전히 둘러싸서 체열로 장수말벌을 죽음에 이르게 한다. 장수말벌은 그 정도의 고온에서 견디지 못하지만 재래꿀벌은 견딜 수 있어 가능한 전략이다. 양봉은 대부분 이러한 방법을 사용하지 못하며 사용하더라도 효율적이지 못한 데 반해 재래꿀벌은 훨씬 효율적으로 사용하는 것이다. 이는 장수말벌과 오랜 기간 동안 같은 서식지에서 살아오면서 터득하고 진화시킨 결과일 것이다. 여러 방어 전략이 실패하여 전멸의 위기에 처하게 되는 경우도 있는데 이 경우 양봉은 대부분의 전투원이 끝까지 싸워 옥쇄하는 데 반해 재래꿀벌은 대개 여왕벌과 일부 일벌이 벌통과 벌통 내의 새끼들을 포기하고 도주하여 새로운 장소로 옮겨 봉군을 다시 일으키는 방법을 택한다. 이 또한 봉군은 크게 위축되겠지만 전멸하는 것보다는 훨씬 나은 전략이라고 하겠다.

다른 말벌류에 대한 장수말벌의 집단 공격

꿀벌에 대한 장수말벌의 무서운 집단공격은 양봉가들의 경험에 의해 비교적 잘 알려져 있어 장수말벌의 피식자는 꿀벌 정도로만 생각하기 쉽지만 실제 장수말벌 집단의 공격은 꿀벌에 국한되지 않는다. 각종 쌍살벌 종류와 땅벌 종류는 말할 것도 없고 털보말벌, 좀말벌, 말벌과 같은 다른 말벌 종류도 장수말벌에겐 사냥감에 지나지 않는다.

장수말벌이 사회생활을 하는 야생벌의 집을 공격하여 약탈하는 시기는 8월 하순쯤부터 10월 중순까지이며 그중에서도 9월 상순부터 10월 상순 사이에 가장 빈번하게 일어난다. 이 시기는 장수말벌에 의한 꿀벌의 피해 시기와도 일치한다. 이는 풍뎅이와 같은 장수말벌의 주요 먹이가 크게 줄어드는 데다 다른 말벌 종류의 집에 비교적 많은 양의 번데기와 노숙 유충이 존재하여 봉군과 전투원의 생명을 건 전쟁의 대가가 크며, 또 장수말벌 군집에는 새 여왕벌과 수벌이 될 유충이 급격히 증가하는 시기여서 먹이 요구량이 많아지는 것과도 연관이 있다. 바다리집을 습격할 경우에는 집단공격 없이 한 마리 또는 몇 마리의 장수말벌이 침입하는데 대개 쌍살벌은 무력하여 방어를 포기하고 벌집 뒤편으로 물러나는 경우가 많다. 이 경우 장수말벌은 성충을 굳이 해치려 하기보다는 육아방 속의 번데기와 애벌레만 약탈한다. 방어력이 약한 바다리집의 공격과는 달리 다른 말벌 종류에 대한 장수말벌의 공격은 꿀벌 무리에 대한 공격 양상과 흡사하다. 다만 방어력이 꿀벌보다 훨씬 강하므로 전투에 동원되는 병력이 훨씬 많고 피해 또한 적지 않으며 점령까지 오랜 시간이 걸린다.

먹이 활동 중 다른 종류의 말벌 집을 발견하면 수분 내지 수십 분간 주변을 배회 비행하면서 동정을 살피다가 둥지로 귀환하거나 외역 나가는 일벌 또는 문지기 벌을 습격하여 사냥한 후 자기 집으로 돌아온다. 발견된 말벌집이 장수말벌 집에서 1km 이내로 멀지 않고 또 봉군이 강하지 않아 제압할 만한 수준으로 판단되면 집단 공격에 들어가게 된다. 이 과정에서도 꿀벌 집 공격의 경우와 마찬가지로 페로몬을 벌집 주변에 발라 동료들에게 정보를 알려 전투병을 동원하게 된다.

말벌 집 공격 때는 꿀벌 집 공격 때와는 달리 저항이 만만치 않아서 훨씬 위험 부담이 크므로 동원되는 전투병의 수도 훨씬 많아 대개 50~100마리에 달하며 많을 때는 150마리 정도가 가담하기도 한다. 양봉꿀벌을 공격할 때 장수말벌 전투병의 희생자가 기껏 2~3마리 이내인데 반해 말벌 공격 때는 장수말벌 전사자도 적지 않게 나타나서 10~30마리에 달하는 경우도 있다. 대개 30마리 이상 전사하게 되면 장수말벌 집단도 큰 타격을 입게 되므로 도중에 공격을 포기하고 전투가 종료되는 경우도 있으나 이처럼 장수말벌이 패퇴하는 경우는 전체 말벌 공격 케이스의 10% 미만이라고 한다(松浦, 1985). 장수말벌 집단이 말벌 집을 공격하여 장악하기까지는 대개 수 시간에서 길게는 2~3일에 걸친 전투가 이어진다. 그러나 대부분의 경우는 하루 정도면 말벌 집을 점령하게 된다. 그 이후엔 꿀벌 공격 때와 마찬가지로 번데기와 노숙 유충을 물어서 자신의 둥지로 운반하여 유충의 먹이로 삼게 된다. 장수말벌이 가장 즐겨 공격하는 말벌 종류로는 털보말벌과 황말벌 및 땅벌로 이들은 체구가 작아 장수말벌에 보다 손쉬운 상대이기 때문이다. 최근 급격히 확산하고 있는 등검은말벌의 경우 체구가 작으므로 약한 봉군의 경우 아마도 장수말벌이 선호하는 공격 대상이 될 것으로 보인다. 좀말벌도 꽤 공격을 당하며 말벌도 공격대상이긴 하지만 이들은 체구가 상대적으로 크므로 봉군이 클 경우 장수말벌에게도 결코 호락호락한 상대가 아니다. 그래서 피해가 상대적으로 덜한 편이다. 그러나 먹이를 구하기 어려워 애벌레가 굶게 되면 말벌뿐 아니라 동족인 다른 장수말벌 집까지 공격하여 사생결단으로 전쟁을 벌이기도 한다.

장수말벌 군집 간에 전쟁이 벌어지면 쌍방 간에 사상자가 엄청나게 발생하지만 장수말벌은 기꺼이 자신의 목숨을 내놓고 전투에 참여한다. 장수말벌끼리 하는 전투에서 가장 효과적인 공격은 상대의 목을 물어 끊는 것이다. 목은 가장 취약한 부분이므로 장수말벌은 한사코 자신의 목은 상대에게 물리지 않으면서 상대의 목을 물려고 한다. 또 상대방을 물고 취약한 부분에 독침을 꽂기도 하며 전력을 다해 싸움을 벌인다. 장수말벌 군집 간에 전쟁이 벌어지면 지는 쪽은 전멸당하며 이기는 쪽도 노련한 전사(戰士)들을 많이 잃게 되어 전투력이 크게 약해지게 된다. 그러므로 먹이가 심하게 부족한 경우에만 전쟁이 일어나며 대개 기습을 하는 쪽이 이기는 것으로 보인다. 이긴 쪽은 꿀벌이나 다른 말벌 둥지를 공격했을 때와 마찬가지로 둥지 안의 애벌레와 번데기를 차례로 자기 둥지로 운반하여 애벌레의 먹이로 삼는다.

장수말벌에 의한 인명 피해

장수말벌은 말벌 중에서 세계에서 체구가 가장 크며 그 독침 또한 최강인 벌이다. 말벌 종류는 모두 독침의 독성이 강하지만 장수말벌은 다른 말벌 종류와 비교할 수 없을 정도로 더 강하다. 장수말벌에 쏘이면 대개 민감 체질이 아닐지라도 현기증과 호흡곤란 등의 심각한 증상이 나타나는 경우가 많다. 따라서 야외활동 때 장수말벌은 특히 위험하므로 쏘이지 않도록 주의가 필요하다. 장수말벌은 대부분 땅속에 집을 지으며 전성기 때에는 봉군이 많고 또 체구가 커서 조금만 주의를 기울이면 땅속 집을 드나드는 장수말벌을 확인할 수 있다. 따라서 벌초나 과수원 작업

| 외피를 제거한 장수말벌집.

등을 하기 전에 주변을 잘 살핀 후 작업하여 안전을 도모해야 한다. 장수말벌은 다른 말벌 종류와 달리 공격성이 강하여 벌집에서 4~5m 이내로 접근하면 주변을 건드리지 않아도 공격하는 특성이 있으므로 특히 주의가 필요하다.

약용으로 이용되는 노봉방

말벌과 땅벌의 애벌레와 번데기는 식용 및 약용으로 이용하며 민간에서는 성충 또한 포획하여 약용으로 이용하는데 주로 술을 담가 복용한다. 말벌 집은 땅벌집과 함께 한방에서 노봉방(露蜂房)이라 부르는데, 여러 종류의 말벌 및 땅벌의 집을 모두 약재로 이용하지만 특히 장수말벌 집의 인기가 높다. 노봉방 채취에 적당한 시기는 벌집에 애벌레와 번데기가 많이 들어 있는 늦여름부터 초가을이지만 벌이 모두 떠난 빈집도 채취하여 이용한다. 채취한 노봉방은 벌집 속의 죽은 벌 등은 버리고 그대로 햇볕에 말리거나 또는 솥에 넣어 찐 다음 햇볕에 완전히 말린다. 잘 말려 두지 않으면 곰팡이가 슬 수 있다.

27. 박힌 돌 뽑아내는 굴러온 돌

등검은말벌*Vespa velutina nigrithorax*

말벌과 Vespidae

| 등검은말벌.

등검은말벌은 원래 동남아시아의 열대와 아열대 지방에 널리 분포하는 종이다. 우리나라에서는 2003년 부산 영도에서 처음 발견되었는데 중국에서 온 선박 화물에 의해 국내로 유입된 것으로 추정하고 있다. 첫 발견 이후 지속적으로 서식지를 넓혀 2008년에는 부산과 경북 및 경남 일부 지역에서 발견됐으나 2010년부터는 급격히 확산하여 경남, 경북, 전남 지역 등에서는 말벌 종류 중 가장 흔하고 밀도가 높은 우점종으로 확고하게 자리 잡았다. 2015년에는 충북, 강원, 전북 일부 지역까지 퍼졌고 조만간 서울과 경기지역까지 확산될 것으로 우려된다. 군집을 이루는 벌의 수가 많아 공격성이 높은 편으로 사람을 쏘아 병원 신세를 지게 하거나 심지어 사망에 이르게 하며 또 양봉장에 침입하여 꿀벌을 사냥하여 큰 피해를 입히는 심각한 해충으로 인식되고 있다. 등검은말벌은 우리나라에 서식하는 말벌 종류 중에서 크기가 가장 작은 편으로 일벌의 몸길이는 16~21mm, 수벌의 몸길이는 22~23mm, 여왕벌의 몸길이는 24~28mm 내외이다. 체구는 작지만 우리나라에 서식하는 말벌 중 한 벌집에 서식하는 벌의 수가 가장 많으며 벌집 또한 가장 크게 짓는다.

지리적 분포와 지역별 서식 아종

등검은말벌은 아시아의 열대와 아열대 기후대에 속하는 여러 지역에 매우 광범위하게 분포하는 종이다. 분포지역이 아주 넓은 만큼 여러 지역에 다양한 아종이 서식하고 있다. 원종인 *velutina*는 인도네시아 자바 섬에서 발견되며 인도네시아 여러 섬에는 다른 여러 아종이 서식하기도 한다. 등검은말벌의 아종이 이렇게 많은 것은 주 서식지인 대순다열도 일

아종	분포
timorensis	동티모르 티모르 섬
celebensis	인도네시아 중부 셀레베스 섬
divergens	말레이시아, 싱가포르
velutina	인도네시아 자바 섬
sumbana	인도네시아 숨바 섬
floresiana	인도네시아 플로레스 섬
variana	인도차이나 반도 동부
kamyi	인도네시아 수마트라 섬
ardens	인도네시아 발리
nigrithorax	중국 남부, 인도 동북부, 한국(최근 유입)
pruthii	이란 동부, 인도 남부
auraria	인도 북부, 중국 남부
flavitarsus	타이완

그림 1. 등검은말벌의 각 아종별 분포 지도.

대가 수많은 섬으로 이루어진 지역이어서 지리적 격리에 의한 독자 진화가 일어났기 때문이다. 우리나라에 유입되어 서식하고 있는 등검은말벌은 *nigrithorax* 아종으로 중국 남부와 인도 동북부에 분포한다. 대부분의 아종이 아열대지방에 서식하는 데 반해 이 아종은 아열대에서 온대 기후대에 걸쳐 서식하고 있어 추운 기후에 대한 적응력이 비교적 강한 편이다. 그렇다고 해도 우리나라는 원서식지인 중국보다 위도가 높고 기후 또한 훨씬 추운 지역까지 적응하여 확산되는 양상을 보이고 있어 주목된다. 아마도 우리나라는 도시화가 심하여 도심의 건물 주변 등에서 여왕벌이 월동할 수 있는 것이 아닌가 하고 추측되기도 하지만 정확한 원인은 추가적인 연구가 필요한 부분이다. 그 외, *aurarira*는 인도 북부지역과 중국 남부지역, *pruthii*는 이란 동부지역에서 인도 북부지역에, *variana*는 인도차이나반도의 동부에 서식하고 있다. *kamyi*는 인도네시아 대순다열도에 딸린 섬인 수마트라 섬 전 지역에 분포하며, *ardens*는 발리, *sumbana*는 숨바섬, *floresiana*는 플로레스, *timorensis*는 티모르섬에 분포한다. *celebensis*는 인도네시아 중앙부의 셀레베스 섬에 분포하며 *flavitarsus*는 타이완에 서식한다. *divergens*는 말레이시아와 싱가포르에 걸쳐서 분포한다.

집 짓는 습성

등검은말벌의 집 짓는 재료는 썩어 가는 나무의 목질부를 큰턱으로 갉아 내어 침과 섞어 만든 펄프이다. 동그랗게 콩알만 한 크기로 펄프를 뭉쳐 와서는 종이처럼 얇게 펴서 집을 짓는다. 집은 여러 층으로 되어 있어 비가 새지 않으며 출입구는 아래쪽에 위치한다. 처음에 여왕벌 혼자 지을 때는 조그마하게 지으며 봉군이 증가함에 따라 벌집을 갉아 내어 외부로 덧붙이는 방식으로 크기를 점차 확장한다.

집을 짓는 장소는 나뭇가지와 건물 벽면 등인데 특히 큰 나무의 높은 위치에 짓는 경우가 많다. 필자가 경남지역에서 조사한 등검은말벌 집 31개 중 25개는 나뭇가지에 지었고 오직 6개만이 건물의 벽면, 건물 처마 아래, 교회 첨탑이나 전봇대 등 인공 구조물에 지었다. 나뭇가지에 집을 지은 것들 중 3m 이내의 비교적 낮은 곳에 지은 것은 단 2개로, 대부분이 4m이상의 높은 곳에 지어 현재 우리나라에 서식하고 있는 말벌 중 가장 높은 곳에 집을 짓는 것으로 나타났다. 벌집의 모양은 털보말벌과 좀말벌이 구형이거나 장방형의 비교적 규칙적인 모습인 데 반해 등검은말벌은 장방형에 가까우면서 불규칙적인 모양을 가지는 경우가 일반적이다.

한편 등검은말벌의 벌집 크기는 한국에 서식하는 말벌 중 가장 큰 편으로, 조사된 31개 중 장경이 40cm 이상인 것이 29개였고 50cm 이상의 초대형 벌집이 13개에 달했다. 가장 작은 집의 장경이 22cm 수준인데 이 정도 크기는 우리나라에서 가장 흔한 말벌 종류인 좀말벌의 경우 평균 크기 정도에 해당한다. 벌집이 크다는 것은 한 봉군의 세력이 그만큼 강하다는 의미이기도 하다.

표1. 등검은말벌의 집 지은 장소와 벌집의 크기

장소(수종)	높이	크기	조사 연도
교회첨탑	40m	장경 50cm, 단경 40cm	2009. 12. 1.
구골목서	2.5m	장경 40cm, 단경 30cm	2012. 10. 30.
은행나무	6.5m	장경 50cm, 단경 35cm	2013. 10. 19.
은행나무	5m	장경 45cm, 단경 30cm	2013. 12. 10.
소나무꼭대기	7m	장경 45cm, 단경 37cm	2013. 12. 7.
아까시나무	5m	장경 47cm, 단경 35cm	2014. 10. 15.
감나무	5.5m	장경 45cm, 단경 40cm	2014. 10. 27.
은행나무	13m	장경 60cm, 단경 40cm	2014. 11. 24.
소나무	6m	장경 80cm, 단경 50cm	2014. 11. 25.
감나무	4m	장경 52cm, 단경 40cm	2014. 11. 27.
뽕나무	8m	장경 45cm, 단경 35cm	2014. 11. 30.
국수나무 덤불	0.8m	장경 80cm, 단경 50cm	2014. 12. 11.
상수리나무	8m	장경 50cm, 단경 40cm	2014. 12. 3.
국수나무 덤불	0.5m	장경 30cm, 단경 25cm	2014. 12. 5.
소나무	8m	장경 50cm, 단경 45cm	2015. 10. 1.
노박덩굴	1m	장경 22cm, 단경 20cm	2015. 10. 15.
소나무	7m	장경 45cm, 단경 40cm	2015. 10. 28.

건물외벽	3.5m	장경 50cm, 단경 48cm	2015. 10. 31.
갈참나무	6m	장경 40cm, 단경 30cm	2015. 11. 20.
오동나무	6m	장경 50cm, 단경 45cm	2015. 11. 3.
전봇대	7m	장경 40cm, 단경 25cm	2015. 11. 7.
벚나무	6m	장경 50cm, 단경 40cm	2015. 12. 2.
건물처마 아래	3.5m	장경 42cm, 단경 30cm	2015. 9. 16.
굴참나무	25m	장경 45cm, 단경 36cm	2015. 9. 18.
아까시나무	7m	장경 50cm, 단경 40cm	2015. 9. 20.
감나무	3.5m	장경 55cm, 단경 40cm	2015. 9. 3.
건물처마 아래	4.5m	장경 42cm, 단경 30cm	2015. 9. 8.
콘크리트 구조물	20m	장경 44cm, 단경 37cm	2016. 10. 5.
벚나무	7m	장경 48cm, 단경 41cm	2017. 11. 24.
굴참나무	15m	장경 40cm, 단경 30cm	2017. 12. 5.
굴참나무	13m	장경 39cm, 단경 37cm	2017. 12. 5.

봉군 발달 과정

늦가을에 짝짓기를 마친 여왕벌은 홀로 낙엽 아래나 썩은 나무 틈새 등에서 동면하며 겨울을 넘긴다. 이듬해 4월에 동면에서 깨어난 여왕벌은 꽃의 꿀, 나무 수액 등을 먹고 원기를 회복한 후 집 지을 장소를 물색하며 대개 5월에 집을 짓기 시작한다. 집은 여왕벌 혼자 지으며 육아방이 만들어지는 대로 알을 낳는다. 말벌 종류는 여왕벌 혼자서 봉군을 창시하므로 초기에는 일벌 도움 없이 여왕벌 혼자서 집 짓기, 알 낳기, 먹이 사냥과 애벌레 양육의 모든 일을 도맡아 해야 한다. 첫 일벌은 6월 상순에서 중순쯤에 생산되며 일벌이 나온 후에는 집 밖으로 나가서 하는 외역은 일벌이 맡게 되고 여왕벌은 비로소 둥지 내에 머무르며 알 낳는 일에만 열중하게 된다. 일벌의 수는 점차 늘어나서 늦여름을 지나 가을에 이르면 그 수가 최고조에 달하게 되며 벌집 또한 지속적으로 커지게 된다. 10월이 되면 일벌은 더 이상 생산되지 않으며 새 여왕벌과 수벌이 생산되기 시작한다. 벌집의 크기는 이 시기에 최대가 된다. 새 여왕벌과 수벌이 한창 생산되는 10월경이면 봉군은 최절정에 달하게 되며 이때 봉군의 수는 대략 800마리에서 2,500마리에 달한다. 이 정도의 봉군은 우리나라에 서식하는 말벌속 곤충 중 가장 많은 편이다(정계준, 2016). 11월 초순 내지 중순이면 새 여왕벌과 수벌의 생산도 끝나고 군집을 이루던 벌은 모두 벌집을 떠나게 되는데 새로 나온 여왕벌은 수벌과 짝짓기 후 동면에 들어가지만 일벌과 수벌 및 봉군을 일으켰던 여왕벌은 월동하지 못하고 모두 삶을 마치게 된다.

먹이와 천적

등검은말벌도 성충은 꽃의 꿀이나 감로, 나무의 수액 등 식물성의 액체 먹이를 먹는다. 반면에 유충은 완전히 육식성이다. 일벌은 다양한 종류의 곤충을 사냥하여 둥글게 고깃덩이를 만들어 와서 유충에게 먹인다. 등검은말벌은 체구가 작고 몸이 날쌘 편으로 대개 날아다니는 작은 곤충을 추적 비행하면서 사냥하는 방식의 '비행 포획'을 택한다. 가장 좋아하는 사냥감은 꿀벌이며 그 외 다양한 야생벌, 파리 종류, 기타 작은 곤충을 사냥한다. 한편 성충은 때때로 유충을 자극하여 타액을 분비하게 하여 이를 받아먹는데 이와 같은 유충으로부터 성충의 먹이 제공을 영양교환이라 한다. 유충이 분비하는 타액에는 당분과 단백질 및 아미

노산이 들어 있어 식물성 먹이를 먹는 성충에게 중요한 질소원 영양 공급이 된다.

국내 유입 후 확산 과정

표2. 등검은말벌의 연도별 확산 속도(단위:Km)

연도 거리	2003~2008	2008~2010	2010~2012	2012~2015
총 확산 거리	서쪽 34.8 북쪽 66.7	서쪽 40.6 북쪽 116	서쪽 34.8 북쪽 101.5	서쪽 130.5 북쪽 110.2
연간 확산거리	서쪽 6.96 북쪽 13.34	서쪽 20.3 북쪽 58	서쪽 17.4 북쪽 50.7	서쪽 43.5 북쪽 36.7

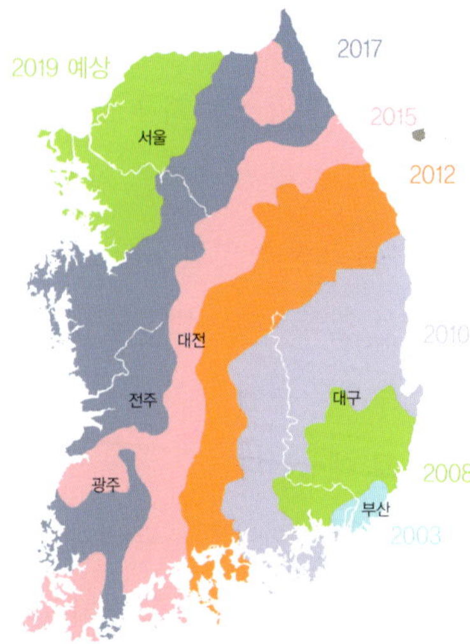

그림 2. 등검은말벌의 연도별 확산 양상 및 추후 확산 예상도.

2003년 첫 발견 후 약 5년간 서쪽으로는 연평균 7km, 북쪽으로는 연평균 13km 정도씩 확산되었으나 2008년 이후 확산 속도는 크게 빨라져 연 20~60km씩 확산되었다. 특히 2012년 이전에는 북쪽으로 더 빨리 확장되었지만 이후에는 북쪽은 지체되는데 반해 서쪽으로의 확장 속도가 빨라져서 주목된다. 이는 아마도 강원도의 겨울 추위가 매서워 적응이 어려워진 게 원인이 아닌가 하고 추측된다. 말벌 종류의 여왕벌은 겨울에 동면으로 월동하는데 일부는 월동 중에 동사한다. 겨울 추위가 심한 곳에서는 동사할 확률이 높아지게 되고 또 여름이 짧고 겨울이 긴 기후에서는 활동 기간이 짧아져 생산되는 생식봉의 수도 적어질 것이다. 현재의 추세대로라면 2018년이면 중서부 일부 지방을 제외한 전국 대부분 지역으로 확산되며 2019년에는 우리나라 전역에 등검은말벌이 서식하게 될 것으로 추정된다.

등검은말벌의 세계적 확산

등검은말벌은 우리나라뿐 아니라 유럽에도 유입, 확산되어 양봉에 피해를 입히는 등 문제를 일으키고 있는데 유럽 침입 종 역시 우리나라에 침입한 것과 같은 아종이다(Monceau et al., 2014). 유럽에서 가장 피해가 심한 프랑스의 경우 2004년에 처음 발견되었는데 약 10년 만인 2015년엔 프랑스 대부분 지역으로 확산되었고 양봉에 큰 피해를 입히고 있다. 프랑스 인접 국가인 포르투갈, 스페인에도 침입하였으며 2016년에는 영국에서도 발견되었고 2017년에는 벨기에에서도 발견되었다. 확산 추세로 보아 장차 유럽 여러 지역으로 광범위하게 서식지를 넓힐 것으로 예상된다.

아시아에서는 우리나라 외에도 2013년 일본 대마도에서, 2015년엔 일본 혼슈에서도 발견되었다.

확산에 따른 생태계 교란

우리나라에서 등검은말벌은 가장 먼저 유입된 부산과 인근의 경남 및 경

| 등검은말벌집.

북지역에서 압도적인 우점종으로 자리 잡게 되었으며 전체 말벌 개체수의 절반 이상에 달하는 것으로 관측되고 있다. 이 지역에서는 기존의 말벌 종류 중 가장 흔하게 발견되던 털보말벌이 거의 사라져 등검은말벌은 털보말벌과 가장 큰 경쟁 관계에 있는 것으로 추정되고 있다. 털보말벌이 등검은말벌 유입 이전부터 감소세에 있었다는 주장도 있지만 확실한 근거는 제시되지 않았다. 다른 말벌보다 털보말벌이 등검은말벌에 의한 피해를 가장 많이 받는 이유는 우리나라산 말벌 중 털보말벌과 크기가 비슷하며 서식 지역과 집 짓는 장소 및 먹이가 상당 부분 겹치기 때문인 것으로 보인다. 다만 집 짓는 구체적 장소는 털보말벌이 덤불 속이나 건물의 처마 아래, 산지의 암벽 등에 짓는 데 반해 등검은말벌은 높은 나무에 짓는 경우가 대부분이라 적지 않은 차이를 보이지만, 털보말벌과 등검은말벌 모두 아주 다양한 곤충을 사냥하여 새끼의 먹이로 삼으므로 전적으로 겹친다고 볼 수 있다. 등검은말벌은 날아다니는 작은 곤충을 추적하여 포획하는 '비행 사냥'을 하는데 이런 사냥 방식은 털보말벌과 흡사하며 따라서 비슷한 종류의 곤충을 두고 두 말벌 종류가 경쟁 관계에 놓이게 된다. 털보말벌 외에도 생태가 비슷한 좀말벌도 등검은말벌과 경쟁으로 인한 개체수 감소 등의 영향을 받을 가능성이 있으므로 면밀한 관찰이 필요할 것으로 보인다. 반면 몸집이 큰 장수말벌은 '비행 사냥'이 어려워 풍뎅이 같은 크고 굼뜬 곤충을 선호하며 말벌은 매미가 주 사냥감으로 나무에서 수액을 빠는 매미에 몰래 접근하여 기습적으로 사냥하는 방식을 택하므로 등검은말벌과 먹이 경쟁이 적은 편이다. 또 장수말벌과 말벌은 땅속이나 수동(樹洞)에 집을 짓는 등 집 짓는 장소도 등검은말벌과는 서로 달라 이 역시 경쟁 상대가 되지 않는다. 등검은말벌은 특히 양봉장에 침입하여 꿀벌을 사냥하므로 양봉에 직접적으로 피해를 입히며 이로 인해 꿀벌에 의한 여러 농작물과 다양한 야생 식물의 수분에도 부정적 영향을 미치게 된다. 또 꿀벌 외에도 농작물이나 다양한 식물의 수분을 도와주는 여러 종류의 야생 벌 역시 사냥감이 되므로 과수나 농작물의 생산력이 저하될 우려도 있다.

등검은말벌에 의한 꿀벌의 피해

등검은말벌은 양봉장에 침입하여 꿀을 따서 돌아오는 꿀벌을 잘 사냥하므로 양봉가에게 큰 피해를 입힌다. 우리나라에서 등검은말벌이 유입되기 이전에 양봉장에 가장 큰 피해를 입히는 말벌은 장수말벌과 털보말벌이었으나 지금은 장수말벌과 등검은말벌로 바뀌었다.

토종 재래꿀벌은 말벌이 벌집 부근에서 배회하면 둥지에 들어갈 때 훨씬 빠른 속도로 들어가며 또 나갈 때도 빠른 속도로 날아가는 등 말벌의 사냥에 대비해 효과적인 비행을 하지만 양봉꿀벌은 그런 기술이 없으므로 피해를 입기 쉽다. 이러한 차이는 재래꿀벌은 오랜 기간 말벌과 같은 지역에서 공존해 오면서 나름대로 공진화(共進化)하였지만 양봉꿀벌은 말벌이 없는 환경에서 살아왔기 때문에 이에 대처하는 방법을 진화시키지 못했기 때문이다.

필자가 2017년 7월부터 8월까지 2개월간 경남 사천 정동면에서 양봉장에 출현하는 말벌의 종류를 조사해 본 결과 전체 327마리가 침입했는데 이중 등검은말벌이 292마리로 89%를 차지할 정도로 압도적이었고 그 다음으로는 말벌이 25마리로 7.6%였고 이어 장수말벌과 좀말벌이 각기 5마리씩으로 1.5%씩을 차지했다. 등검은말벌을 포함한 말벌 종류에 의한 양봉의 피해는 7월 중순께부터 시작되어 여름에서 가을로 넘어가면서 더욱 증가하며, 8월부터 10월 사이에 피해가 가장 크다.

등검은말벌과 인간의 관계

말벌의 수벌은 무기가 없으나 암벌은 무서운 독침으로 무장하고 있는데 독침은 대개 둥지 방어를 위해 사용하며 때로는 사냥을 위해 사용하기도 한다. 꿀벌이나 쌍살벌에 비해 체구가 크고, 독의 양도 많아 쏘이면 심한 통증을 일으키며 사람에 따라서는 아나필락시스성 쇼크를 일으키기도 하므로 매우 위험하다. 우리나라에서는 여름철에 집중적으로 휴가를 즐기는 데다 또 늦여름부터 가을 사이에 조상의 산소를 찾아 벌초하는 풍습이 있어 벌초 과정에서 말벌에 쏘여 병원 신세를 지거나 때로 목숨을 잃는 경우도 있다. 인명 피해는 장수말벌에 의한 피해가 가장 심한 것으로 추측되지만 말벌 종류별로 통계를 작성하고 있지 않으므로 말벌 종류별 정확한 피해 정도는 알기 어렵다. 등검은말벌에 의한 인명 피해도 적지 않은 것으로 보인다. 특히 2015년 9월 7일 산청군 시천면 중태리에서 민가 감나무에 지은 등검은말벌집을 제거하던 중 소방대원이 말벌에 쏘여 사망한 사고가 일어나서 큰 충격과 함께 소방관도 죽인 벌로 낙인찍혀 그 위험성이 과장되는 계기가 되었다. 물론 등검은말벌이 위험한 것은 맞지만 그렇다고 다른 말벌 종류보다 더 독성이 강하다고 볼 수는 없다. 우리나라에 서식하는 말벌 종류 중에서는 장수말벌의 독성이 가장 강하며 나머지 말벌 종류는 장수말벌보다는 독성이 훨씬 약하며 대체로 비슷비슷한 수준이다. 등검은말벌은 체구가 작은 편이라 다른 말벌과 비교했을 때 독성은 비슷하거나 오히려 약한 편이다. 그러나 등검은말벌은 하나의 벌집에 서식하는 벌의 수가 많으므로 자칫 건드리기라도 하면 집단 공격을 받을 수 있어 위험할 수 있다. 다행히 등검은말벌은 둥지를 주로 높은 나무에 지으므로 다른 말벌 종류에 비해 둥지를 건드릴 위험이 상대적으로 적은 편이다. 높은 가지에 있는 둥지를 건드리지만 않으면 둥지 아래로 사람이 다니거나 활동하여도 어떠한 위해도 끼치지 않는다. 따라서 사람의 활동이 드문 지역의 높은 나무에 지은 말벌집을 위험하다고 일부러 제거할 필요는 없다. 등검은말벌이 어느 정도 위험한 벌이긴 하지만 그 위험성은 필요 이상으로 과장된 측면이 있으며 우리나라에 서식하는 다른 말벌들보다 더 위험하다고 볼 이유와 근거는 없다고 본다.

구제와 대책

등검은말벌은 빠른 속도로 확산되고 있으며 현재의 추세라면 2019년쯤이면 우리나라 전역으로 확산될 것으로 예상된다. 또 양봉에 심각하게 피해를 입히는 해충이므로 피해를 막기 위한 연구와 대비도 요구된다. 우리나라 남부지역에서는 다른 말벌을 압도하는 우점종으로 군림하므로 생태계 교란도 걱정되는 대목이다. 그러나 이미 우리나라 대부분 지역에 퍼진 상태이므로 이 종만 특정하여 구제하기는 사실상 불가능하다. 환경위해 종으로 지정하여 구제해야 한다는 의견도 있으나 가능한 일이 아니라고 본다. 세계 각지에서 외래종의 유입에 의한 수많은 피해 사례에서 보듯이 일단 확산하여 정착한 종의 인위적 구제에 성공한 사례가 없다. 다만 양봉에 피해가 심하니 양봉장에서 등검은말벌을 효과적으로 막는 방법 등과 같은 피해를 줄이기 위한 개별적 연구가 바람직하다고 생각된다. 양봉가에서 말벌을 구제하기 위해서는 이미 다양한 방법을 사용하고 있다. 등검은말벌은 장수말벌과 같은 접착제 끈끈이를 이용한 방법은 효과가 없으며 양봉장에 침입한 말벌을 생포하여 살충제를 묻혀 놓아, 그 등검은말벌이 둥지로 돌아가서 다른 벌에게 살충제를 퍼뜨리게 하는 방법이 그런대로 효과적임을 관찰한 바 있다.

28. 작은 고추가 매워요.

땅벌*Vespula flaviceps flaviceps*

말벌과 Vespidae

| 땅벌 여왕벌.

한국의 땅벌속*Vespula* 곤충

땅벌은 꿀벌, 말벌, 바다리와 함께 야외에서 가장 흔하게 마주치는 벌 중의 하나로 지방에 따라서는 땡삐, 땡피 또는 땡벌이라고도 부른다.

우리나라에 서식하는 땅벌속의 종류는 6종이 있으며 이중 가장 흔한 종이 땅벌*Vl. flaviceps*이다. 이 종은 우리나라와 일본을 포함한 동 아시아에 분포하는데, *V.f. flaviceps* 와 *V.f. lewisii* 두 아종이 있다. *V.f. flaviceps*는 우리나라, 중국, 시베리아, 인도 북부지방까지 분포하며 *V.f. lewisii*는 일본에 분포한다.

1980년대 중반까지 우리나라 곤충학계에서는 한국에 서식하는 가장 흔한 땅벌을 *Vespula vulgaris* 종으로 잘못 알고 있었으나 필자가 1985년 한국 곤충학회 세미나에서 *vulgaris* 종은 우리나라 서식종이 아니며 *Vl. flaviceps flaviceps*를 오인한 것임을 발표하여 바로잡은 바 있다. 이런 오류는 땅벌에만 있는 게 아니다. 곤충은 그 수가 너무나 많고 다양하여 몇 명의 연구자가 이를 결코 다 정리할 수 없다. 수많은 전문학자가 매달려 오랜 기간 연구해야 되는데 우리나라 곤충학자는 그 수가 너무 적어 아직도 제대로 연구에 착수하지도 못한 분야가 많으며, 따라서 오류도 많고 미 기록 종도 수두룩한 실정이라 앞으로 더 많은 연구자가 이 분야의 연구에 매진해야 되리라 생각한다.

땅벌은 이름 그대로 땅속에 집을 지으며 체구는 말벌이나 바다리에 비해 작은 편으로 여왕벌은 15~16mm, 일벌은 10~12mm, 수벌은 12~14mm 정도이다.

땅벌 다음으로 흔한 종류는 한국 특산종인 참땅벌*Vl. koreensis*로 체구는 땅벌보다 약간 커서 여왕벌은 16~18mm, 일벌의 체장은 12~14mm 정도이다. 참땅벌은 우리나라, 만주와 중국 북부 및 시베리아에 걸쳐 분포하는 종인데 일반적인 먹이와 습성 등은 땅벌과 비슷하다. 그러나 집을 짓는 장소 등 영소 습성과 관련된 생태는 전혀 알려진 바가 없다.

땅벌과 참땅벌을 제외한, 땅벌속의 나머지 기생땅벌, 점박이땅벌, 노랑띠땅벌과 흰띠땅벌은 매우 드문 희귀종이다. 이들 중 기생땅벌 *Vespula austriaca*은 다른 땅벌의 둥지에 기생하여 여왕벌을 죽이고 숙주가 되는 봉군의 집과 일벌을 이용하여 자신의 후손을 생산하는 방식의 사회성 기생(social parasitism)을 하는 생태를 가지는데 나중에 따로 설명하고자 한다.

땅벌의 생태

둥지는 땅속에 지으며 대개 볕이 어느 정도 드는 야산 기슭이나 밭둑 등이 선호하는 둥지 터다. 생활사는 말벌과 흡사하여 동면으로 월동한 여왕벌이 봄에 혼자 집을 짓고 알을 낳고 새끼를 길러 6월이면 첫 일벌이 출현하여 비로소 봉군을 형성한다. 봉군은 지속적으로 커져서 가을이면 수백 내지 수천 마리의 일벌이 함께 사는 군집을 이루게 된다. 늦가을에는 일벌 대신 새 여왕벌과 수벌이 생산되며 짝짓기를 한 새 여왕벌만 월동에 들어가고 여왕벌과 수벌 및 일벌은 모두 당년에 삶을 마치게 되는 1년 주기의 생활환을 가진다.

땅벌의 먹이는 말벌이나 바다리와 비슷하다. 성충은 꽃의 꿀이나 나무의 수액 및 유충의 분비물 등을 먹으며 새끼에게는 곤충이나 거미 등을 사냥하여 먹인다. 사냥 등의 외역 중인 땅벌은 사람을 잘 쏘지 않지만 둥지 부근을 건드리거나 자극할 경우 매우 공격적으로 방어에 나서므로 여름철과 가을철에 사람들이 벌에 쏘이는 사고를 당하게 되는 주요 곤충이기도 하다.

영소 습성

동면을 마친 여왕벌은 꽃이나 활엽수의 수액 등을 먹으며 기력을 회복하며 집 지을 장소를 찾게 된다. 좋아하는 영소 장소는 주로 민가 부근의 경작지나 과수원, 울창하지 않은 숲과 같은 곳이다. 필자는 1980년대에 땅벌의 생태 연구차 둥지를 다소 조사한 바 있는데, 조사 된 17개 모두 땅속에 지었으며 그중 야산에 지은 것이 8개, 밭둑에 지은 것이 6개, 산골짜기에 있는 논둑에 지은 것이 3개였다.

처음 둥지를 지을 때는 여왕벌이 스스로 땅속에 굴을 파는 것은 아니며 대개 들쥐가 판 터널이나 나무가 뿌리 채 쓰러지면서 생긴 구멍 등을 이용한다. 나중에 일벌이 생산되고 집이 커짐에 따라 공간이 좁아지면 둥지 아래쪽의 흙을 물어내어 둥지를 지을 공간을 계속하여 확장하게 된다. 따라서 땅벌의 둥지 터를 조사하면 언제나 둥지 아래엔 크고 작은 돌이 가득 쌓여 있게 된다. 일벌이 흙은 물어서 내지만 돌은 무거워 물어서 내지 못하므로 결국 둥지 아래에 돌이 쌓이게 되는 것이다. 여왕벌이 집을 짓기 시작하는 시기는 4월 하순쯤이며 처음에는 집 짓고 알 낳고 또 애벌레 기르는 일까지 여왕벌 혼자서 도맡아 해야 한다. 집 짓는 재료는 말벌과 마찬가지로 나무의 목질부를 침과 섞어 갉아 모은 펄프이며 이를 얇게 펴서 집을 짓는다.

| 땅벌 짝짓기.

첫 일벌은 6월 초~중순에 생산되며 일벌의 수가 늘어나면 외역은 점차 일벌들이 맡게 되고 여왕벌은 둥지 밖으로 나가지 않고 알 낳는 일에만 열중하게 된다. 일벌이 하는 일은 둥지 지을 공간 확장하기, 펄프를 모아 집을 짓기, 새끼에게 먹일 먹이 사냥 및 새끼 기르기, 외적의 침입에 대한 둥지 방어 등이다. 새 여왕벌과 수벌의 생산은 바다리나 말벌에 비해 늦은 10월말부터 11월에 걸쳐 일어난다. 새로 생산된 여왕벌은 나뭇잎 위 등에 앉아 수벌과 짝짓기를 한 후 동면으로 월동하여 다음 해를 기약하게 된다.

땅벌의 천적

땅벌의 천적으로는 각종 새와 거미 곤충 등을 들 수 있으며 둥지를 습격하는 동물로는 너구리, 곰, 오소리 등이 있다. 특히 둥지를 습격하는 포유류는 땅벌의 생존에 치명적인 영향을 미치는데, 포유류 외에 장수말벌도 둥지를 공격하여 일벌을 모두 죽이고 애벌레를 잡아 간다. 그 외 곤충으로는 각종 말벌 종류, 사마귀, 잠자리 종류, 파리매 종류 등을 들 수 있다. 털보말벌, 말벌, 좀말벌, 등검은말벌 등은 활동 중인 땅벌을 낚아채서 잡기도 하며 꽃이나 수액 터 등에서 먹이 활동 중인 땅벌을 사냥하기도 한다. 사마귀는 풀이나 꽃 근방에서 매복해 있다가 꽃을 찾는 각종 곤충을 기습적으로 앞다리로 낚아채어 산 채로 잡아먹는다.

일본에서는 야생화된 북미 산 라쿤(raccoon)이 둥지를 습격하여 새끼를 잡아먹으므로 땅벌의 개체수가 급감하고 있다고 한다(Ikeda et al., 2004).

땅벌과 사람과의 관계

땅벌은 해충을 잡아먹고 또 식물의 수분을 도와주어 사람에게 적지 않은 이익을 주지만 때로 사람을 쏘아 피해를 입히기도 한다. 경작지 부근이나 사람의 거주지 부근에 땅벌집이 있어 이를 구제해야 할 경우도 있다. 땅벌의 구제에는 여러 종류의 살충제가 효과 있지만 특히 즉효성인 피레쓰로이드 계 살충제가 많이 이용된다. 이 살충제는 땅벌에 특히 강력하여 둥지에 살포될 경우 사람을 쏘기 전에 무력화될 수 있다. 그러나 이 역시 외역에서 돌아오는 땅벌을 상대해야 하므로 방호복을 입고 사용하지 않으면 위험하다.

땅벌에 의한 벌 쏘임 사고

땅벌은 경작지 부근, 야산, 과수원 등 사람의 활동 영역 내에 집을 짓지만 집은 땅속에 있어 눈에 쉽게 띄지 않는다. 그러다 보니 소풍 등 야외

활동이나 농사일 또는 무덤의 벌초 작업 도중에 잘못 건드려 벌에 쏘이는 사고가 흔히 일어난다. 땅벌은 벌은 작지만 독성은 꿀벌이나 바다리보다 강한 편인 데다 무리의 수가 많으므로 잘못 둥지를 건드리면 집단의 공격을 받게 되어 자칫 위험에 빠질 수도 있다. 우리 속언에 겁도 없이 그리고 무모하게 마구 덤빌 때 흔히 '땡피처럼 달려든다'고 하는데 이는 땅벌의 맹렬한 공격성을 빗대어 하는 말이다. 우리나라에서는 땅벌의 세력이 왕성한 늦여름부터 가을 사이에 벌초 등의 야외활동이 많은 편이므로 땅벌에 쏘이는 사고가 빈번하며 말벌 못지않게 사람에게 많은 피해를 입힌다. 이를 방지하려면 작업 전에 주위를 잘 살펴서 벌집이 있는지 잘 살피고 작업에 들어가는 것이 중요하며 벌에 쏘이면 즉각 병원에 가서 적절한 치료를 받는 게 안전하다. 특히 호흡 곤란이나 현기증 등의 증상이 나타나면 아주 위험하므로 촌각을 다투어 병원으로 후송하여 치료를 받아야 한다.

식용 및 약용으로의 땅벌

말벌의 둥지와 함께 땅벌 둥지도 그 속의 애벌레와 함께 노봉방이라 하여 약용으로 이용한다. 또 땅벌은 식용으로도 이용되는데 일본, 동남아 각국에서는 둥지 속의 애벌레와 번데기를 채취해 조리하여 먹는다. 벌의 유충과 번데기는 모두 단백질 급원으로서 그 가치가 높은데 삶거나 튀겨 먹으면 맛도 좋고 영양도 풍부한 고급 식품이 된다. 일본의 나가노현 등에서는 늦여름부터 가을에 걸쳐 야생 땅벌의 집을 채취하여 그 속의 유충과 번데기를 통조림으로 만들어 시판하기도 한다. 심지어 영소 초기의 어린 땅벌 집을 채취하여 인공적인 환경에서 보호하여 잘 자라게 한 후 애벌레가 많이 생산되면 이를 채취하여 이용하기도 한다. 우리나라에서도 땅벌 집을 채취하여 이용한다. 식용으로보다는 약용으로 많이 이용하며 대개 애벌레가 들어 있는 그대로 벌집을 술에 담가 복용하거나 쪄서 말려 두었다가 탕제로 쓴다.

해충을 잡아먹어 농사에 도움을 주기도 하는 땅벌

일반인들은 땅벌이 사람을 쏘아 피해를 입히는 해충으로 간주하지만 곤충학자들은 유해 곤충으로보다는 유익한 곤충으로 보는 시각이 우세하다(Akre & Davis, 1978). 땅벌은 애벌레의 먹이로 파리, 등에 등 다양한 곤충을 사냥하며 또 농경지에서 작물에 피해를 입히는 나비목 유충과 같은 해충도 많이 포식한다. 일본에서는 녹차 생산지로 유명한 시즈오까 현에서 차 재배 농민들이 땅벌이 차나무의 주요 해충인 차잎말이벌레 등의 유충을 포식하는 것에 주목하였다. 이에 지방 현청과 농협 등이 중심이 되어 1981년 이래로 식용을 위한 땅벌 집 채취를 금지하는 운동을 벌이는 한편, 해충의 천적으로서 땅벌 연구에도 힘을 쏟고 있다고 한다(池田, 小泊, 1982). 또 아일랜드에서는 땅벌 집 입구에서 관찰한 결과 한 시간 동안에 227마리의 파리가 사냥되어 둥지로 운반됨을 보고한 바 있다(Watson, 1922). 이와 같은 연구 결과는 땅벌이 사람을 쏘아 피해를 입히기도 하지만 위생 해충과 농작물 해충 구제에 큰 기여를 한다는 것을 보여 주는 것이다.

땅벌은 또한 개구리, 뱀, 각종 포유류의 사체에서 살점을 물어 가기도 하므로 청소부 역할도 한다.

29. 일기당천으로 적진에 침투하여 무리를 복속시키는

기생땅벌*Vespula austriaca*

말벌과 Vespidae

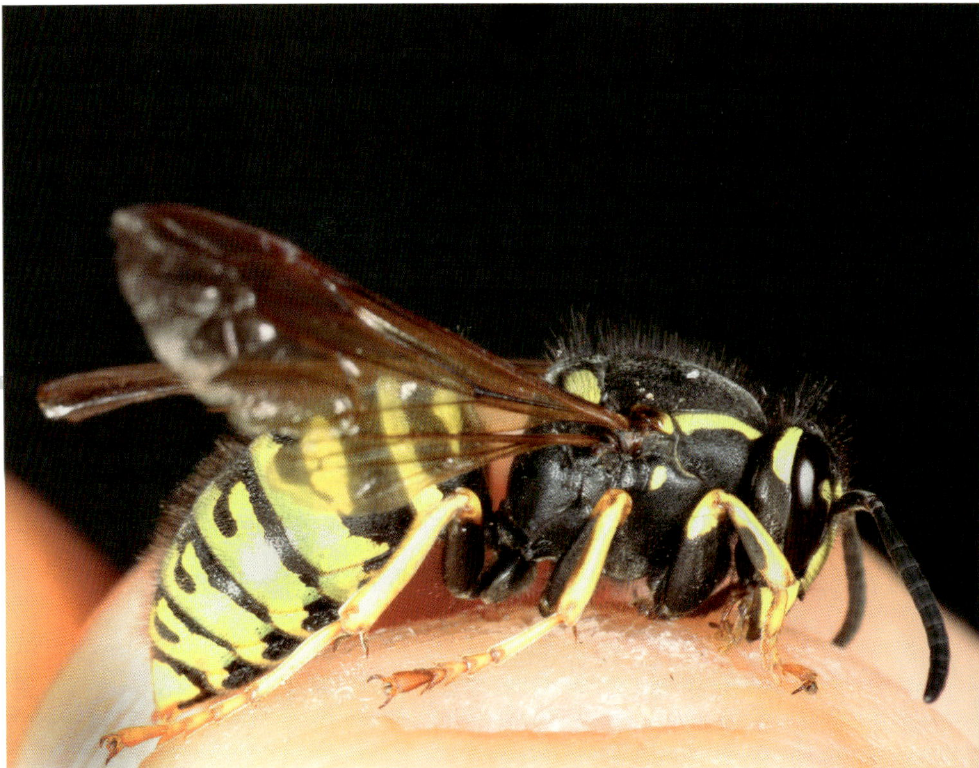

| 기생땅벌 여왕벌.

기생이란 말은 중학교 때 생물 시간에 배운 적이 있을 것이다. 다른 생물에 얹혀살며 영양을 얻는 게 기생의 가장 일반적인 형식이다. 물론 기생당하는 생물은 피해를 입게 마련이다. 현재 우리나라 사람들의 기생충 감염률은 매우 낮아 옛날 얘기가 됐지만 60~70년대만 해도 회충, 편충, 요충, 십이지장충 등 각종 기생충 감염에 시달리며 그렇잖아도 영양부족인 상태에서 이들 기생충에게 적지 않은 영양분까지 뺏기며 고통을 받았다. 그런데 이 기생도 알고 보면 그 기생 방식이 꽤나 다양하다. 회충처럼 몸 안에 기생하는 체내기생뿐 아니라 벼룩이나 이처럼 몸에 붙어서 기생하는 체외기생도 있다. 이런 전형적인 기생과는 좀 색다른 기생도 있는데, 이는 마치 식민지를 경영하는 것처럼 다른 집단을 점령하여 노예처럼 부리며 자기 종족을 보존하고 번식을 도모하는 기생이다. 이런 기생을 노동기생이라고 한다. 이름 그대로 노동력을 착취하는 것이다. 지금 알아보고자 하는 기생땅벌은 바로 이런 노동기생을 하는 종으로 다른 땅벌의 둥지를 점령하여 자신의 새끼를 기르게 한다.

기생땅벌은 계통학적으로는 유럽산의 불가리스땅벌*Vespula vulgaris*과 흡사하며 자매종으로 생각되고 있지만 생태는 판이하여 절대적 기생을 한다. 절대적 기생은 자신이 직접 둥지를 만들지 않으며 다른 종의 둥지를 뺏어 이용한다. 여왕벌은 죽이고 숙주의 일벌은 자신의 노예로 삼아 자신의 새 여왕벌과 수벌을 생산하는 방식의 노동기생이다. 우리나라와 일본 및 유럽에서는 노랑띠땅벌*Vl. rufa*이 주요 숙주가 되며 북미에서는 북미산 땅벌인 아카디카땅벌*Vl. acadica*을 숙주로 삼는다. 청벌과 같은 도둑기생을 하는 기생벌이 숙주 몰래 잠입하여 알을 낳거나 하는 것과 달리 노동기생을 하는 종은 침입과 점거 시 매우 공격적인 행동으로 상대를 제압하는 점이 특이하다. 이들은 숙주와 싸울 때 유리하도록 몸의 구조가 적응 진화했다. 기생땅벌은 숙주의 둥지로 들어가서 숙주 여왕벌을 죽이고 둥지를 자기 것으로 만든다. 그런 후 숙주의 둥지에 자신의 알을 낳고는 숙주 일벌에게 자신의 새끼를 기르도록 만든다(Reed et al., 1979). 기생땅벌을 영어로 cuckoo yellowjacket이라 부르는데 뻐꾸기처럼 둥지를 짓지 않고 남의 둥지를 이용하여 기생하기 때문에 붙은 이름이다. 그러나 뻐꾸기는 숙주가 되는 어미새를 공격하거나 죽이지는 않고 알만 낳아 맡기며 부화한 뻐꾸기 새끼가 숙주의 새끼를 죽이지만, 기생땅벌은 숙주 여왕벌을 죽이고 둥지를 직접 차지한다. 이런 점에서는 뻐꾸기의 탁란 기생과 차이가 있다. 기생땅벌은 우리나라에 서식하지만 매우 희귀하여 쉽게 볼 수 있는 종은 아니다.

몸의 구조와 특징

숙주와 싸움에 유리하도록 특이한 형태적 적응을 하였는데 숙주에 비해 머리의 너비가 넓고 양 눈 사이의 간격 또한 넓다. 머리의 폭이 넓다는 것은 큰턱을 움직이는 근육 또한 더 크고 강하여 숙주보다 더 강력한 공격 무기를 가지는 결과가 된다. 큰턱의 이빨이 보다 날카로운 것도 이들의 특징이다. 또 독침이 더 길고 심하게 구부러져 있는데 이렇게 굽은 독침은 둥지를 방어하는 숙주 여왕벌이나 일벌을 움켜쥐고 마디 사이의 취약 부위를 찌르는 데에 좋은 공격 무기가 된다.

군집 주기

스스로 둥지를 짓지 않고 남의 둥지를 뺏어 기생하므로 기생땅벌은 숙주 여왕벌보다 더 오랜 기간 동면하며 숙주의 둥지가 시작된 후에야 동면에서 나오게 된다. 미국에서 조사된 바로는 기생땅벌은 숙주 여왕벌보다 대개 3~4주 늦은 시기에 활동을 시작하는 것으로 나타났다(Reed and Akre, 1983). 자신의 일벌도 생산하지 않고 숙주 일벌에게 자신의 새끼를 기르게 하므로 이들의 군집 주기는 매우 짧아 대개 6~7월에 시작하여 8월 내지 9월 중순에 끝난다(Edwards, 1980). 반면에 기생하지 않는 다른 땅벌은 4~5월에서 11월까지 군집이 지속되므로 훨씬 길다. 숙주가 애써 이룬 둥지를 뺏어 자신의 후세를 기르므로 부지런할 것도 없고 서두를 필요도 없는 셈이다.

침입

기생땅벌의 기생은 땅속 둥지에서 일어나기 때문에 상세한 과정을 밝혀내기가 쉽지 않다. 곤충학자들은 야생에서 기생땅벌의 숙주가 되는 아카디카땅벌 등을 찾은 후, 둥지째 파내어 유리로 된 상자에 담았다. 이후 대형 케이지 내에서 먹이와 물, 집 짓는 데 필요한 재료 등을 공급하며 관찰하였다. 동시에 야외에서 채집한 기생땅벌의 암컷을 케이지 내에 넣어 주어 침입하는 방법과 이에 대처하는 방법 등을 관찰하였다. 이런 방법으로 곤충학자들은 기생땅벌의 생태를 어느 정도 밝혀낼 수 있었다.

기생땅벌이 숙주 둥지에 침입하는 시기는 '여왕벌 단독 시기', 여왕벌 및 여왕벌이 기른 일벌이 함께 있는 '여왕벌 양육 일벌 시기' 및 보다 늦은 시기인 일벌이 기른 일벌들이 출현한 후인 '일벌 양육 일벌 시기'로 나누어 볼 수 있다(Reed and Akre, 1983).

여왕벌 단독 시기

여왕벌 단독으로 존재하는 둥지에 침입한 기생땅벌은 숙주 여왕벌을 공격하지만 대부분 숙주 여왕벌의 완강한 저항에 부딪혀 둥지 탈취에 성공하지 못하는 것으로 나타났다. 비록 실험적인 상황에서 관찰한 것이지만 숙주 여왕의 95%가 둥지 방어에 성공하는 것으로 나타나서 남의 둥지를 뺏어 자기 것으로 만드는 것이 결코 만만치 않은 일임을 보여 준다.

여왕벌 양육 일벌 시기

여왕벌 양육 일벌이라 함은 영소 초기에 여왕벌 혼자서 키워 내는 일벌을 말한다. 이때는 아직 군집의 규모가 작고 여왕벌은 둥지 방어 등의 일을 일벌에게 의존하지만 이 시기의 일벌은 체구도 작고 방어에 소극적이어서 방어력이 취약한 시기로 기생땅벌로서는 침입하기에 가장 좋은 시기가 된다.

기생땅벌이 여왕벌 양육 일벌 단계의 숙주 군집에 침입할 때는 매우 거칠게 침입하며 즉각적으로 여왕벌을 죽이거나 둥지 밖으로 몰아내려고 한다. 이 과정에서 여왕벌과 침입자 간의 싸움이 일어나게 된다. 기생벌은 여왕벌의 머리, 가슴, 복부 등을 독침으로 찔러 마비시키려 하며 이게 성공하면 기생이 이루어지게 된다. 기생땅벌의 독침은 매우 중요한 무기로 독침 장치는 독침, 듀퍼샘(Dufour's gland), 독샘으로 구성된다.

기생땅벌의 독을 펜실바니카땅벌*Vl. pensylvanica*의 일벌에게 주입했을 때 치사량(LD50)은 20 내지 30 mg/kg이었다. 같은 땅벌의 여왕벌은 일벌보다 저항성이 강하여 두 배 이상의 독액이 주입되어야 사망하게 된다(LD50=81 mg/kg). 이 시기에는 숙주 여왕벌이 여왕 단독기에 비해서는 방어에 소극적이긴 하지만 항상 침입자가 이기는 것은 아니고 기생벌이 패퇴하기도 한다. 하지만 여왕 단독 시기보다는 침입 성공률이 높다(Reed and Akre, 1983). 이는 일벌이 출현하면 방어력이 더 강해질 것이라는 일반의 추측을 넘는 것으로, 오히려 책임감의 분산으로 방어력이 더 약해진다는 사실이 매우 흥미롭다.

일벌 양육 일벌 출현 후 시기의 침입

여왕이 기른 일벌만 있는 경우에 비해 일벌이 기른 일벌이 있는 단계에서는 일벌들은 숫자도 많고 방어에 훨씬 더 적극적이 된다. 침입자인 기생벌도 훨씬 공격적이며 큰턱과 독침을 사용하여 적극적으로 공격한다. 그러나 의외로 숙주 여왕벌은 자신의 주요 무기인 큰턱으로 공격하지 않는다. 그러나 숙주 일벌들은 큰턱으로 공격하여 대조적인 모습을 보인다(Reed and Akre, 1983). 이 시기는 일벌의 수가 많고 방어에 보다 적극적이므로 기생땅벌의 약탈 성공률은 여왕벌 양육 일벌만 있는 군집에 비해 훨씬 낮아지는 것으로 보인다. 그러나 이런 기생은 그 빈도가 낮아 탐지가 쉽지 않은 데다 땅굴 안의 둥지에서 일어나는 일이라 이러한 공격과 방어의 성공 빈도 등은 사실상 연구하기가 극히 어렵다. 그러므로 실제로 약탈에 성공하는 비율이 어느 정도인지는 여전히 수수께끼 속에 있다.

침입 후 기생벌과 일벌 간 관계

일단 숙주 둥지의 약탈에 성공하면 기생땅벌은 둥지의 지배권을 가지며 육아방의 조사와 순찰을 하게 된다. 이때 숙주 일벌들은 흔히 군집 내에서 하던 자신의 의무를 제대로 행하지 않는 태업을 하기도 한다. 기생벌은 저항하는 일벌들을 침으로 쏘아 죽이기도 하며 괴롭히고 쫓아 다니곤 한다. 일부 일벌은 적극적으로 기생땅벌과 싸우기도 하지만 대부분의 일벌은 이러한 기생땅벌의 공격에 대해 회피적이며 적극적인 방어에 나서지 않는다. 아마도 숙주 군집의 나이 든 일벌들은 죽이지만, 보다 젊은 일벌들은 내버려 두어 애벌레를 양육하게 하는 것으로 보인다. 결국 기생땅벌은 젊은 일벌들에 대해 우월성을 확보하게 된다. 기생벌은 숙주 일벌에 대해 우월성을 확보, 유지하는 과정에서 일벌을 괴롭히는 행동을 하는데, 다리로 일벌을 붙들고 등을 물곤 한다. 또한 일벌을 따라다니며 괴롭혀 영양교환을 유도하기도 한다. 불행히도 일벌은 이러한 학대에 무방비로 당한다. 기생땅벌은 외역을 하지도 않고 육아나 둥지 방어도 하지 않는다. 반면 숙주 일벌들은 둥지 안의 모든 일과 먹이를 구해 새끼를 양육하는 등의 일을 도맡아 한다(Reed and Akre, 1983). 자신의 동족도 아니고 어미를 죽인 원수의 새끼를 기르는 데 내몰리는 가엾은 노예 신세가 되는 것이다.

숙주 일벌에 대한 생식 억제

기생땅벌은 숙주 일벌의 생식을 강력하게 억제한다. 기생땅벌이 침략하여 점거한 아카디카땅벌 둥지에서는 일벌에 의한 산란이 발견되지 않는 것으로 알려져 있다. 만약 일벌이 산란하게 되면 다른 일벌의 격렬한 공격이 있게 된다. 또한 기생땅벌이 수시로 육아방을 점검하고 조사하여 혹시나 일벌이 산란하는지 감시하기도 한다. 기생땅벌은 흔히 복부를 끌며 다니는데 이는 듀퍼샘(Dufour's gland)에서 분비되는 화학물질을 살포하여 아마도 일벌의 산란을 억제하기 위한 것으로 보인다(Reed and Akre, 1983).

먹이

일반적으로 말벌과 땅벌의 여왕벌은 자신의 영양을 유충의 분비물에서 얻지만 기생땅벌은 주로 숙주 일벌에게서 영양교환으로 영양을 얻는다. 유충에게 영양을 얻는 경우도 있지만 그 빈도는 매우 낮은 편이다. 기생땅벌은 일벌에게서 영양을 얻기 위해 위력을 행사하기도 한다. 위력행사는 기생벌이 다리를 이용하여 숙주 일벌을 붙들고 압박하거나 일벌을 강하게 벌집의 육아방 쪽으로 밀어붙이는 방법을 쓴다. 이런 방법을 쓰면 일벌이 먹이를 토해내어 기생벌에게 제공하게 되는 것이다. 그러나 침입 초기에는 이런 방법을 자주 쓰지만 나중에는 위력의 빈도와 강도가 약해진다(Reed and Akre, 1983). 기생땅벌 유충은 비기생땅벌 유충과 마찬가지로 숙주 일벌들이 사냥해 온 거미나 곤충과 같은 동물성 먹이를 먹고 자라게 된다.

30. 지상에 집을 짓는 희귀한 땅벌

중땅벌*Dolichovespula media*

말벌과 Vespidae

| 중땅벌속의 구암중땅벌이 집 지을 재료로 밧줄을 물어 뜯고 있다.

중땅벌속은 말벌과Vespidae에 속하는 벌로 전 세계에 걸쳐 18종밖에 없는 소규모 속이다(Archer, 2006). 이 속의 종은 모두 군집을 이루고 사회생활을 하는데 우리나라에는 중땅벌*Dolichovespula media media*, 구암중땅벌*Dolichovespula kuami*, 삼지연중땅벌*Dolichovespula pacifica* 등 세 종류가 분포한다. 이 중 삼지연중땅벌은 1980년대에 필자가 학문적으로 교류하던 헝가리 과학자에게서 북한의 삼지연 지방에서 채집된 표본을 확보하여 동정한 것을 근거로 기록, 명명한 것이다. 지금까지 남한 지역에서는 채집된 바가 없어 북한에만 서식하는 것으로 보인다. 중땅벌속의 곤충 3종은 모두 흔히 발견되지 않는 희귀종에 속한다. 1980년대 이전은 말할 것도 없고 지금까지도 곳곳의 곤충상 등을 조사한 연구보고서를 보면 우리나라 곳곳에 중땅벌이 흔하게 서식하는 것으로 나타나는데 이는 대부분 땅벌*Vl. flaviceps flaviceps*의 여왕벌을 중땅벌로 오인한 것이다. 이와 같은 오류는 땅벌의 여왕벌이 일벌보다는 체구가 월등히 크며, 또 무늬도 판이하게 다르다는 것을 잘 모르는 데서 온 것으로 전문학자들에게도 곤충을 정확히 동정하고 분류하는 것이 쉽지 않음을 보여 주는 예이기도 하다.

중땅벌은 온대 아시아와 유럽에 걸쳐 분포하는 사회성 벌이다. 일벌의 몸길이가 16~22mm에 달할 정도로 체구가 크며 얼핏 땅벌의 여왕벌과 비슷한 모습이다. 가까운 사이인 땅벌이 땅속에 집을 짓는 데 반해 중땅벌은 이름과 달리 땅속에 짓지 않고 대개 지상에서 1~5m 정도의 그리 높지 않은 개방된 공간에 집을 지으며, 좋아하는 집 짓는 장소는 나뭇가지, 건물의 처마 아래, 가옥의 창틀 등이다(Roberts and Alan. 2014).

군집 주기

동면으로 월동한 여왕벌은 5월에 혼자서 새 둥지를 짓기 시작하며 6월에 일벌이 생산된다. 일벌이 생산되면 먹이 구해 오기, 집 짓는 재료 구하기와 집 짓기 등의 노역은 주로 일벌이 담당하게 되고 여왕벌은 알 낳는 일에 열중한다. 대개 8월 초쯤이면 새 여왕벌이 나타나며 8월말이면 군집 내의 벌들이 사라지고 군집은 붕괴된다(Archer, 2006). 군집은 5월부터 8월까지 3개월 남짓 존속하므로 가까운 친척인 땅벌보다 주기가 훨씬 짧다.

둥지 구조와 육아

집 짓는 재료는 땅벌과 마찬가지로 죽은 나무의 목질부를 갉아 모은 펄프를 사용한다. 둥지의 크기는 높이가 10~30cm에 너비가 12~23cm 정도로 땅벌보다는 소형이며 외피가 소반을 둘러싼 형태로 땅벌 집과 비슷한 구조를 가진다. 출입구는 아래쪽에 위치한다. 아직 여왕벌만 있는 초기 둥지는 둥지 아래쪽의 출입구가 길쭉한 대롱 형태로 되어 있어 외적 방어및 온도와 습도 유지 등에 유리한 구조를 하고 있다.

초기 둥지에서 여왕벌은 흔히 컬링(curling)이라는 행동 양식을 보인다. 컬링은 말벌과Vespidae 곤충에서만 볼 수 있는 독특한 행동으로 여왕벌이 둥지의 중앙 꼭지(pedicel) 주변에서 몸을 둥글게 만 상태로 휴식하는 것으로 중앙꼭지 바로 아래는 알과 애벌레가 자라는 소반이 있으므로 이런 행동은 어린 알과 애벌레의 온도를 높여 성장에 도움을 주는 것으로 보인다. 곤충은 알과 애벌레의 발육 온도가 가변적이지만 온도가 높을 때 성장 속도가 빠르며 성충으로 자라는 데 걸리는 소요 기간도 단축된다. 털보말벌을 대상으로 연구한 결과에 의하면 컬링에 의해 부근의 온도는 약 2.5~4℃ 증가한다고 하니(Sakagami, 1984) 그 효과가 적지 않다고 할 수 있겠다.

외역과 방어

첫 일벌이 나올 때까지는 여왕벌이 집 짓기, 먹이 구해 오기 등의 모든 일을 도맡아 한다. 7℃ 정도의 낮은 기온에도 활동이 가능하며 먹이 활동은 낮에만 일어난다. 여왕벌 혼자 지내는 기간은 약 한 달간 지속되며 일벌이 생산되면 대부분의 일은 일벌이 맡게 된다. 우화한 일벌은 처음에는 둥지 내에서 새끼 양육, 집 짓기 등의 일을 하며 닷새쯤 되면 먹이 구하기와 집 지을 재료를 구하는 외역에 동참하게 된다. 먹이 구하기와 집 지을 재료를 구하는 외역은 대부분 둥지에서 반경 200m 이내에서 이루어지며 시간은 수분에서 수십 분이 소요되기도 하지만 대개 10분 이내이다(Makino, 1985).

중땅벌은 땅벌보다 공격성이 약하며 벌집 부근을 건드리거나 자극하지 않으면 사람을 쏘는 일은 드물다. 특히 여왕벌 혼자 있는 초기 둥지에서는 둥지를 건드려도 공격적인 반응을 하지 않으며 경계만 하는 경우가 대부분이다. 그러나 일벌이 다수 존재하는 조건에서는 둥지를 건드리면 합심하여 방어에 나서며 독침을 사용한다(Sakagami, 1984).

성결정과 가족 간의 유전자 공유 정도

다른 모든 벌목 곤충과 마찬가지로 암벌은 이배체인 수정란에서, 그리고 수벌은 수정되지 않은 반수체 알에서 발생한다. 이런 형태의 성결정을 반수~배수체성 성결정이라 한다. 그 결과 수벌끼리는 평균적으로 유전자의 50%를 공유하며 암벌끼리는 75%의 유전자를 공유한다. 여왕벌은 자식인 수벌과 암벌 구별 없이 똑같이 50%씩 유전자를 공유한다.

중땅벌의 여왕벌은 대부분 한 번만 짝짓기를 하므로 수정란은 모두 동일한 수벌의 정자로 수정된다. 또 군집 당 1마리의 여왕벌이 있으므로 군집 내 일벌 간의 유연관계는 매우 높아지게 된다. 10개 군집에서 20마리씩 일벌을 채집하여 부수체 DNA 좌위 (DNA microsatellite loci)를 분석하여 유연관계를 측정한 연구에서 군집 내 일벌 간에는 71%의 유연관계가 있었다(Foster, 2001). 이는 예상되는 값인 75%보다는 낮지만 일반적인 생물에서 자매간의 유전적 유연성 평균값인 50%보다는 훨씬 높아 실제로 일벌 간에 높은 유연성을 보이는 것을 알 수 있다. 예상되는 75%보다 낮은 71%의 유연관계가 나온 이유는 그 값이 확률적 값이기 때문에 표본이 적을 때 나타나는 오차이며 이 정도 오차는 일반적으로 일어나는 현상이다. 예를 들어 신혼 부부 열 쌍이 모두 두 명씩의 자녀를 낳는다고 할 때 아들과 딸을 모두 1명씩 낳을 확률은 50%로 이 중 5쌍이 아들과 딸을 1명씩 가지는 것으로 나오지만 실제 그 결과는 이와는 다르게 나올 수 있는 것과 마찬가지다. 그러나 이 표본을 아주 크게 확대하여 100쌍이나 1,000쌍으로 표본을 확대하면 결국 통계에서 예상된 값과 거의 일치하게 될 것이다. 같은 조사에서 수벌 간 DNA조사를 하여 수벌이 일벌의 후손인지 여왕벌의 후손인지 확인하였는데 그 결과 명확히 일벌이 낳은 수벌이 나타났다. 산란한 일벌이 4마리나 있었지만 일벌이 생산한 수벌의 비율은 높지 않았는데 이는 다른 일벌과 여왕벌이 순찰을 하며 일벌이 낳은 알을 제거하기 때문으로 확인되었다(Foster, 2001). 군집 내 일벌들 간의 이와 같은 높은 유연관계는 이들이 자기 자신의 번식을 희생하고 군집을 위해 봉사하는 사회생활을 하는 유전적 근거가 된다.

사람과의 관계

중땅벌은 공격성이 약하므로 사람에게 거의 피해를 입히지 않는다. 둥지 주변을 슬쩍 건드려도 경계만 하는 경우가 많으며 사람을 잘 쏘지 않는다. 우리나라에서는 희귀종이므로 사람들이 마주칠 일이 거의 없어 사실상 사람에게 피해를 입히는 일은 없다. 이들은 해충을 잡아먹고 꿀을 찾으면서 식물의 수분을 도와주므로 사람에게 유익한 곤충이다.

31. 왕바다리 사촌 격

등검정쌍살벌*Polistes yokohamae*

말벌과 Vespidae

| 등검정쌍살벌 초기 집과 여왕벌.

쌍살벌의 생태를 각 종별로 알아보기 전에 쌍살발속 전체의 생태를 먼저 간단히 알아보자. 쌍살벌 종류는 서로 비슷한 생활사를 가지므로 일반적인 성질을 모두 따로따로 설명하기보다는 함께 설명한 후 서로 다른 구체적 부분 위주로 각 종에서 설명하고자 한다.

쌍살벌속

쌍살벌의 생활사

쌍살벌은 말벌과의 쌍살벌속 및 뱀허물쌍살벌속 곤충을 일컫는 명칭이며 흔히 바다리라는 이름으로 불리고 있다. 바다리란 말은 아마도 이 벌이 비행할 때 다리를 펼치고 나는 것을 보고 '벋은 다리'에서 기원된 이름이 아닌가 한다.

월동한 여왕벌은 봄이 되면 동면에서 깨어나 혼자 집 짓기와 산란 및 새끼 기르기까지 도맡아 한다. 늦봄에서 초여름쯤이면 일벌이 생산되기 시작하여 비로소 봉군을 형성한다. 여름동안 지속적으로 일벌이 생산되어 봉군이 팽창하며 8월 초,중순부터 8월말까지는 일벌 대신 새 여왕벌과 수벌이 생산된다. 9월쯤이면 새 여왕벌과 수벌은 점차 벌집을 떠나게 되고, 또 일벌들은 수명을 다하여 차츰 사라지게 되어 벌집은 쇠퇴기에 접어들며 늦가을이 되기 전에 결국 빈집만 남게 된다. 한 편 둥지를 떠난 새 여왕벌은 수벌과 교미 후 단독으로 또는 몇 마리씩 모여 월동에 들어가며 새 여왕벌을 제외한 수벌과 일벌 등 나머지 벌들은 모두 겨울을 넘기지 못하고 죽게 된다. 쌍살벌 봉군은 이렇게 한해살이로 끝이 나며 이듬해에는 월동한 새 여왕벌이 다시 새로운 장소에 새 벌집을

| 월동 중인 등검정쌍살벌 여왕벌 무리.

지어 봉군을 일으키게 된다.

쌍살벌속의 집 짓는 습성

쌍살벌의 집 짓는 재료는 펄프로 나무 기둥이나 고사목 등에서 약간 썩기 시작하는 부분이며, 이를 큰턱으로 갉아내어 침과 함께 섞어 콩알 모양으로 뭉쳐 와서 얇게 펴서 집을 짓는다.

영어로 쌍살벌을 paper wasp라 부르는데 바로 쌍살벌의 집 짓는 재료가 펄프이고 집이 종이인 데서 붙은 이름이다. 말벌과 곤충 중 말벌 및 땅벌 종류는 육아방이 있는 소반이 여러 층으로 구성되며 소반을 외피가 둘러싸고 있는 구조인 데 반해 쌍살벌 집은 소반이 단층이며 외피가 없다. 외피가 없으므로 육아방이 외부 환경에 그대로 노출되어 기후 변화에 취약하며 기생 곤충이나 외적의 침입에 대해서도 상대적으로 방어하기 취약한 구조이다.

쌍살벌속의 먹이

쌍살벌 성충은 꽃의 꿀이나 나무 수액, 잘 익은 과일 즙액 등 식물성 탄수화물 위주의 먹이를 먹지만 애벌레는 육식을 하며 대개 곤충의 애벌레를 사냥하여 먹인다. 말벌이 종에 따라 특정한 먹이 자원을 선호하며 주로 성충을 사냥하는 것에 비해, 쌍살벌 종류는 그와 같은 종 특이적인 포식 현상을 보이지 않으며, 성충보다는 유충을 주로 사냥하고 특히 나비목 유충을 선호한다.

쌍살벌의 천적

먹이를 구하거나 집 짓는 재료를 구하러 외역 활동을 하는 쌍살벌 성충을 포식하는 천적으로는 우선 새를 들 수 있다. 벌은 독침으로 무장하고 있지만 새들은 날카로운 부리로 벌을 쪼아 잡을 수 있으므로 새의 포식에서 안전할 수 없다. 곤충 중에서도 쌍살벌을 잡아먹는 종류가 많다. 쌍살벌 자신이 노련한 사냥꾼이지만 뛰는 놈 위에 나는 놈이 있게 마련이다. 쌍살벌을 사냥하는 곤충으로는 각종 말벌 종류, 왕잠자리, 사마귀, 파리매 종류 등을 들 수 있다. 말벌은 비행 중인 쌍살벌을 낚아채서 잡기도 하며 꽃을 찾는 쌍살벌이나 수액 터를 찾는 쌍살벌을 사냥하기도 한다. 사마귀는 벌이 잘 찾는 꽃 주변에 가만히 매복해 있다가 벌이 꽃을 찾으면 갑자기 앞다리를 휘둘러 낚아챈다. 사마귀의 앞다리에는 날카로운 가시가 여럿 있어 이 앞다리에 걸리면 꼼짝없이 당하고 만다. 장수잠자리와 밀잠자리 같은 힘이 센 잠자리 종류는 비행하면서 쌍살벌을 포획할 수 있다.

쌍살벌 둥지를 습격하여 새끼를 주로 사냥하는 천적도 있는데 대표적인 곤충은 말벌 종류이다. 말벌 중 장수말벌과 꼬마장수말벌이 쌍살벌 둥지를 잘 습격하며 특히 꼬마장수말벌은 전적으로 쌍살벌 새끼만 사냥하는 특이성을 보인다. 쌍살벌은 포유류나 조류 등이 둥지를 건드리면 집단으로 방어를 하지만 말벌이 침입하면 둥지 뒤로 숨는 등, 저항하지 못하고 속수무책으로 둥지 속의 새끼들을 약탈당한다. 그 외 여러 종류의 개미가 둥지에 침입하여 잡아먹을 수 있다. 쌍살벌 성충은 개미의 침입을 막기 위해 복부에서 분비되는 화학물질을 벌집의 진입 통로가 되는 꼭지와 그 주변에 수시로 발라 둔다. 이 화학물질은 개미의 침입을 막는 데 특효가 있어 성충이 이런 방어물질을 발라 두는 한 개미는 쌍살벌 둥지에 결코 접근하지 않지만 그 효과가 영구적인 것은 아니고 성분이 사라지기 전에 다시 발라야 한다. 만약 어미 벌이 오랜 시간 벌집을 비울 경우 방어물질이 사라져 개미의 침입이 일어날 수 있게 된다. 또 곤충 외에 오소리, 너구리, 두더지 등이 둥지를 공격하는 것으로 알려져 있다.

등검정쌍살벌

등검정쌍살벌*Polistes yokohamae*의 집 짓는 장소와 습성

등검정쌍살벌은 체장 21~16mm 정도로 왕바다리와 비슷한 체구에 무늬 또한 흡사하여 혼동이 많이 되지만 전신 복절이 온통 검정색이며 노란색 가로무늬가 없는 점에서 구별된다. 등검정쌍살벌이란 이름도 여기서 유래되었다.

| 등검정쌍살벌 여왕벌과 막 우화한 일벌.

벌집을 짓는 장소로는 돌담 틈새나 건물 처마 아래 및 나뭇가지 등을 좋아한다. 특히 강변에 제방을 축조하면서 쌓아 둔 돌망태 아래에 집을 잘 짓는 특성이 있다. 깊은 산지에서는 보기 어렵고 대개 민가나 민가 인근에서 발견되는데 경작지에서 많이 발생하는 나비목 유충을 주된 먹이로 삼기 때문이 아닌가 한다.

등검정쌍살벌의 봉군 발달과 붕괴

우리나라 남부지방을 기준으로 여왕벌은 대개 4월 하순쯤에 집을 짓기 시작한다. 6월 상순 내지 중순쯤에 첫 일벌이 생산되며 그 후 8월 중순 무렵까지 일벌 생산은 지속된다. 새 여왕벌과 수벌은 8월 중순에서 하순부터 생산되기 시작하여 9월 중순까지 지속된다. 일벌과 생식봉을 합한 전체 봉군은 9월 하순쯤에 절정에 달하며 그 수는 30~ 80마리가 일반적이지만 봉군에 따라 편차가 매우 심한 편이다. 9월말에서 10월 초가 되면 대부분의 새 여왕벌은 짝짓기를 마치고 동면할 장소를 찾아 벌집을 떠나게 되며 봉군은 와해된다. 등검정쌍살벌의 월동 장소는 건물 틈새, 창고 내부의 벽면 등이며 여러 마리에서 때로는 수십 마리 내지 수백 마리가 모여 월동하기도 하며 왕바다리 및 꼬마쌍살벌 등의 다른 종과 함께 모여 월동하기도 한다. 한번 사용된 벌집은 이듬해에 다시 사용되는 경우는 없으며 이듬해 여왕벌은 다시 새로운 집을 지어 봉군을 일으키게 된다(정 등, 1987).

여왕벌과 일벌의 먹이 사냥과 활동 범위

애벌레의 먹이는 대부분 나비목 애벌레이다. 사냥에 성공하면 나뭇가지나 잎 위 등에서 이를 해체하여 작은 덩어리 형태로 만들어 운반한다. 사냥감을 둥지로 가져가면 둥지에 있던 일벌이 이를 받아 새끼에게 먹인다.

영소 초기의 여왕벌의 활동 영역은 둥지에서 반경 90m 이내에 국한되며 대부분 50m 이내지역에 집중된다. 일벌의 먹이 활동 범위는 조금 넓어 반경 100m 정도까지지만 주 활동 영역은 80m 안쪽이다. 먹이 사냥 외에 집 짓는 재료 조달 등의 활동 범위는 더욱 좁아 여왕은 50m 이내 일벌은 30m 이내로 국한되어 이들의 활동범위가 매우 좁음을 보여 준다 (日比野, 1981).

| 나비목 애벌레를 사냥하는 등검정쌍살벌 일벌.

32. 사람들과 어울려 살고 싶어요.

왕바다리*Polistes rothneyi koreanus*

말벌과 Vespidae

| 나무 기둥에서 집 지을 재료를 갉아 모으는 왕바다리 여왕벌.

왕바다리는 우리나라에 서식하는 바다리 종류 중에서 체구가 가장 크고 또 가장 큰 규모의 집을 짓는 벌이다. 바다리는 몸이 홀쭉하며 특히 다리가 긴 벌로, 육아방이 노출된 집을 지어 사회생활을 하는 벌을 통틀어 일컫는 이름이다. 바다리란 이름은 특정 지역의 방언이 아니고 우리나라 전역에서 부르던 이름이다. 그런데 일부 곤충학자들이 이 바다리란 이름을 쌍살벌로 바꾸어 버려 조상 대대로 불려 오던 바다리란 말은 되레 생소해지게 되었다. 필자가 말벌과 곤충을 연구하면서 등검정쌍살벌과 비슷하여 존재 자체를 모르던 이 벌을 발견하여 국내에서 처음으로 기록할 때 가장 큰 바다리란 뜻에서 왕바다리란 이름을 붙였는데 이는 조상 대대로 불려 오던 바다리란 이름을 살려 놓아야겠다는 생각이 간절했기 때문이다.

4월이 되어 날씨가 따뜻해지고 향기 좋은 꽃나무인 서향이 꽃을 피우기 시작할 무렵이면 겨우내 보이지 않았던 곤충들이 슬금슬금 나타나기 시작한다. 왕바다리도 이때쯤이면 모습을 보인다. 부지런한 꿀벌은 매화꽃이나 회양목 꽃이 피는 이른 봄부터 부산하지만 왕바다리는 봄이 더 진행된 후에야 모습을 보이는 것이다. 그도 그럴 것이 꿀벌은 먹이를 저장해 두고 가족이 함께 모여 겨울을 나지만, 왕바다리는 가족과 뿔뿔이 헤어져 겨울동안 아무것도 먹지 않으며 동면 상태로 겨울을 나므로 너무 일찍 동면에서 깨어나면 먹을 게 없어서 추운 날씨에 대책 없이 굶어 죽게 될 수도 있기 때문이다. 따라서 좀 더 따뜻해지고 꽃들이 제법 피기 시작하여 먹을 게 충분히 생겨야 활동할 수 있게 된다. 동면에서 깨어난 왕바다리는 모두 여왕벌로 지난 해 여름에서 초가을 사이에 태어나서 수벌과 짝짓기를 한 후 이듬해 봄을 기약하며 동면에 들어갔던 것이다. 동면에 들어간 모든 왕바다리 여왕벌이 모두 무사히 깨어나는 것은 아니다. 가을부터 겨울 사이에 활동하는 새나 들쥐 등에 잡아먹히기도 하며 또 심한 추위에 그대로 얼어 죽는 경우도 있다. 그러니 식량을 저장해 두고 함께 겨울을 나는 꿀벌에 비해서는 참으로 가여운 존재라 할 수 있다.

겨울잠에서 깬 왕바다리가 가장 먼저 하는 일은 추운 겨울을 지나면서 허약해지고 수척해진 몸을 추스르는 일이다. 겨울잠을 자면서도 지속적으로 칼로리가 소비되므로 왕바다리 몸에 저장되었던 지방 등의 양분이 거의 고갈되었기에 그것을 보충하는 일이 급선무인 것이다. 이른 봄 동면 직후의 왕바다리의 주 먹이는 꽃의 꿀이다. 때로 나무의 수액을 먹기도 한다. 화창한 낮이면 꽃에서 꿀을 먹으며 기력을 회복하고 밤이면 추위를 피할 만한 엄폐된 곳에서 지낸다. 열흘에서 20일 정도 기력을 회복한 여왕벌은 집을 지을 만한 장소를 물색하는데, 이들이 좋아하는 장소는 사람들이 사는 집이나 창고의 처마 아래, 나뭇가지, 큰 돌이나 바위 아래 등이다. 적당한 장소를 발견하면 드디어 집을 짓기 시작하는데 그 시기는 남부지방 기준으로 4월 중순에서 하순 사이가 일반적이다. 집을 짓는 재료는 약간 썩기 시작하여 부드러워진 나무의 목질 부분이다. 이 목질부를 큰턱*으로 잘게 물어뜯어 침과 섞어 작은 콩알만 한 크기로 뭉쳐 가져와서는 얇게 펴서 집을 짓는다. 맨 처음에 집의 기둥을 만드는 것은 사람이 집을 지을 때 기둥부터 세우는 것과 똑같다. 단

* 벌의 큰턱은 사람으로 치면 이빨에 해당한다.

지 사람은 기둥 위로 집을 짓는데 왕바다리는 기둥 아래로 집을 지어 늘어뜨리는 것이 다르다. 집은 여러 개의 방으로 이루어지며 각 방에 알을 한 개씩 낳게 된다. 벌집 은 휴식할 때나 밤에 잠을 잘 때는 벌집 위에 엎드린 채 지내는데 이를 컬링(curling)이라고 한다. 컬링은 벌집의 온도를 높여 알과 유충의 성장을 촉진하는 효과가 있다. 어미의 체열로 새끼의 성장을 촉진하는 것이다. 꿀벌 여왕벌이 수많은 일벌의 시중과 역할 분담으로 알 낳는 일만 수행하는 것에 비해 왕바다리 여왕벌은 혼자서 재료를 구해 와서 집을 짓고 또 알을 낳으므로 아주 힘들고 벅찬 생활을 해야 한다. 그것뿐만 아니라 알을 낳은 지 보름 정도 지나면 알에서 애벌레가 되는데 이때부터는 애벌레에게 먹일 먹이도 사냥해 와야 한다. 이름만 여왕이지 일벌과 다름없는 생활인 것이다. 집을 짓는 초기에는 산란이 왕성하지만 애벌레가 다수 발생한 이후에는 산란율은 매우 낮아지며 이후 일벌이 출현한 이후에 다시 증가하게 된다. 이처럼 애벌레가 출현한 이후에 산란율이 떨어지는 것은 애벌레를 기르는 데 필요한 먹이를 사냥하는 것이 큰 부담이 되므로 이를 줄이려는 방편으로 생각된다. 왕바다리의 애벌레는 육식성으로 어미 벌은 다른 곤충의 애벌레를 사냥하여 팥알만 한 크기의 고기 단자로 만들어 와서 새끼에게 직접 먹이게 된다. 애벌레가 어미에게 먹이를 받아먹고 자라는 기간은 시기에 따라서 조금씩 다르며 온도가 낮은 봄에는 좀 더 오래 걸리고 여름에 가까울수록 짧아지지만 대개 15일에서 20일 정도 걸린다. 그런데 애벌레는 한 마리만 있는 게 아니고 여러 마리 함께 자라므로 여왕벌은 여러 애벌레를 먹여 기르느라 정신없이 바쁜 생활을 하게 된다. 집 짓기,

| 왕바다리 초기 집과 여왕벌.

알 낳기 및 사냥하여 새끼를 기르는 모든 일을 혼자 해야 하니 이때의 여왕벌의 노고는 참으로 눈물겨운 것이라 하겠다. 그러다 보니 집 지을 재료를 구하러 다니거나 먹이를 구하러 다니는 도중에 새나 사마귀 또는 말벌 등 다른 동물에게 잡아먹히는 경우도 무척 많다. 집을 지어 새끼를 기르는 여왕벌 중 첫 일벌이 나올 때까지 살아남는 것은 30%가 채 안 된다. 시작되는 벌집 열 개 중 7개 이상이 도중에 여왕벌 사망 등의 이유로 도태되는 것이다.

보름 남짓의 애벌레 기간이 지나면 이윽고 변태하여 번데기가 되며 번데기는 다시 보름 남짓 지나면 성충으로 탈바꿈하여 드디어 일벌이 된다. 번데기에서 갓 우화한 성충은 몸의 색깔도 연하고 날개도 약하여 집 밖으로 나가 활동하기는 부적합하며 하루 이틀 지난 후부터 집 밖으로 나가서 집 지을 재료를 구해 오거나 애벌레에게 먹일 벌레를 사냥해 오기도 한다. 따라서 일벌이 태어나고 나면 여왕벌의 일은 줄어들게 되며 점차 다른 일은 그만두고 알 낳는 일에 열중하게 된다. 일벌이 여러 마리 나오고 나면 벌집은 방어력도 강해지고 일꾼도 늘어나므로 이전보다는 천적의 침입으로 피해를 입을 확률은 줄어들지만 그렇다고 완전히 안전한 것은 아니다. 자연에는 더 힘센 천적들이 많아 여전히 왕바다리의 집과 애벌레를 노리므로 일벌이 나온 후에도 외적의 침입으로 집이 통째로 부서지거나 애벌레를 사냥당하는 일도 흔히 일어난다. 왕바다리에게 무서운 천적은 말벌 종류로 특히 장수말벌과 꼬마장수말벌이 왕바다리 집을 자주 습격한다. 꼬마장수말벌은 오로지 바다리의 애벌레만 새끼들의 먹이로 삼으므로 가장 무서운 천적이긴 하지만 우리나라에서 그 수가 많지 않으므로 그나마 왕바다리에겐 다행이라 하겠다. 그러나 말벌의 피해가 심하긴 해도 가장 큰 천적은 사람이다. 사람은 벌을 두려워하고 무서워하므로 왕바다리가 주택의 처마 아래나 창틀 등에 집을 지으면 살충제를 뿌리거나 화염으로 공격하는 등, 벌을 모조리 죽이고 벌집마저 제거하므로 왕바다리에겐 가장 무서운 대상이다. 그러나 왕바다리는 사람의 이러한 행동을 예측하지 못하므로 여전히 집이나 창고의 처마 아래 등에 집을 잘 짓는다. 이런 곳은 비를 맞지 않고 또 여름철 뜨거운 햇볕을 피할 수 있어 살기에 가장 좋은 장소이기 때문이다. 왕바다리는 사람 옆에서 살고 싶은 것이다. 그러나 사람들은 왕바다리의 이런 바람을 철저히 모른 체하고 보이는 대로 없애 버리니 가엾은 왕바다리는 죄 없이 죽임을 당하고 있다. 그런데 처마 아래 집을 짓는 왕바다리가 실제로 위험한가 하면 전혀 위험하지 않다는 데 왕바다리의 억울함이 있다. 왕바다리는 우리나라에서 살고 있는 바다리벌(쌍살벌) 종류 중에서 가장 큰 벌집을 짓고 그 군사 또한 가장 많은 편이며 바다리 중에서 체구도 큰 편이므로 사람들은 무턱대고 무서워하지만 사실은 성질이 온순하여 집을 건드리거나 집에서 50cm 이내로 접근하지 않으면 쏘는 일이 없다. 따라서 처마에 지은 집을 내버려 두어도 사람에게 아무런 피해를 입히지 않는다. 왕바다리의 먹이가 되는 곤충은 대부분이 나비나 나방의 애벌레이다. 따라서 왕바다리는 농사를 짓는 데 해가 되는 곤충을 잡아먹어 농사에 매우 유익한 역할을 한다. 또 왕바다리 성충은 꽃에서 꿀을 먹으므로 식물의 꽃가루받이를 도와주어 농사에도 도움이 되고 식물의 종자 맺음과 번식을 도와주어 생태계에도 유익한 역할을 한

| 전성기 왕바다리집.

다. 왕바다리는 사람에게 해를 끼치는 해충이 아니라 도움을 주는 유익한 곤충인 것이다. 물론 건드리거나 하면 집을 방어하기 위하여 쏘지만 건드리지만 않으면 쏘는 일은 없으며, 실수로 쏘이더라도 독성이 약하여 따끔하고 아프긴 하지만 병원에 갈 필요도 없이 내버려 두어도 조금만 지나면 통증도 사라진다.

우리나라에서 119 신고로 소방대원이 출동하여 제거하는 벌집의 70% 이상이 사실은 왕바다리 집이므로 왕바다리에겐 사람이 저승사자나 다름없는 셈이다. 사람에게 거의 피해를 입히지 않는 왕바다리를 제거하는 데 119 구급대원이 쓸데없이 출동하여 이걸 제거하느라 낭비되는 경제적 손실이 어마어마한데도 우리의 무지 탓으로 이런 잘못된 일이 반복된다. 이는 생태계 보전을 위해서도, 행정력 낭비라는 측면에서도 모두 하루빨리 개선하고 고쳐야 할 점이라고 생각한다. 우리에게 피해를 끼치지도 않으며 사람과 가까이 살고 싶어 하는 왕바다리를 이제는 더 이상 괴롭히거나 죽이지 말고 함께 살아가도록 해야겠다.

서식지와 영소 장소

왕바다리의 주요 서식지는 사람들이 사는 마을과 그 주변의 농경지, 그리고 마을 인근의 야산 지대이다. 도시의 민가나 학교원, 공원 등에도 서식한다. 집 짓는 장소로는 주택이나 건물, 창고 등의 처마 아래나 창틀 밑 관목의 가지, 큰 돌이나 바위 아래 등을 좋아한다. 경남지역에서 총 72개의 왕바다리 집을 조사한 결과 건물 처마 아래에 지은 것이 31개, 나뭇가지에 지은 것이 28개, 그 외 산지나 밭둑의 돌이나 바위에 지은 것이 13개로 주로 건물 처마 아래나 나뭇가지 등에 집을 짓는 것으로 나타났다. 민가 주변에서는 집 짓는 장소를 찾기 쉽고 또 인근 농경지에서 먹이를 쉽게 구할 수 있으므로 사람들이 사는 곳을 선호하는 것으로 생각된다.

한살이

봉군은 4월 중순쯤에 한 마리의 여왕벌에 의해 시작되며 첫 일벌은 5월 하순~6월 상순 무렵에 출현한다. 첫 일벌이 출현하기 전까지는 여왕벌 혼자서 집 짓기, 알 낳기, 애벌레 기르기, 외적 방어 등을 모두 혼자서 하기에 매우 취약한 시기가 된다. 대체로 여왕벌 단독의 군집 창시기를 지나 일벌 생산에 성공하는 왕바다리는 30% 미만이며 70% 이상이 군집 창시에 실패하고 벌집도 망가지고 만다. 일벌이 생산된 후에는 집 밖으로 나가서 하는 먹이 사냥, 집 지을 재료 조달과 집 짓기, 애벌레 사육 등은 일벌이 맡게 되고 여왕벌은 알 낳기에 치중하게 된다. 6월과 7월에는 일벌만 생산되지만 8월초쯤 되면 일벌은 더 이상 생산되지 않고 수많은 새 여왕벌과 수벌이 생산된다. 새 여왕벌과 수벌은 일체의 노동을 하지 않으며 먹이도 일벌이 구해 오는 먹이에 의존한다. 여왕벌은 수벌과 짝짓기 한 후 9월 하순에서 10월 상순쯤이면 집을 떠나서 낙엽 아래나 땅속, 창고 내부 틈새, 나무 등걸 속 등을 찾아 동면으로 월동하여 이듬해에 새 봉군을 창시하게 된다(정, 2016).

왕바다리는 특히 대형 벌집을 짓는 벌로 알려져 있는데 순조로운 성장을 한 봉군의 경우 늦여름 무렵에는 1,000개 이상의 육아방을 가지는 초대형 벌집을 짓는 경우도 관찰된다. 필자가 관찰 및 조사한 왕바다리 집 중 1,000개 이상의 육아방을 가지는 벌집도 3개가 있는데 이 정도의 큰 집을 짓는 쌍살벌은 세계적으로도 왕바다리가 유일하다.

33. 지리적 격리에 의해 분화되는

제주왕바다리*Polistes rothneyi iwatai*

말벌과 Vespidae

| 제주왕바다리.

종의 분화를 일으키는 요인에는 여러 가지가 있는데 그중에서 가장 큰 요인으로는 지리적 격리를 들 수 있다. 지리적 격리라 함은 서로 떨어져서 교배할 수 없게 되는 것을 의미한다. 같은 종이라 할지라도 지리적 격리가 되어 서로 다른 환경에 놓이게 되면 각각의 개체군은 그들이 살고 있는 환경에 맞도록 독자적으로 진화를 이어가게 되고 오랜 세월이 지나면 결국 서로 다른 종으로 나누어지는데 이를 '지리적 격리에 의한 종의 분화'라 한다.

태평양 상의 하와이 제도엔 2,400km에 걸쳐 7개의 큰 섬과 작은 섬 100여 개가 흩어져 있는데, 거리가 서로 멀리 떨어진 섬으로 우연히 이주한 후 서로 다른 환경에서 독자적으로 진화하여 수많은 초파리 종류가 분화한 사례로 유명하다.

우리나라 제주도와 울릉도에는 육지와는 다른 특산 생물이 많은데 이 역시 격리에 의한 독자적 진화와 분화의 결과라 할 수 있다.

제주왕바다리는 제주도에 서식하는 왕바다리의 아종이다. 아종은 같은 종에서 비롯되었지만 지리적 격리 등으로 서로 현저히 다른 형질을 가지게 된 것으로 서로 다른 종으로 분화해 나가는 도중에 있다고 볼 수 있다. 한반도에 서식하는 왕바다리가 검은 바탕에 등황색 무늬를 가지는 데 반해 제주왕바다리는 검은 바탕에 밝은 황금색 무늬를 가져 무척 아름답다.

우리나라에서 제주왕바다리의 생태에 관한 구체적인 연구 결과는 발표된 바가 없지만 왕바다리와 크게 다르지 않으리라 생각된다. 다만 날씨가 온화한 제주도의 기후 특성상 제주왕바다리의 활동 시기는 육지보

| 제주왕바다리 전성기 둥지.

다 훨씬 긴 것으로 보인다. 제주도에서 감귤 농장을 경영하는 분이 보내 준 자료에 의하면 제주왕바다리는 대체로 10월 중순에서 하순 사이에 봉군이 와해되어 벌들이 모두 집을 떠나는 것으로 분석되었다. 이는 육지의 왕바다리가 9월 하순 내지 10월 상순이면 모두 집을 떠나는 데 반해 20일 정도 늦은 시기에 해당한다. 또한 발견된 둥지의 대부분이 감귤 농장의 감귤나무 가지에 지어졌으며 둥지의 크기는 육지의 왕바다리 중 나뭇가지에 지은 집보다는 약간 크며 처마 아래 지은 것보다는 작은 것으로 나타났다. 결국 비슷한 환경에서는 제주왕바다리가 더 큰 군집으로 자라는 것으로 생각되는데 이는 제주도의 온화한 기후로 인해 군집의 생존 기간이 더 길기 때문일 것이다.

제주왕바다리는 필자가 1985년 여름에 제주도의 말벌과 곤충을 조사하던 중에 채집된 표본을 바탕으로 육지의 왕바다리와 다른 아종임을 확인하여 제주왕바다리란 이름을 붙인 바 있다. 당시 중병 중이신 아버지의 간호를 가족에게만 맡겨 두고 행한 제주도 말벌 상 조사에서 제주왕바다리를 채집하여 그 존재를 확인한 성과는 있었으나 조사 도중에 아버지의 병환이 더욱 위중해지셔서 조사를 중단하고 급히 돌아올 수밖에 없었고 겨우 부친의 임종을 했기에 제주왕바다리만 생각하면 아버지의 마지막을 좀 더 가까이서 지켜드리지 못한 죄스러움에 늘 송구스럽고 가슴이 메인다.

34. 초원의 날씬 모델

두눈박이쌍살벌*Polistes chinensis antennalis*

말벌과 Vespidae

| 두눈박이쌍살벌 여왕벌(아래)과 첫 일벌(위).

집 짓는 장소와 습성

두눈박이쌍살벌은 우리나라의 쌍살벌 중 체형이 가장 호리호리하고 길쭉한 편으로 몸길이는 14~18mm 정도이다. 체색은 흑색 바탕에 황색 반문이 있으며 전신복절에 세로로 2줄의 노란 무늬가 있다. 복부 두 번째 마디엔 2개의 원형 황색 반점이 있으므로 두눈박이쌍살벌이란 이름이 붙었다.

주 서식지는 볕이 잘 드는 초원 또는 산지를 개간하여 만들어진 경작지 주변이며 민가 주변에서는 거의 관찰되지 않는다. 둥지는 대개 식물의 줄기에 짓는다. 본인이 이전에 조사한 바에 의하면 발견된 118개의 벌집 중 단 1개를 제외한 117개가 식물에 지었는데 이 중 115개가 관목이나 풀줄기에 지었으며 단 2개만 식물의 잎 아래에 지었다(Jeong and Park, 1983). 집을 짓는 줄기의 높이는 지상에서 5~30cm 사이의 아주 낮은 곳이 일반적이다. 벌집의 방향은 대개 남향이나 동남향인데 이는 기온이 낮은 이른 봄에 햇볕을 잘 받을 수 있어 유충 성장에 유리한 환경이 된다. 대개 4월 중순쯤에 집을 짓기 시작하여 6월 상순쯤에 첫 일벌이 출현한다. 여왕벌의 집 짓기 시작 후 봉군을 이루지 못하고 도중에 도태되는 벌집의 비율이 80% 이상으로 높으며 일벌 생산에 성공하는 비율은 20% 미만에 불과하다. 수벌과 새 여왕벌은 8월 상순부터 우화하여 8월 중순에 최고조에 달하며 이들이 우화하기 시작할 무렵에는 일벌은 더 이상 생산되지 않는다. 대체로 9월 초순부터 벌집에서 벌들이 사라지기 시작하며 10월 중순이면 모든 벌은 사라지고 빈집만 남게 되어 1년 주기가 끝나게 된다. 한편, 두눈박이쌍살벌의 집 지을 재료인 펄프와 먹이 사냥은 집을 기준으로 반경 20m 이내에서 대부분 이루어지는 것으로 보고되어(Katsuya, 1980) 이들의 활동 반경이 매우 좁음을 보여 준다.

35. 구불구불 기하학적인 집을 짓는

별쌍살벌*Polistes snelleni*

말벌과 Vespidae

| 사냥한 고기덩어리를 운반하는 별쌍살벌.

집 짓는 장소와 습성

별쌍살벌은 우리나라에 서식하는 쌍살벌 종류 중에서 체구가 가장 작은 벌로 몸길이는 11~17mm 정도이다. 몸은 흑색 바탕에 앞가슴 등판 뒤쪽 가장자리, 작은 방패판 앞 가장자리, 뒷가슴 등판 그리고 전신복절에는 2개의 황색 줄무늬가 있다. 복부 1, 3, 4마디 후면에 황색 무늬가 있어 어리별쌍살벌과 구별된다.

별쌍살벌의 주서식지는 민가 주변과 야산 부근에 형성된 경작지와 그 주변 환경이다. 진주 인근에서 조사된 총 72개의 별쌍살벌 집을 분석한 결과 영소 장소로 가장 많이 선택되는 곳은 나뭇가지나 풀줄기 등으로, 집이 38개 관찰되었고 그 다음으로는 경작지나 민가의 돌담이나 바위 아래에 지은 것이 16개, 화목으로 쓰기 위해 쌓아 둔 나무 누리에 지은 것이 10개, 건물 벽면 등 기타 장소에 지은 것이 8개였다. 영소 개시는 대개 4월 중순에서 하순에 걸쳐 이루어진다. 일벌이 출현하기 전까지 여왕벌이 단독으로 짓는 집의 방수는 30~40개 내외이다. 첫 일벌의 출현은 6월 상순에 일어나는 경우가 많았으나 집을 짓기 시작한 전체 여왕벌의 10~20% 정도만이 일벌 생산 단계까지 진행되며 많은 수의 벌집은 천적의 공격이나 여왕벌 사망 등의 사유로 일벌 생산에 이르지 못하게 된다. 일벌 생산은 생식봉 생산이 일어나는 7월까지 지속된다. 한편 수벌과 새 여왕벌은 대개 7월 하순부터 생산되어 8월 중순쯤까지 지속되는데 이들이 우화하기 시작하면 일벌은 더 이상 생산되지 않으며 기존의 일벌들도 점차 수명을 다하게 되므로 봉군은 곧이어 와해 단계에 이르게 된다. 4월에 집을 짓기 시작하며 여러 난관을 극복하고 일벌

| 별쌍살벌집.

을 생산한 군집이라 할지라도 생식봉 생산에까지 성공하는 경우는 절반이 채 안되며 처음 시작한 여왕벌의 초기 벌집을 기준으로 하면 전체의 5% 내외만이 생식봉 생산에 성공하여 다음 세대를 기약할 수 있게 되므로 의외로 자연에서 이들의 생존을 위한 투쟁은 매우 힘든 것임을 알 수 있다. 새 여왕벌과 수벌은 우화 후 약 1개월간 벌집에 머무르며 일벌이 구해 오는 먹이를 얻어먹기도 하고 또 애벌레가 토해내는 타액을 먹기도 하지만 집안일은 하지 않는다. 우화 후 한 달 정도 지나 성적 성숙이 이루어지면 집을 떠나 짝짓기에 들

| 나비목 애벌레를 사냥하는 별쌍살벌.

어가며 곧이어 새 여왕벌은 월동에 들어가게 된다. 완전히 집을 떠나는 시기는 9월 상순부터 10월 중순까지로 군집마다 상당한 차이가 있다. 별쌍살벌의 월동 장소는 식물의 마른 줄기 내부나 수동 속, 또는 가옥이나 창고 같은 건물 틈새 등이며 대개 여러 마리가 모여 월동하게 된다.

36. 희귀종에서 갑작스런 개체수 증가를 보이는

참어리별쌍살벌*Polistes djakonovi*

말벌과 Vespidae

| 이른 봄 회양목 꽃에서 꿀을 먹는 참어리별쌍살벌 여왕벌.

참어리별쌍살벌*P. djakonovi*은 두순의 가로 폭과 세로 폭이 거의 같고 아래 가두리를 따라서 노란색 무늬가 있다. 몸의 바탕색은 흑색이고 소순판, 후흉 배판 및 복부에는 작은 황색 무늬가 있으며 종아리마디와 발목마디는 적갈색이다. 참어리별쌍살벌은 서식 밀도가 낮아 매우 보기 어려운 종이었지만 최근 들어서는 개체수가 급격히 증가하여 그리 보기 어렵지 않은 종이 되어 개체수가 증가된 원인이 무엇인지 매우 주목되는 종이기도하다.

필자가 1980년 대 초부터 2014년 무렵까지 약 30년 동안 관찰하거나 발견한 참어리별쌍살벌 집은 단 5개에 불과했으며 벌 자체를 채집하거나 관찰할 기회도 마찬가지로 거의 없었다. 그런데 2016년에 필자의 자택 정원에서 벌집이 2개 발견되더니 2017년엔 역시 같은 정원에서 무려 벌집 6개를 발견할 수 있었다. 2014년 이전에 필자의 자택 정원에서 이 벌집이 발견된 경우는 2013년에 단 1개를 발견한 게 전부였다. 이렇게 잘 보이지 않던 특정 종이 갑자기 많이 발견되는 것은 무척 놀라운 일로 어떤 연유로 참어리별쌍살벌이 갑자기 증가하게 되었는지는 여전히 미스터리이다. 독자들은 이전에 있던 벌이 잘 번식하여 불어났을 수도 있겠거니 생각하기 쉽겠지만 자연은 그리 단순한 것이 아니다. 다른 수많은 종과 경쟁 또는 피식 및 포식 관계에 있으므로 한해에 벌집을 짓고 증식되었다고 매우 희귀한 종이 그 다음 해에 갑자기 불어날 수는 거의 없는 것이고 그렇게 불어난 데는 당연히 여러 인과 관계가 얽혀 있다고 봐야 한다. 참어리별쌍살벌이 갑자기 증가하는 것은 필자가 거주하는 남부지방에 국한된 일만도 아닌 것 같다. 곤충 동호회 활동을 하는 필자의 지인에 의하면 경기도 수원 인근에서 참어리별쌍살벌과 어리별쌍살벌의 벌 개체수 및 둥지 수는 비슷한 비율이라고 한다. 어리별쌍살벌은 드문 벌이 아니고 비교적 흔한 벌이므로 적어도 중부지방 수원 인근에서도 참어리별쌍살벌은 그렇게 보기 드문 종이 아니라는 얘기가 되는 것이다. 이런 결과로 유추해 보면 근년 들어 참어리별쌍살벌이 상당한 증가 추세에 있는 것은 분명한 것으로 보인다. 독자들은 최근의 지구 온난화가 원인 아니겠냐고 막연히 생각할 수도 있겠지만 원래 이 종은 더운 기후를 좋아하는 종은 아닌 것으로 보여 지구 온난화를 원인으로 보기는 어려울 것 같다. 필자가 맨 처음 이 벌집을 2개 발견한 곳은 경남 거창의 남덕유산 영각사 인근 해발 고도가 700m 정도 되는 곳이었다. 해발 고도가 꽤 높은 산악 지역이라 기후가 시원한 곳이다. 따라서 필자는 최근까지 이 종은 여름이 서늘한 기후를 좋아하는 것이 아닌가 생각해 왔다. 물론 현재는 산악 지역이 아닌 저지에서도 다수 발견되고 있으니 그런 추론이 잘못된 게 아닌가 싶기는 하다. 어쨌거나 이 종의 갑작스러운 증가는 매우 흥미로운 일로 앞으로 그 원인에 대한 구체적인 연구가 더 필요할 것으로 생각된다.

벌집을 짓는 장소는 지면과 인접한 바위나 돌 아래 등 음습한 환경이거나 울창한 수목의 나뭇잎 아래 또는 관목의 줄기이다. 드물게 인공적 구조물의 아래에 짓는 경우도 있었다.

80년대부터 조사된 총 13개의 벌집을 분석한 결과 지상에 지은 것이 10개 지표면 가까운 곳에 지은 것이

| 참어리별쌍살벌의 영소 초기 집.

| 초가을 둥지를 떠난 참어리별쌍살벌 수벌 떼.

3개였는데 지상의 10개 중 나뭇잎의 뒷면에 지은 것이 5개, 나뭇가지나 풀줄기에 지은 것이 5개였다. 바위 아래 지표면 가까이 지은 것 3개는 모두 다습한 환경이었고 지상에 지은 것은 대체로 직사광선이 비치지 않고 나무 그늘이 지는 환경이었다. 집은 대개 5월 초순쯤에 짓기 시작하며 6월 하순에서 7월 초순쯤에 첫 일벌이 출현하는 경우가 일반적이다. 새 여왕벌과 수벌은 7월 하순에서 8월 상순에 생산되기 시작한다. 봉군이 모두 집을 떠나는 이소 시기는 8월 하순에서 9월 중순쯤이 일반적이며 봉군마다 매우 차이가 큰데 늦은 경우는 10월 상순에 떠나는 경우도 있었다. 일벌이 우화하기 전 여왕벌 단독 영소기에 짓는 방의 개수는 30개 내외이며, 봉군이 다 자랐을 때 최종적인 벌집의 방 수는 50~200개 정도이며 전성기 봉군을 이루는 벌의 수는 30~80마리 수준이다.

37. 남의 둥지 뺏어 냄새로 위장해 여왕으로 군림하는

설시퍼기생쌍살벌*Polistes sulcifer*

말벌과 Vespidae

| 설시퍼기생쌍살벌의 숙주인 도미눌라쌍살벌.

설시퍼기생쌍살벌은 지중해 인근 이태리와 크로아티아 일대에 서식하는 쌍살벌의 한 종류로 다른 쌍살벌에 사회적 기생하는 생태를 가졌다. 따라서 영어로 cuckoo paper wasps라 부른다. 이 종은 스스로 둥지를 짓는 능력이 없이 후대 생산은 오로지 기생에만 의존하는데 이런 방식의 기생을 절대적 기생이라 한다. 절대적 기생을 하는 기생쌍살벌은 전 세계에서 설시퍼기생쌍살벌과 *Polistes atrimandibularis*와 *Polistes semenowi* 단 3종만 알려져 있을 정도로 매우 드문 사례에 속한다. 이 3종의 기생쌍살벌은 모두 설시퍼기생쌍살벌의 숙주인 도미눌라쌍살벌*Polistes dominula*과 계통학적으로 가까운 사이인 것으로 알려져 있다(Choudary et al., 1994). 설시퍼기생쌍살벌의 몸길이는 1.8~2.5mm이다. 사회성 기생을 하므로 몸의 형태가 기생에 유리하도록 진화하여 큰턱과 앞다리가 특히 잘 발달되었다. 또한 큰턱이 강한 힘을 발휘할 수 있도록 충분한 근육을 가질 수 있는 네모 모양의 머리를 가졌다. 지중해 인근 지역에 서식하고 있으나 서식지가 단절된 상태로 흩어져 있고 서식 밀도는 높지 않은데, 가장 큰 이유는 기생할 숙주 둥지가 충분히 많지 않기 때문으로 보고 있다. 여왕벌은 기온이 낮은 고도에서 월동하며 월동 후에는 숙주의 서식지인, 보다 낮은 고도의 평원지대로 내려간다.

군집 주기

설시퍼기생쌍살벌은 일벌이 전혀 없으며 오로지 수벌과 암벌(여왕벌)만 존재한다(Cervo, 2009). 기생벌은 숙주보다 늦은 시기인 5월이 되어야 월동에서 깨어나 활동에 들어간다. 반면 숙주인 도미눌라쌍살벌은 4월부터 활동하게 된다. 기생쌍살벌은 어차피 도미눌라쌍살벌이 둥지를 틀고 난 후에야 기생할 수 있으므로 일찍 활동할 필요가 없다. 5월의 숙주 둥지는 일벌이 출현하기 직전으로 여왕벌 혼자 있으므로 침입하여 기생하기 가장 좋은 시기가 된다. 기생쌍살벌이 뺏은 둥지에서 사는 기간은 약 50일간이며 이 기간에 내년에 여왕이 될 암벌과 수벌을 길러내는 것이다. 새 여왕벌은 수벌과 짝짓기 한 후 월동에 들어가며 수벌은 모두 죽게 된다.

탁란기생

설시퍼기생쌍살벌의 기생은 절대적 사회적 기생이면서 탁란 기생이기도 하다. 탁란 기생은 다른 종에게 자신의 알을 맡겨 기르게 하는 것이다. 설시퍼기생쌍살벌은 자신의 일벌은 생산치 않고 숙주 일벌에게 자신의 새끼를 기르게 하니 전형적인 탁란 기생인 것이다. 그러나 뻐꾸기처럼 몰래 알만 낳고 사라지는 게 아니고 계속 둥지에 머무르면서 군집을 통제하며 자신의 새끼를 기르게 하는 점이 뻐꾸기와는 다르다고 하겠다. 절대적 사회기생을 하므로 만약 월동을 마친 여왕벌이 숙주의 둥지를 찾지 못하게 되면 자신의 후손을 남기지 못하게 된다. 성공적인 기생벌 여왕벌은 숙주의 일벌에게 자신의 새끼를 돌보게 한다. 기생쌍살벌은 알에서 성충으로 성장하는 데 걸리는 기간이 숙주의 33일보다 짧은 25일 정도 소요된다(Cervo et al., 2004). 숙주 일벌은 숙주 애벌레보다는 기생벌 애벌레에 더 자주 방문하며 열심히 돌보게 된다. 이처럼 숙주가 기생벌 애벌레를 더 열심히 돌보게 되는 현상은 기생여왕벌이 숙주를 조절하여 일어나는 것이 아니고 애벌레 스스로의 숙주 조절에 의한다. 이러한 조절은 마치 뻐꾸기의 새끼가 숙주에게 계속 먹이를 보채는 것과 같은 방식으로 애벌레가 배고프다는 신호를 보내기 때문으로 보고 있다(Cervo et al., 2004). 기생쌍살벌은 모두 생식봉으로 자라게 되어 충분한 먹이를 먹어야 하므로 애벌레에게 먹이 공급은 아주 중요한 일이다(Cervo et al., 2004). 설시퍼기생쌍살벌은 자신의 일벌을 생산하지 않으므로 모든 노동은 숙주 일벌이 맡게 된다. 이런 노동에는 집 짓기 먹이 사냥, 및 애벌레 돌보기 등이다. 설시퍼기생쌍살벌의 애벌레는 도미눌라쌍살벌 일벌이 기르므로 그들의 먹이는 도미눌라쌍살벌의 먹이와 같다. 대부분의 쌍살벌 종류는 나비목 유충을 사냥하여 애벌레에게 먹인다. 도미눌라쌍살벌도 주로 나비목 유충을 사냥하지만 다른 목의 곤충 애벌레도 사냥하는 등, 먹이에 대한 적응성이 강한 것으로 알려져 있다. 설시퍼기생쌍살벌은 둥지 탈취 직후에는 숙주의 알을 먹어 영양을 섭취하기도 하며 이른 아침과 오후 늦게 꽃을 찾아 꿀을 빨기도 한다.

둥지 탈취

설시퍼기생쌍살벌이 자신의 후손을 생산하기 위해서는 숙주의 둥지를 찾아서 뺏어야 한다. 대개 숙주의 일벌이 출현하기 전의 여왕벌만 있는 둥지를 찾아 공격하는데 둥지 탈취 단계에서는 완력에 의존하지만 곧이어 화학물질을 사용한다. 탈취 성공 여부는 대개 기생벌과 숙주의 체구가 중요한 요소가 되며 패퇴한 숙주 여왕벌은 추방당하거나 살해된다. 일단 둥지 탈취에 성공하면 기생쌍살벌은 자신의 큐티클 외표피의 탄화수소 성분을 숙주의 그것과 비슷하게 바꾸어 숙주를 속여 일벌들이 자신을 받아들이게 한다. 숙주 일벌은 변함없이 숙주 애벌레뿐 아니라 기생쌍살벌의 애벌레까지 계속 돌보게 된다. 둥지 탈취는 시기가 중요한데 일벌이 아직 출현하기 전이라야 성공 가능성이 높으며, 일벌이 나오기 직전의 이 시기에 기생쌍살벌은 둥지탈취를 위해 가장 적극적 행동을 보인다. 둥지 탈취는 한낮을 전후한 낮 시간에 특히 왕성하다. 이 시간대에는 숙주벌이 외역을 나가고 집을 비우기 쉬우므로 둥지에 침입하기 쉽기 때문으로 추정된다(Cini et al., 2011).

도미눌라쌍살벌의 다자 창설(多雌 創設)과 우월성

설시퍼기생쌍살벌의 유일한 숙주는 도미눌라쌍살벌인데 때로 복수의 암벌이 연합하여 군집을 창설하기도 한다. 이렇게 복수의 여왕으로 창설할 때는 그들 간에 우월성이 나타나게 된다. 그중 가장 우월한 암컷을 여왕벌 또는 알파 암컷이라 하며 나머지를 종속 벌 또는 베타 암컷이라 한다. 알파 암컷은 알을 낳아 후세를 생산하며 다른 암벌을 통제한다. 반면 베타 암컷은 마치 일벌과 같이 행동하며 주로 애벌레를 돌보고 외역을 하게 된다(Theraulaz et al., 1989). 설시퍼기생쌍살벌이 복수의 암컷이 창시한 둥지에 침입하여 둥지 탈취를 시도할 때는 알파여왕을 공격하게 된다. 둥지 탈취가 성공하면 숙주 알파여왕은 자신의 지위를 모두 잃게 되며 대신 기생쌍살벌이 그 지위를 차지하게 된다. 기생 여왕벌은 이전 알파여왕의 화학적 신호를 채용하여 둥지에서 새 여왕으로 행세하게 된다(Dapporto et al., 2004).

위장과 의태에 의한 숙주 지배와 생식 억제

설시퍼기생쌍살벌은 여왕벌로 군림하며 둥지 내에서 유일하게 산란할 수 있다. 둥지 내에서 알파 벌을 제거하면 베타 벌 중 우월한 암컷이 그 지위를 차지하게 된다. 따라서 기생쌍살벌이 둥지를 탈취한 후에는 알파 벌의 큐티클에 있는 탄수화물의 화학적 의태가 중요하게 된다. 만약 이 신호를 맞추지 못하면 기생쌍살벌의 여왕벌은 알 낳는 권리를 상실하고 무리에 대한 지배권도 상실하게 된다. 설시퍼기생쌍살벌은 숙주 둥지를 탈취하게 되면 큐티클의 탄화수소 비율을 숙주와 같도록 바꾸게 된다.* 이와 같은 변화는 위장과 의태 두 방법으로 일어난다. 위장은 큐티클 탄화수소를 숙주 개체 또는 둥지로부터 얻어 자신의 신분을 감추는 것을 의미한다. 반면 의태는 이런 탄화수소를 기생벌이 스스로 만들어 숙주를 속여 마치 여왕벌처럼 행세하는 것이다. 숙주 둥지에 침입한 설시퍼기생쌍살벌은 자신의 배를 숙주의 둥지에 빠르게 두드리며 다음으로 숙주의 여왕벌과 일벌에게 문지르고 몸을 빠는 등의 방법으로 숙주의 탄화수소를 묻혀 위장한다(Sledge et al., 2001). 화학적 의태는 숙주와 비슷한 화학물질을 복부의 반 데르 페흐트 기관(Van der Vecht's organ)에서 직접 분비하여 일어난다. 이 기관에서는 우월성을 인식하는 화학물질을 분비하는데 설시퍼기생벌에서 특히 잘 발달되어 있다. 기생벌은 숙주의 큐티클 신호를 둥지 탈취 3일 이내의 빠른 기간에 제대로 만들어 내니 놀라운 일이다(Petrocelli & Turillazzi, 2013). 그러나 이런 위장과 의태로도 기생여왕벌은 종속 벌을 완벽히 지배할 수는 없는 것으로 보인다. 기생 당하지 않

* 모든 곤충의 표면에 있는 화합물은 화학적 신호 전달 역할을 하게 된다.

은 대조군 군집과 비교했을 때 기생 군집의 종속 벌이 더 많은 알을 낳는 것으로 확인되었다. 이는 기생벌이 종속 벌을 완전히 억제하지는 못하는 것을 의미하는 것이다(Cini et al., 2014).

38. 숲 속에 사는 황금색 벌레 사냥꾼

큰뱀허물쌍살벌*Parapolybia indica*

말벌과 Vespidae

| 큰뱀허물쌍살벌.

뱀허물쌍살벌속*Parapolybia* 2종의 구분

우리나라에 서식하는 뱀허물쌍살벌속 곤충은 1980년대 중반까지 뱀허물쌍살벌 1종뿐인 것으로 알고 있었다. 큰뱀허물쌍살벌이 희귀하여 발견되지 않았던 것이 아니고, 뱀허물쌍살벌과 큰뱀허물쌍살벌 두 종이 서로 흡사하여 곤충학자들도 동일종 내의 개체 변이 정도로 잘못 알고 있었기 때문이다. 1980년대에 말벌과 곤충의 생태를 연구하던 필자는 이 두 종의 집 짓는 습성과 집의 모양이 크게 다르고 형태적 특징 또한 뚜렷이 구별됨을 확인하였다. 그중 체구가 큰 종은 그때까지 국내에 보고된 적 없는 *Parapolybia indica* 종임을 밝혀내고 큰뱀허물쌍살벌이란 이름을 붙인 바 있다. 뱀허물쌍살벌의 경우 암컷의 몸길이는 15~18mm, 수컷은 13~16mm 정도인데 반해 큰뱀허물쌍살벌은 이보다 조금 더 커서 암컷의 몸길이는 16~20mm, 수컷은 15~18mm 정도이다. 뱀허물쌍살벌은 전체적으로 어두운 황색 바탕에 암갈색 내지 흑갈색의 반문을 가지며 큰뱀허물쌍살벌은 보다 밝은 황색 바탕에 갈색 반문을 가진다. 뱀허물쌍살벌 암컷의 머리 방패는 황색 바탕에 곤봉 모양의 검은 반문이 있고 큰뱀허물쌍살벌의 암컷 머리 방패는 등황색이며 검은 반문이 없는 것도 주요한 차이점이다.

분포와 생태

뱀허물쌍살벌속*Parapolybia*은 서로는 이란에서부터 동으로는 필리핀과 뉴우기니아 그리고 북으로는 한국과 일본까지 널리 분포하는 사회성 곤충이다(Vecht, 1965). 전 세계에 단 5종이 알려져 있는데 우리나라에는 그중에 큰뱀허물쌍살벌*P. indica*과 뱀허물쌍살벌*P. varia* 두 종이 분포한다. 큰뱀허물쌍살벌은 나뭇잎 뒷면이나 나뭇가지에 둥근 모양으로 둥지를 짓는다. 일반 생태는 쌍살벌속과 크게 다르지 않아 봄에 한 마리의 여왕벌이 집을 짓고 봉군을 창설하며 6월 하순 내지 7월 상순쯤에 첫 일벌이 출현하고 이후 지속적으로 일벌이 증가하다가 8월 10일경부터 새 여왕벌과 수벌이 생산된다. 9월 말쯤이면 모든 벌이 벌집을 떠나 봉군은 해체되며 교미한 새 여왕벌만 월동하여 이듬해 봄에 다시 새로운 봉군을 창설하게 된다. 여왕벌이 월동하는 장소는 하늘소나 박쥐나방 등이 나무의 수간에 뚫은 구멍 등을 잘 이용하며 대개 여러 마리에서 수십 마리가 모여 월동하는 경우가 많다.

영소 습성

큰뱀허물쌍살벌의 주 서식지는 숲 속이다. 뱀허물쌍살벌이 주로 나뭇가지에 집을 짓는 데 반해 큰뱀허물쌍살벌은 나뭇가지와 나뭇잎에 짓는 비율이 거의 비슷하다. 진주 인근에서 조사된 총 35개의 큰뱀허물쌍살벌 집 중 식물의 잎 뒷면에 지은 것이 17개, 나뭇가지나 줄기에 지은 것은 15개였으며 나머지 3개는 돌이나 사람이 만든 구조물 아래에 지었다. 나뭇가지에 짓더라도 모두 직사광선이 비치지 않는 숲 속 그늘진 곳의 관목 줄기가 일반적이다. 둥지의 높이는 대개 지상에서 1m 이내의 낮은 곳에 위치하며 절반 이상이 20cm 이하의 아주 낮은 곳에 위치하여, 높은 곳에 짓는 뱀허물쌍살벌과 차이를 보인다. 큰뱀허물쌍살벌의 첫 일벌은 6월 하순 내지 7월 상순에 출현하며 8월 10일 경에 40마리 내외로 최고

| 시즌이 끝나 벌이 떠난 집, 벌집은 뒤로 반전한다.

에 달하며 수벌과 새 여왕벌은 8월 10일쯤부터 출현하여 8월 말에 50마리 정도로 최고에 달하게 된다. 벌들이 벌집을 모두 떠나 봉군이 해체되는 시기는 9월 말쯤이다. 하나의 봉군이 짓는 둥지의 육아방 수는 봉군에 따라 천차만별로 다르지만 뱀허물쌍살벌보다는 대체로 그 수가 적다. 수벌과 새 여왕벌을 생산한 비교적 성공적인 봉군 12개를 분석한 결과 방의 수는 82개에서 405개까지 변이가 컸으며 평균은 213개였다. 큰뱀허물쌍살벌의 집은 대체로 둥그스럼한 모양이며 소반 전체가 반듯하지 않고 가장자리로 나가면서 밖으로 반전하여 약간 뒤틀리는 모양을 한다.

먹이와 천적

우거진 숲과 숲 인근 개활지를 근거로 살며 먹이는 숲 인근 경작지나 삼림에서 구한다. 성충은 꽃의 꿀을 주로 먹지만 유충에게는 나비목 애벌레를 위시한 각종 곤충을 사냥하여 먹인다. 따라서 큰뱀허물쌍살벌은 농경지와 삼림의 주요 해충을 구제해 주는 매우 이로운 곤충이다. 물론 잘못하여 벌집을 건드리면 사람을 쏘아 피해를 입히기도 하지만 이들의 독침은 독성이 약하여 그리 위험하지 않으며 쏘인 직후에는 따끔하고 아프지만 곧 통증도 사라지고 대개 병원에 갈 필요도 없을 정도이다.

큰뱀허물쌍살벌의 천적도 쌍살벌 종류의 천적과 크게 다르지 않다. 각종 새들이 성충을 포식하며 곤충으로는 말벌, 사마귀, 잠자리, 파리매 등이 이들의 천적이 된다. 말벌 중에는 장수말벌과 꼬마장수말벌이 둥지에 침입하여 새끼를 약탈하기도 하므로 특히 무서운 천적이 된다.

| 8월 중순경의 큰뱀허물쌍살벌 둥지.

39. 뱀허물 모양의 길쭉한 집을 짓는

뱀허물쌍살벌*Parapolybia varia*

말벌과 Vespidae

| 뱀허물쌍살벌.

말벌과에 속하는 사회성 곤충으로 산지 숲 속에 산다. 둥지는 대개 숲 속 나뭇가지에 길게 늘어지게 짓는데 그 모양이 마치 뱀허물과 비슷하게 보이므로 뱀허물쌍살벌이라고 불린다. 지방에 따라서는 긴 줄 모양의 집을 짓는다고 하여 줄벌이라 부르기도 한다. 뱀허물쌍살벌의 생태는 큰뱀허물쌍살벌과 여러 면에서 비슷하다. 둘 다 숲 속에 살며 뱀허물쌍살벌이 좀 더 우거진 숲을 좋아하며 큰뱀허물쌍살벌은 우거진 숲도 서식지로 삼지만 숲 인근 개활지도 좋아하는 정도의 차이가 있다. 봄에 한 마리의 여왕벌이 봉군을 시작하며 6월 하순에서 7월 상순쯤에 첫 일벌이 출현하여 지속적으로 봉군이 증가하다가 8월 상순에서 중순쯤이면 새 여왕벌과 수벌이 생산되며 9월 하순쯤이면 모든 벌이 벌집을 떠나는 봉군 해체가 일어난다. 새 여왕벌만 짝짓기 후 동면으로 월동하여 이듬해 봄이면 어미가 했던 것처럼 다시 새로운 봉군을 창설하게 된다.

영소 습성과 군집 주기

뱀허물쌍살벌은 주로 숲 속에 서식하며 산골 주변의 민가 부근에서도 발견된다. 필자가 진주 인근에서 뱀허물쌍살벌 집 48개를 분석한 결과 풀이나 나무줄기 또는 나뭇가지에 지은 것이 41개였고, 식물의 잎 뒷면에 지은 것이 7개로, 대체로 나뭇가지를 선호하는 것으로 나타났다. 벌집의 높이는 지상에서 40cm 내지 3m 정도로 큰뱀허물쌍살벌보다 높은 곳을 좋아한다. 집을 짓기 시작하는 시기는 왕바다리나 등검정쌍살벌 등 쌍살벌 종류*Polistes*보다는 다소 늦으며 일벌은 6월 하순 내지 7월 상순쯤에 처음 나타난다. 그 후 점차 증가하여 8월 10일 경에 최고조에 달하는데 이때 일벌의 수는 봉군에 따라 제각각이지만 평균 50마리 내외가 일반적이며 100마리가 넘는 경우도 있다. 새 여왕벌과 수벌은 8월 10일쯤부터 출현하기 시작하여 9월 초순에 80마리 내외로 최고조에 달하게 된다. 우화한 새 여왕벌은 집을 떠나 수벌과 교미한 후 월동에 들어가고 일벌과 수벌은 월동하지 못하고 모두 죽게 된다. 대체로 9월 말쯤이면 모든 벌들이 벌집을 떠나게 되어 봉군이 해체된다. 봉군 하나가 짓는 집 전체 방의 수는 봉군에 따라 제각각이지만 적어도 여름까지 생존하여 새 여왕벌과 수벌을 생산한 성공적인 봉군만 대상으로 조사한 결과 가장 적은 것이 116개였고, 가장 많은 것은 544개였으며 평균 288개로 큰뱀허물쌍살벌보다 조금 더 많은 것으로 나타났다.

벌집의 모양이 좁고 길지만 폭과 길이는 제각각이다. 큰뱀허물쌍살벌의 집이 둥그스럼하며 바깥쪽이 뒤로 반전하는 데 반해 뱀허물쌍살벌집은 반전없이 평탄한 것도 차이점이다. 벌집의 길이는 15~20cm가 일반적이지만 때로 초대형 벌집도 발견되는데, 필자가 2009년 9월에 경남 진주시 금곡면 야산에서 발견한 집의 경우 그 길이가 무려 64cm에 달하였다.

먹이와 천적

뱀허물쌍살벌의 먹이와 천적은 큰뱀허물쌍살벌과 크게 다르지 않다. 성충은 각종 식물의 꽃을 찾아 꿀을 먹으므로 수분에 도움을 주고 또 애벌레에게는 나비목 유충을 위주로 한 각종 곤충을 사냥하여 먹인다. 따라서 농사와 생태계에 이로운 곤충이다. 뱀허물쌍살벌은 체구가 큰뱀허

| 초대형 뱀허물쌍살벌집(길이 64cm).

물쌍살벌보다 더 작고 독성도 더 약하여 실수로 쏘이더라도 통증이 심하지 않으며 또 오래 지속되지도 않아 사람에게 큰 위협이 되지 않는다.

40. 다연장로켓 모양의 다세대주택 짓는 거미 사냥꾼

노란점나나니*Sceliphron deforme*

구멍벌과 Sphecidae

| 집 지을 진흙을 뭉치는 노란점나나니.

허리가 무척 가는 벌이 있다. 몸매가 아주 늘씬한 사람을 가리켜 흔히 개미허리 같다고 하지만 개미만 허리가 가는 게 아니다. 개미처럼 허리가 가는 벌도 수없이 많은데 노란점나나니도 허리가 극단적으로 가느다란 벌 중의 하나이다. 아니 노란점나나니는 개미보다 더 가는 허리를 가졌다고 해야 맞다. 개미는 복부 시작점만 잠시 잘록하지만 노란점나나니는 마치 실처럼 가는 허리가 길기까지 하다. 실처럼 가는 허리에 붙은 복부가 어떻게 떨어지지 않고 붙어 있는지 신기할 정도다. 그런데 알고 보면 개미도 벌목의 한 무리이므로 넓은 의미에서는 벌의 한 종류이니 벌의 허리가 개미를 닮은 것도 전혀 이상한 일이 아니다.

노란점나나니는 암컷의 몸길이가 약 14~22mm이고 수컷은 이보다 약간 작은 벌이다. 우리나라 중부 이남에서 주로 발견되며 일본과 중국에도 분포한다.

이 노란점나나니는 여름에 마당이나 정원 귀퉁이 등 젖은 땅에서 잉잉 소리를 내며 진흙을 뭉치는 것을 종종 볼 수 있다. 턱으로 흙을 둥글게 뭉쳐 팥알이나 녹두알만 해지면 물고 어디론가 날아가곤 한다. 그러나 이 녀석이 어디로 가는지 사람은 날개가 없으니 따라 가볼 수가 없다. 노란점나나니가 뭉쳐 간 진흙덩이의 용도에 대한 의문은 창고나 헛간에서 또 다시 잉잉거리는 소리를 듣고 올려다보고는 아하 저 녀석이 그렇게 운반한 진흙 덩이를 집 짓는 데 쓰는구나 하고 깨닫게 된다. 노란점나나니를 영어로 Mud-Dauber Wasp라 부르는데 '벽에 진흙을 바르는 벌'의 의미이니 진흙으로 집을 짓는 모습을 잘 표현하고 있다.

노란점나나니는 번데기로 겨울을 난 후 5~6월에 우화하여 짝짓기를 하고 2세 생산에 나선다. 집 짓는 모습과 거미 사냥하는 모습은 7월초부터 9월 중순까지 볼 수 있는데 7~8월에 특히 활동이 빈번하다. 이런 관찰 결과로 미루어 1년에 2회 발생하는 것으로 생각된다. 1차는 5~6월에 우화하며 이들이 기른 2세는 7~8월에 우화한 후 집을 짓고 거미를 사냥하여 알을 낳는다. 알에서 깬 애벌레는 각자 독립된 방에서 어미가 사냥하여 마취시켜 둔 거미를 먹고 자라며 늦여름이나 가을에 번데기가 되어 그 해 겨울을 넘기고 이듬해 늦봄에 우화하는 것으로 보인다.

집은 진흙을 뭉쳐와 창문 틈새, 책상이나 의자 같은 가구 아래 구석진 곳, 창고나 헛간 같은 건물 모서리 등에 짓는다. 뭉쳐 온 진흙을 조금씩 펴 발라서 길쭉하고 좁은 원통형 방을 만드는데, 원통형 방이 완성되면 작은 거미를 여러 마리 사냥하여 빈 공간에 저장한 다음 하나의 알을 낳은 후 진흙으로 입구를 봉해 버린다. 하나의 방에 저장해 두는 거미의 수는 대개 15~20마리 정도이다. 노란점나나니 한 마리를 키워 내는 데 이 정도의 먹이가 필요한 것이다. 방은 하나로 끝나는 게 아니고 여러 개 달아서 지으며 길쭉한 관 모양의 방이 다닥다닥 붙어 있는 전체 모습은 방사포나 다연장로켓을 연상시킨다. 여러 개의 방이 연결된 다세대 주택인 셈이다. 방은 하나씩 완성될 때마다 거미를 여러 마리 사냥하여 저장하고 알을 낳고는 봉하는 일이 반복된다. 이런 식으로 집을 짓고 알을 낳다 보니 같은 집에서 완성되는 방과 산란하는 시기는 조금씩 다르며 따라서 나중에 번데기로 탈바꿈하는 시기도 조금씩 다르게 된다. 어미는 충분한 방이 완성되고 새끼의 먹이가 될 거미를 저장하고 나면 입구를 역시 진흙으로 봉하고는 "아가야 잘 자라 거라 어미는 이만 간다."

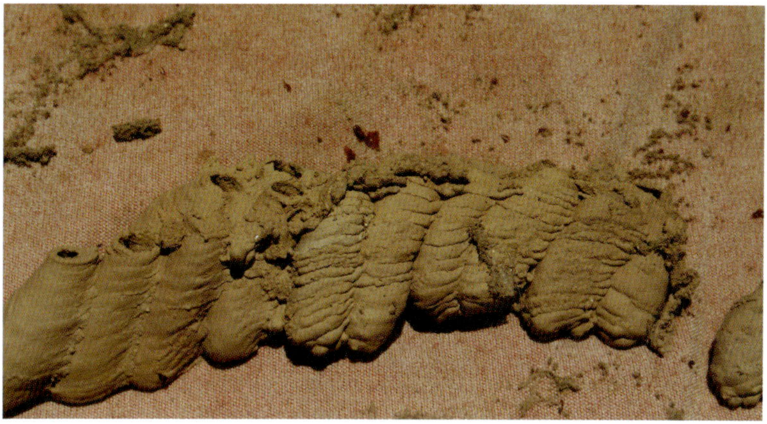

| 진흙으로 지은 노란점나나니의 집, 여러 개의 방이 다닥다닥 붙어 있는 모습이 다세대 주택 같다.

하고는 미련 없이 둥지를 떠나게 된다.

사냥하여 저장한 거미는 모두 어미가 독침을 쏘아 마비되었지만 죽지 않고 산 채로 노란점나나니 새끼의 먹이가 된다. 새끼가 거미를 파먹더라도 거미는 죽지 않고 산 상태를 유지한다. 자연의 법칙이지만 산 채로 지속적으로 노란점나나니 애벌레에게 먹히는 거미의 신세가 끔찍하고 가엾기만 하다. 그러나 거미는 살아 있긴 하지만 마취된 상태이므로 고통을 느끼지는 않을 테니 그나마 다행이라 하겠다. 이렇게 자란 노란점나나니는 고치를 거쳐 드디어 성충이 되면 어미가 봉한 진흙 방을 뚫고 기어 나오게 된다. 진흙 방은 사방이 막혀 있는 완전 폐쇄된 공간인데 어떻게 그 안의 애벌레가 숨이 막혀 죽지 않고 살 수 있을까? 그 비밀은 진흙 벽이 마르면 다공질로 변한다는 사실에 있다. 다시 말해 얼핏 사방이 막히고 폐쇄되어서 공기가 전혀 통할 수 없을 것 같지만 흙으로

| 집 지을 진흙을 뭉치는 노란점나나니.

된 벽은 우리 육안으로는 보이지 않는 작은 틈이 수없이 많이 있어서 공기가 유통될 수 있는 것이다. 진흙을 빚어서 만든 옹기는 공기가 유통되므로 흔히 숨 쉬는 항아리라고 부르기도 하는데 노란점나나니 집은 옹기보다 더 얇은 데다 잿물이나 유약도 바르지 않으므로 더 많은 미세 구멍을 가진 다공질 구조를 보이게 되는 것이다. 그러나 다 자란 성충 노란점나나니는 아직 연한 큰턱으로 단단한 벽을 뚫고 나오는 마지막 통과의례를 거쳐야 하며 이 과정은 꽤 시간이 걸리게 된다.

노란점나나니처럼 집을 지어 애벌레가 먹을 먹이만 저장해 두고 더 이상의 어떤 보살핌도 없이 어미가 떠나는 이런 삶이 얼핏 모성애가 없고 각박해 보이기도 한다. 그러나 야생의 세계를 들여다보면 이 정도는 자식에게 꽤 많은 투자를 한 것이 된다. 안전하게 자랄 수 있는 집을 지어 주고 또 충분한 양의 먹이를 저장해 두었으니 나비나 나방처럼 그저 적당한 식물의 잎에 알을 낳아 두는 것만으로 어미의 임무를 마치는 것

| 환의자 밑에 집 짓는 노란점나나니.

과는 비교할 수 없을 정도의 노고와 투자를 한 것이다. 나비 종류만 그런 게 아니다. 다른 많은 곤충이 그냥 적당히 먹이가 있는 곳에 알을 낳는 것으로 어미의 임무를 완수하는 경우가 훨씬 많다.

벌만 해도 그렇다. 극동등에잎벌의 암컷은 진달래의 잎에다 알을 낳고 알에서 깬 애벌레는 진달래의 잎을 먹고 자라 다시 성충으로 자라게 된다. 자연의 법칙은 매우 다양하여 자식에게 많은 투자를 하는 경우도 있고 그 반대로 투자를 적게 하는 경우도 있는데 대개 투자를 적게 할수록 산란하는 수는 많아지며 투자를 많이 할수록 산란 수는 적어지게 된다. 결국 적게 낳아 생존율을 높이느냐 아니면 생존율이 낮지만 많이 낳아 상쇄하느냐 하는 문제인데 생물의 종류마다 각기 다른 전략을 사용하는 것이라고 할 수 있으며 궁극적인 목표는 더 많은 자손을 남기는 것이라고 할 수 있다.

41. 땅굴 파는 베짱이 사냥꾼

홍다리조롱박벌*Isodontia harmandi*

구멍벌과 Sphecidae

| 사냥을 떠나기 전 흙으로 둥지를 메우는 홍다리조롱박벌.

홍다리조롱박벌은 구멍벌과Sphecidae에 속하는 벌로 성충은 대개 7월부터 9월 사이에 볼 수 있다. 이들은 정원의 뒤뜰이나 짧은 풀이 나 있는 초원 등에서 땅굴을 파서 둥지로 삼는다. 둥지를 파기 좋은 장소에서는 대개 여러 마리의 홍다리조롱박벌이 서로 인접하여 굴을 파곤 한다. 이는 이런 벌도 집 지을 장소가 부족하다는 의미이기도 하다. 홍다리조롱박벌이 둥지터로 좋아할 만한 장소는 대부분 사람들이 개발하여 농사를 짓거나 집터로 이용하여 이들이 둥지터를 찾기 쉽지 않은 것이다.

풀밭에서 검정색 커다란 벌이 잉잉거리는 소리를 내면서 굴을 파고 있거나 굴에 들락날락하면 거의 틀림없이 이 홍다리조롱박벌이 둥지를 짓고 있는 모습이다. 그런데 가만히 살펴보고 있으면 한참 동안 구멍을 판 후에는 파낸 흙으로 도로 구멍을 메워 버리고 날아가 버린다. 팠다가 메울 것을 바보처럼 왜 팔까 싶기도 하지만 여기엔 이유가 있다. 이런 집 지을 자리는 다른 홍다리조롱박벌도 탐을 내므로 구멍을 뺏기지 않게 외출할 때는 도로 메워 남의 눈에 띄지 않게 하는 것이다. 다른 홍다리조롱박벌뿐 아니라 새끼에 기생하는 곤충도 있으므로 이들을 예방하는 일이기도 하다. 이런 행동은 우리가 집을 비우고 외출할 때 문단속을 하는 것과 같다고 보면 된다. 어쨌거나 외출할 때는 다시 메우고 또 돌아와서는 도로 파내는 일을 반복하니 사람 눈에는 참 미련해 보이기도 한다. 그러나 홍다리조롱박벌이 판 땅굴에 지푸라기를 꽂아 표지를 한 다음 꽃삽으로 조심스럽게 파 보면 이게 미련스럽기만 한 것은 아니고 참 영리하단 생각이 든다. 그것은 땅굴이 처음엔 비스듬히 내려가다가 7~8cm 정도 지점에서는 직각으로 꺾여 다시 옆으로 나간다는 것이다. 이렇게 옆으로 파 나가는 길이도 7cm 내외 정도 된다. 그래야 나중에 이곳에서 자라는 새끼가 평평한 환경에서 자랄 것이고 또 비가 와서 빗물이 약간 스며들더라도 그 피해를 입지 않게 될 것이다.

터널을 판 후 외출하는 곳은 대개 풀밭으로, 풀밭에서 새끼의 먹이가 될 곤충을 사냥하기 위함이다. 홍다리조롱박벌이 좋아하는 사냥감은 베짱이, 실베짱이, 매부리 등 베짱이 종류이다. 따라서 홍다리조롱박벌을 보려면 풀밭으로 가거나 집을 지을 만한 주변의 키 작은 풀이 자라고 있는 곳으로 가면 된다. 사냥의 용이성 때문인지 아니면 조직이 연하기 때문인지는 몰라도 대개 약충*을 사냥한다. 적당한 사냥감을 발견하면 달려들어 순식간에 침을 꽂는데 독침을 맞은 베짱이는 곧바로 마비되어 저항도 하지 못한다. 베짱이는 몸의 길이가 홍다리조롱박벌보다 더 길고 덩치도 크며 무게 또한 홍다리조롱박벌과 비슷한 정도라 사냥에 성공하더라도 이를 운반하는 일이 예삿일이 아니다. 한 번에 휙 날아서 운반하면 좋겠지만 너무 무거워 어려우므로 조금씩 날면서 집까지 운반하게 된다. 자기보다 더 큰 베짱이를 운반하는 홍다리조롱박벌을 보면 천하장사가 따로 없다는 생각이 든다. 사람으로 치면 자기 몸무게만 한 짐승을 사냥하여 가슴에 앉고 몇 십 미터씩 점프를 하는 것과 마찬가지니 홍다리조롱박벌의 운반 능력은 놀랍다고밖에 할 수 없다. 홍다리조롱박벌이 베짱이를 사냥하여 운반할 때는 반드시 더듬이를 물고 그 위에 올라타서는 사냥감을 껴안듯이 하는 자세로 운반하게 된다. 이런 자세로 더듬이를 물고 운반해야 공기 저항을 덜 받아 가장 운반하기 쉽기 때문

* **약충** 다 자라지 않은 미성숙 벌레

| 베짱이를 둥지로 운반하는 홍다리조롱박벌.

이다. 그러나 이렇게 더듬이를 물고 운반하는 것은 오랜 기간 진화해 오면서 터득한 본능이지 벌이 생각하거나 학습하여 하는 것은 아니다. 유명한 곤충학자인 파브르도 항상 더듬이만 물고 운반하는 조롱박벌의 습관이 궁금하여 실험을 해 본 적이 있다. 파브르는 조롱박벌이 집 바로 앞에 베짱이를 운반해 두고 메운 흙을 도로 파내고 있는 동안에 가위로 슬쩍 베짱이의 더듬이를 잘라 버리고 그 행동을 관찰해 보았다. 그러자 당황한 조롱박벌은 더듬이를 찾기 위해 여기저기 살피며 애를 쓰다가 결국 더듬이가 없자 애써 사냥해 온 베짱이를 집 바로 앞에서 포기하고 다시 사냥을 하러 가고 말았다. 이런 행동을 본 파브르는 조롱박벌이 학습이나 사고에 의해 행동하는 것이 아니고 본능에 의한 것이라고 결론을 내렸던 것이다. 운반할 때는 더듬이를 물고 운반하는 게 가장 합리적이겠지만 어차피 집 바로 앞에까지 운반해 온 것이므로 다리나 또는 몸통 어디든 물고 운반해도 될 텐데 그러지 못하는 것을 보고는 아주 합리

적인 행동도 알고 보면 본능에 의한 경우가 많다는 것을 확인한 실험이기도 하다. 어쨌거나 베짱이를 어렵게 사냥하여 힘들게 집까지 운반해 오면 바로 집으로 들어가지 못한다. 그 이유는 나갈 때 흙으로 집을 도로 메웠기 때문이다. 따라서 베짱이를 집 앞에 놔두고 다시 흙을 파내고 안을 살펴본 다음에야 집 안으로 운반하게 된다. 그러나 이처럼 철저히 문단속을 해도 빈틈은 있게 마련이다. 사냥감을 둥지 입구 터널 앞에 두고 터널을 다시 파내고 있을 때에 베짱이 냄새를 맡고 흔히 개미가 몰려들곤 한다. 개미가 한두 마리면 대개 벌이 개미를 물리치고 사냥감을 회수하지만 개미의 수가 많으면 홍다리조롱박벌은 애써 잡은 사냥감을 포기하고 다시 사냥을 떠난다.

개미뿐이 아니다. 홍다리조롱박벌의 둥지 부근에서는 기생파리 또한 기회를 노린다. 기생파리는 사냥감의 냄새를 맡고는 귀신같이 둥지 주변으로 몰려든다. 그러고는 홍다리조롱박벌이 베짱이를 끌고 들어갈 때 슬쩍 자신의 어린 애벌레를 낳아 둔다. 기생파리는 알을 낳는 것이 아니고 어미의 몸에서 부화한 작은 애벌레를 낳게 되는데 홍다리조롱박벌 둥지에 떨어진 기생파리 애벌레는 홍다리조롱박벌이 마련해 둔 먹이를 먹고 자라게 된다. 결국 홍다리조롱박벌의 노력은 이 뻔뻔한 얌체 기생파리 때문에 수포로 돌아가고 자신의 알과 마련해 둔 먹이는 모두 기생파리의 먹이가 되고 만다.

자연에서는 이처럼 먹고 먹히는 먹이 사슬이 이어진다. 베짱이에겐 저승사자보다 무서운 홍다리조롱박벌이지만 남의 노력을 송두리째 앗아가는 조그마한 기생파리의 약삭빠른 기생에는 속수무책으로 당하는 것이 생물의 세계다.

다행히 기생파리 등과 같은 천적의 공격을 피하고 산란한 둥지에서는 홍다리조롱박벌의 애벌레가 어미가 마련해 둔 베짱이 먹이를 먹고 자라게 된다. 저장해 둔 먹이는 꼼짝도 않고 있지만 죽은 것은 아니고 독침에 마비된 것이다. 이렇게 마비된 베짱이는 저항도 하지 못하고 도망칠 수도 없지만 여전히 살아 있으므로 썩지도 않는다. 벌의 애벌레가 베짱이의 살을 파먹으면 곧 죽고 썩지 않겠나 생각되지만 곤충은 신경계가 뇌에만 집중되어 있지 않고 가슴과 배 부분에도 분산되어 있어 머리가 잘리더라도 며칠 동안 살아 있을 정도로 생명력이 강하므로 일부 조직이 먹혀도 쉽사리 죽지 않는다. 결국 홍다리조롱박벌은 어미가 사냥해 둔 싱싱한 먹이를 먹고 자라 번데기가 되어 겨울을 지나며 이듬해 여름이면 어엿한 어른 홍다리조롱박벌이 된다. 성충으로 우화한 암벌은 집 밖으로 탈출하여 수벌과 짝짓기 한 후 다시 어미와 같은 일생을 살아가게 되는 것이다. 어미에게서 어떻게 집을 짓는지 또 어떻게 사냥하는지를 전혀 배우지 않고도 이 모든 것을 본능에 의해 수행할 수 있으니 참으로 동물의 본능은 신기하기도 하고 놀랍기도 하다.

42. 뻐꾸기도 울고 갈 탁란 기생의 명수

꼬마나나니*Ammophila sabulosa*

구멍벌과 Sphecidae

| 꼬마나나니.

꼬마나나니는 구멍벌과Sphecidae에 속하는 벌로 단독생활을 하며 모래밭 같은 땅속에 구멍을 파서 둥지를 짓고 그 속에 사냥한 나비목의 애벌레를 저장하고는 알을 하나 낳는다. 속명 *Ammophila*는 '모래땅을 좋아하는 곤충'이란 뜻이며 영어로는 sand wasp라 불리는데 이 역시 모래땅에 집을 지으므로 붙여진 이름이다. 몸길이는 암컷 20~25mm, 수컷 17~20mm 정도로 암컷이 조금 크며 길고 홀쭉한 몸매를 가졌다. 한국과 일본을 포함한 아시아에서부터 유럽 대륙에 걸쳐 널리 분포하는 종이다.

꼬마나나니 성충의 활동 기간은 5월부터 10월말까지이다. 수벌과 짝짓기를 마친 암벌은 이 기간 내내 번식을 위해 땅굴을 파서 둥지를 만들고 나비목의 유충을 사냥하여 저장하고는 알을 낳는 일에 몰두하게 된다. 터널을 파는 일은 오전 일찍부터 시작되며 터널 공사가 빠르게 진행되면 한낮에는 저장할 애벌레 사냥에 나서게 된다. 공사가 더디면 이튿날까지 이어지기도 한다. 터널을 팔 때 나오는 흙과 모래 알갱이는 반드시 물어서 멀리 내다 버린다. 홍다리조롱박벌이 둥지 부근에 파내버리는 것과는 대조적이다. 둥지를 판 흔적을 남기지 않으려는 전략이겠지만 공사는 더 힘들 수밖에 없다. 흙을 물고 구멍에서 때로 후진 비행하는 모습은 나나니의 비행술이 일급 헬기 조종사 이상이라는 생각을 하게 한다. 터널을 충분히 파고 둥지가 완성되면 입구를 작은 돌 등으로 막은 후 사냥을 하러 떠난다. 터널을 막아 두는 것은 이런 둥지를 노리는 다른 곤충에게 발각되지 않게 하기 위함이다.

꼬마나나니가 새끼를 위해 사냥하여 저장하는 먹이는 대개 나비목의 애벌레이다. 먹이사냥은 맑은 날 낮에 하는데 더듬이는 사냥감을 찾는데 아주 중요한 역할을 하며 사냥감에서 풍겨 나오는 희미한 냄새를 탐지할 수 있다. 드디어 사냥감이 발견되면 다리로 움켜쥐고 바로 긴 복부를 구부려 애벌레의 배에 독침을 놓는다. 나나니의 독침 공격에 사냥감은 바로 마비되어 무력해진다. 대개 사냥감이 무거워 제대로 날지 못하며 끌다시피 운반하게 된다. 둥지에 저장하는 사냥물은 그 크기에 따라 수량이 달라진다. 큰 사냥물이라면 한 마리만 채울 수도 있으며 작을 경우 여러 마리를 채운다. 암컷은 한 시즌에 보통 10개 정도의 둥지를 만드는데 그중 절반 정도는 큰 모충 한 마리만 채우고 나머지 절반에는 보다 작은 2~5마리의 모충을 채운다. 알은 단 한 개를 낳는데 항상 맨 먼저 사냥해 온 사냥물에다 낳으며, 이는 빨리 알이 부화하여 성장 기간을 단축시키는 효과가 있다(Jeremy, 1989). 사냥물을 저장하고 알을 낳은 둥지는 잔돌과 나뭇가지 등으로 통로 중간을 채워 나중에 부화할 애벌레의 활동 공간을 마련해 놓은 후 마지막으로 모래나 흙을 덮어 폐쇄한다.

이렇게 어렵게 둥지를 파고 나비목 애벌레를 사냥하여 알을 낳는데 얌체 짓을 하는 종류가 있으니 쉬파리 일종인 기생파리이다. 기생파리는 사냥감을 운반하는 나나니벌을 탐지하여 몰래 뒤따라가서 기회를 엿보고는 자신의 어린 애벌레를 슬쩍 낳아 둔다. 쉬파리는 알에서 깬 작은 애벌레를 낳는데 이들은 먼저 나나니벌의 알을 먹어 치우고는 어미 나나니벌이 애써 사냥해 둔 나비목 애벌레를 먹고 자라게 된다. 나나니가 애써 마련한 둥지와 먹이는 고약한 기생파리의 몫이 되는 것이다. 나나니벌이 마련하는 둥지와 사냥감의 30~40% 정도가 기생파리의 몫이 된다니 나나니로서는 억울하고 분통 터지는 노릇이 아닐 수 없다. 천하에 걷는 놈 위에 뛰는 놈 있고 뛰는 놈 위에 나는 놈 있다는 말은 이런 곤충 세계에서도 어김없이 들어맞는다.

동종 탁란 기생

나나니 둥지 속의 먹이와 알은 기생파리만 노리는 것이 아니다. 생물의 생존 경쟁은 때로 같은 종 내에서 더 치열하다. 나나니의 경우에는 이 종 내 경쟁이 살벌할 정도로 치열한데 독특한 동종기생을 하기 때문이다.

동종기생은 다른 종을 기생 대상으로 삼는 것이 아니라 같은 종 내에서 일어나는 기생인 것이다. 꼬마나나니는 동종기생이면서 탁란 기생(brood parasitism)을 한다. 탁란 기생은 뻐꾸기 같은 새에서 잘 알려진 기생 방식으로 자기 자신은 둥지를 만들지 않으며 개개비나 붉은머리오목눈이의 둥지에 몰래 알을 하나 낳아 둥지 주인에게 새끼의 양육을 떠맡긴다. 뻐꾸기 알은 양어미의 알보다 먼저 부화하며 부화한 뻐꾸기 새끼는 나중에 부화하는 양모의 알과 새끼를 둥지 밖으로 밀어내 버리고 어미가 물어오는 먹이를 독차지하여 자라게 된다. 뻐꾸기처럼 서로 다른 종간에 탁란 하는 것을 종간 탁란이라고 한다. 한편 무리지어 산란하는 종류인 여러 종류의 물새는 같은 종 내에서 다른 새의 둥지에 슬쩍 알을 낳아 두는 종내 탁란을 하기도 하는데 타조, 제비 등 꽤 많은 종류의 새가 이런 종내 탁란을 한다. 종내 탁란의 경우 탁란된 새끼가 원래 알이나 새끼를 제거하지는 않으며 양모로부터 함께 길러지게 되므로 얌체 짓이긴 하지만 뻐꾸기처럼 양모의 새끼를 죽이는 배은망덕한 짓을 하지는 않는다. 탁란은 조류 외에 다른 생물에서도 볼 수 있다. 아프리카 탄자니아 호수에 사는 뻐꾸기메기*Synodontis petricola*는 시크리드라는 물고기에게 탁란한다. 부화한 뻐꾸기메기의 새끼는 양모인 시크리드의 입 안에서 보호받으며 자라는데 함께 자라는 양모의 새끼를 모조리 잡아먹는다. 어미는 자신의 새끼를 모조리 잡아먹는 배은망덕한 이 뻐꾸기메기를 자기 새끼인 줄 알고 계속 돌보게 된다.

꼬마나나니 암컷은 먹이를 훔치는 방식과 둥지를 훔치는 방식의 두 가지 방법으로 동종기생을 한다. 그 방법은 남의 둥지 속에 저장된 양식(사냥감)을 몰래 훔쳐 와서 자신의 둥지에 저장하고는 산란하거나 또는 남의 둥지 속 알을 제거하고 대신 자신의 알을 낳는 것이다. 남의 둥지에 알을 낳는 탁란 기생은 얼핏 힘들이지 않고 아주 쉽게 자신의 자손을 남길 수 있는 방법이 된다. 둥지를 만들기 위해 땅굴을 파고 또 새끼의 먹이가 될 사냥감을 찾아 사냥해 오는 데는 약 10시간이 소요되지만 남의 둥지에 슬쩍 알을 낳는 방법은 20~30분이면 충분하다. 사람이 도둑질에 맛을 들이면 건전한 노동을 않고 남이 이룩해 놓은 재물에만 욕심을 내게 되는 것과 이 작은 벌이 살아가는 방법이 너무나 흡사하다는 생각을 지울 수 없다. 그런데 셈법은 그렇게 단순하지가 않다. 이렇게 탁란 기생한 알의 80%는 다시 또 다른 꼬마나나니에 의해 탁란 기생당한다고 한다(Kevin, 2001). 도둑놈이 훔쳐 놓은 것을 다시 도둑질하는 격이라고나 할까? 결국 서로 탁란 기생을 해 대니 꼬마나나니의 번식률만 떨어뜨리는 결과로 이어지게 된다. 열심히 일하지 않고 남의 물건을 훔치는 도둑질이 쉬울 것 같지만 결국 감옥살이만 하게 되고 결국엔 큰 이익이 되지 못하는 것과 비슷하다고나 할까. 만약 도둑질을 제대로 단속하지 못하고 내버려 두어 너무 횡행한다면 열심히 일하려는 사람은 사라지게 되고 도둑질을 노리는 기회주의자만 득실거리게 될 것이다. 그리고 사회 질서는 무너지고 무법천지가 되어 모든 사람이 피해자가 될 것이다. 탁란 기생된 알의 80% 이상이 다시 기생 당하는 꼬마나나니의 현실은 탁란 기생이 결코 이 종에 유리한 번식 방법이 아닐 것 같은데도 이들이 자연에서 도태되지 않고 면면히 이어가는 것이 신기한 일이다.

43. 바닷가 모래언덕의 파리 사냥꾼

왜코벌*Bembix niponica*

은주둥이벌과 Crabronidae

| 왜코벌.

코벌속*Bembix*의 벌은 영어로 sand wasp라 부르는데 대개 바닷가 해안 사구에 서식하기 때문이다. 이 속에는 전 세계에서 340여 종이 기록되어 있으며 특히 호주와 아프리카에 많은 종이 분포한다.

우리나라에 사는 왜코벌 역시 해안 모래 언덕에 서식하는데 서해안에서 흔히 볼 수 있다. 복부에는 노란 줄무늬가 선명하여 얼핏 땅벌을 닮았으며 윗입술(labrum)이 앞으로 삐쭉 돌출되어 마치 동물의 코처럼 생겼으므로 코벌이란 이름이 붙었다. 성충의 몸길이는 17~23mm 정도이고 활동 시기는 더운 여름철이다.

왜코벌은 고온에서 활동하기를 좋아하여 여름 폭서기 땡볕에서만 볼 수 있다. 7월말에서 8월초부터 나타나기 시작하여 9월 초까지 활동하는데 가장 왕성하게 활동하는 시기는 8월 중순이다. 한여름 해안 모래밭 지대는 한낮이면 기온이 무척 높게 올라가는데 왜코벌은 이런 무더위를 즐긴다. 왜코벌은 한여름에도 아침저녁 기온이 떨어지는 시간대에는 전혀 활동하지 않고 한낮에만 활동할 정도로 높은 온도에 최적화된 곤충이다. 한낮에도 구름이 끼고 서늘한 바닷바람이 불어 기온이 내려가면 활동을 멈추고 모래 바닥에 몸을 붙이고 기온이 오르길 기다릴 정도로 온도에 민감한 녀석이다.

모래밭에서 굴을 파고 사냥하는 벌은 모두 암컷이다. 수벌은 암벌과 짝짓기만 하고 나면 더 이상 2세를 위해 투자하지 않으며 2세 생산의 모든 책임은 암벌이 진다. 대부분의 벌은 이처럼 암벌 혼자서 집 짓기와 산란 및 육아를 책임지게 된다. 가족 부양에 등골이 휘면서도 가족에게서 변변한 대접도 받지 못하는 세상의 뭇 남성들 입장에서는 팔자 좋은 수벌의 삶이 부럽게 느껴질 수도 있겠다.

암벌은 해안 사구에 땅굴을 파서 둥지를 만드는데 둥지는 지하 30cm 내외에 위치한다. 이 정도 깊이가 되면 암만 뜨거운 모래사장이라 할지라도 새끼가 자라기에 적당한 습기와 온도가 유지된다. 둥지 속에는 애벌레 먹이로 파리를 사냥하여 저장하고 알을 낳는다. 다양한 파리 종류를 사냥하는데, 쉬파리, 집파리, 꽃등에, 황등에붙이, 검정볼기쉬파리 등이 특히 좋아하는 사냥감이다.

암벌이 즐겨 사냥하는 장소는 바닷물에 의해 밀려온 해조류와 각종 동물의 사체가 쌓여 있는 곳으로 바닷물과 가까운 해안이다. 바닷물에 밀려 퇴적된 동식물 사체는 썩게 마련이어서 여러 종류의 파리가 꾀인다. 왜코벌은 이런 썩어가는 퇴적물에 모이는 파리를 노리는 것이다. 왜코벌은 사냥 솜씨가 탁월하여 파리 한 마리를 잡아 오는 데 대개 10분이 채 소요되지 않는다. 사냥은 날이 더울수록 더 능률적이라고 한다. 둥지 하나에는 수십 마리의 파리가 저장되며 둥지 당 알 하나를 낳는다. 저장되는 사냥물을 고려하면 왜코벌 애벌레는 엄청나게 대식가인 셈이다. 사냥물을 저장해 두고 재차 사냥을 나갈 때마다 둥지 입구를 모래로 덮어 다른 침입자를 경계한다. 주변엔 지형지물도 현저하지 않고 풀만 나 있는 모래사장인데 왜코벌은 어떻게 자기 둥지 입구를 찾을까? 대략적인 위치와 방향은 기억하겠지만 모래로 덮어서 보이지도 않는 출입구를 기억으로 정확히 찾는 것은 불가능할 것이다. 정확한 위치는 페로몬으로 탐지하여 찾는 것으로 보인다. 왜코벌이 둥지 출입구를 찾을 때는 언제나 더듬이를 마치 지뢰 탐지기처럼 아래로 내려 탐지하는데 이는 더듬이로 둥지에 남겨 놓은 페로몬을 감지하는 행동이다.

알에서 애벌레를 거쳐 번데기로 자라는 데는 약 2주가 소요된다. 번데기는 당년에 성충으로 탈바꿈하지 않고 해를 넘긴 다음 이듬해 여름이 되어야 성충으로 우화한다. 1년에 1회 발생하므로 번데기로 아주 오랜 기간 기다려야 그들이 좋아하는 뜨거운 태양을 느낄 수 있는 셈이다. 세상에 나온 왜코벌 암컷은 수벌과 짝짓기 한 후 어미가 했던 방식대로 다시 땅굴을 파고 파리를 사냥하며 후세를 기르는 삶을 살게 된다.

44. 나무 구멍에 집 짓고 나방 잡아 새끼 기르는

목도리목대장은주둥이벌*Lestica collaris*

은주둥이벌과 Crabronidae

| 은주둥이벌 일종인 이와타목대장은주둥이벌.

목대장은주둥이벌속屬, *Lestica*은 은주둥이벌과科, Crabronidae, 은주둥이벌아과亞科, Crabroninae에 속하며 단독생활을 하는 벌 무리로 전 세계에 40여 종이 보고되어 있다. 대부분 식물 줄기나 죽은 나무줄기 속에 둥지를 짓지만 일부 종은 땅속에 둥지를 판다. 나무에 둥지를 짓는 종류는 하늘소와 같은 딱정벌레목 유충이 뚫은 터널을 이용하는 경우가 많으며 이전에 다른 목대장은주둥이벌이 사용했던 둥지를 손질하여 재사용하는 경우도 있다. 식물 속에 집을 짓는 종류는 대개 큰턱이 잘 발달되어 식물 조직을 물어뜯어 구멍을 파기 좋도록 진화되었다. 반면에 땅속에 굴을 파서 둥지를 만드는 종류는 앞다리가 땅을 파기 좋도록 발달하였다. 둥지 속에는 밤나방과Noctuidae, 명나방과Pyralidae, 잎말이나방과Tortricidae에 속하는 작은 나방 종류를 사냥해 두고 애벌레의 먹이로 삼는다. 이들 은주둥이벌 종류는 식물에 피해를 입히는 작은 나방을 사냥하므로 삼림해충 및 농작물의 해충을 구제해 주는 역할을 하게 되어 사람에게 이로운 곤충이며 앞으로 생물학적 방제 수단으로 연구 이용할 가치가 큰 곤충이다.

목도리목대장은주둥이벌은 우리나라 전역에 서식하는 종으로 우리나라 외에 일본, 러시아, 중국에도 분포한다. 죽은 나무줄기 속에 둥지를 지으며 육아방의 크기는 길이 7~12mm 정도에 폭은 2.5~2.7mm 정도이다. 애벌레 먹이로는 주로 잎말이나방과Tortricidae 성충을 사냥하여 저장하는데 하나의 육아방에 저장되는 사냥감 수는 6마리 내외가 된다(Tsuneki, 1960).

우리나라에는 이 속의 곤충으로 목도리목대장은주둥이벌 외에 다음 4종의 벌도 서식하고 있다(여진동 등, 1998).

이와타목대장은주둥이벌*Lestica reiter)*

우리나라 전역에 서식하며 러시아와 일본에도 분포한다. 대개 썩은 나무줄기 속에 굴을 파고 집을 짓는다. 하나의 터널에는 1~3개의 육아방을 짓는데 각 육아방의 크기는 길이 10~16mm에 폭은 4.5~5.0mm 정도가 된다. 애벌레 먹이로는 주로 밤나방과 및 잎말이나방과 성충을 이용한다(Tsuneki, 1960).

황다리은주둥이벌*Lestica alata*

강원도, 경기도, 전남 등지에 서식하는 것이 확인되었으며 우리나라 외에 일본, 중국, 러시아, 몽골, 터키, 인도 등지에도 분포한다. 땅속에 굴을 파서 둥지를 만들며 둥지 속에는 명나방과, 잎말이나방과, 알락나방과(Zygaenidae), 밤나방과 성충을 사냥하여 저장하고 알을 낳는다(Tsuneki, 1960).

여신은주둥이벌*Lestica heros*

경기 포천에서 채집된 예가 있으나 우리나라에 서식하는 밀도는 매우 낮은 것으로 보이며 그 생태는 확인되지 않았다. 여신은주둥이벌은 우리나라 외에 일본, 중국, 러시아에 분포한다.

목대장은주둥이벌*Lestica camelus*

북한 지역에서는 보고된 바 있으나 남한 지역에서는 보고된 바 없으며 북한 지역 외 러시아, 중국, 일본, 터키 등에 분포한다.

45. 두더지처럼 땅굴 파는 꿀벌 사냥꾼

둥근무늬노래기벌*Cerceris rybyensis*

은주둥이벌과 Crabronidae

| 둥근무늬노래기벌.

노래기벌속屬, *Cerceris*은 전 세계에서 약 800여 종이 보고되었으며 우리나라에는 20여 종이 분포하는 것으로 알려져 있다(이주순, 2009). 둥근무늬노래기벌은 우리나라 전역에 서식하며 우리나라 외에 일본을 포함한 아시아와 유럽대륙 및 영국 남부지방에 걸쳐 분포한다. 은주둥이벌아과Crabroninae에 속하는데 학자에 따라서는 노래기벌속*Cerceris*과 늑대벌속*Philanthus* 등을 따로 묶어 노래기벌과Philanthidae로 독립시키기도 한다.

암컷의 몸길이는 10~13mm 수컷은 9~10mm로 수컷이 조금 작으며 복부에 황색과 검정색의 띠가 있다.

성충은 꽃의 꿀을 먹고 살지만 애벌레 시기엔 육식을 한다. 단독생활을 하는 벌로 암컷은 땅속에 굴을 파고 둥지를 지으며 둥지 속에 사냥한 먹이를 저장해 두고 알을 낳는다. 둥지를 만들기 위한 굴의 깊이는 15cm내외이며 굴에서 측면으로 뻗은 짧은 굴을 여러 개 만들어 새끼가 자라는 방으로 사용한다. 굴은 처음엔 거의 수직으로 내려가지만 아래쪽에서는 지면과 거의 수평으로 벋어진다. 어미 벌이 사냥을 하러 굴을 떠날 때는 지형을 익히기 위해 굴 주변을 배회 비행하지만 돌아올 때는 배회하는 일 없이 바로 찾아오는 것으로 보아 이들이 지형을 익혀 자신의 굴을 찾는 능력이 있는 것으로 보고 있다(Else, 1997).

유럽에서 연구된 바에 의하면 성충은 6월부터 9월까지 관찰되며 연 1회 발생한다고 한다(Else, 1997). 우리나라에서는 4월에서부터 9월까지 성충을 관찰할 수 있으며 유럽보다 성충의 활동 기간이 훨씬 길다. 따라서 우리나라에서는 유럽과 달리 연 2회 발생하는 것으로 보인다. 곤충은 같은 종이라도 서식지의 기후에 따라 연중 발생 회수가 서로 다르게 나타나는 일이 빈번하며 여름이 덥고 길면 발생 회수가 많아질 수 있다.

번데기 상태로 겨울을 넘긴 후 4월에 발생한 둥근무늬노래기벌은 짝짓기를 한 후 둥지를 짓고 먹이를 저장하여 2세를 기르며 2세는 여름에 우화하게 된다. 여름에 태어난 성충은 어미가 했던 것과 마찬가지로 다시 둥지를 짓고 먹이를 저장하여 후세를 기르게 되는데 이들 후세는 당년에 성충이 되지 못하고 겨울 동안 번데기 상태로 동면하여 이듬해 봄에 우화하게 되는 것이다.

암컷은 새끼 애벌레가 먹고 자랄 수 있도록 꿀벌과에 속하는 여러 종류의 작은 벌을 사냥하는데, 가장 즐겨 사냥하는 벌은 꿀벌이다. 사냥할 때는 독침으로 쏘아 마비시킨 후 운반하며 사냥감의 목을 큰턱으로 물기도 한다. 독침에 쏘인 벌은 몸이 마비되어 저항을 하지 못하지만 죽지는 않는다. 따라서 둥근무늬노래기벌 애벌레는 자라면서 어미가 저장해 둔 먹이를 썩지 않고 싱싱한 채로 먹을 수 있다. 꿀벌을 사냥할 때는 대개 꿀벌 통 부근에서 꽃가루를 수집하여 둥지로 돌아오는 벌을 노린다. 그 이유는 꽃가루 무게로 꿀벌의 동작이 둔해지는데 이때 노래기벌이 공격하면 꿀벌이 잘 회피하지 못하므로 사냥하기 쉽기 때문이다. 또 벌통 부근에는 꿀벌이 항상 모여들기 때문에 벌을 찾아다니는 수고를 하지 않아도 되는 이점도 있다. 그렇다고 항상 꽃가루를 뭉쳐오는 벌만을 노리는 것은 아니다. 둥지를 조사해 보면 꽃가루가 없는 암벌 및 수벌도 볼 수 있다. 저장되는 벌의 수는 5~8마리 정도이며 사냥감의 크기에 따라 크기가 작은 벌이면 저장하는 벌의 수가 많아진다. 육아방에 저장되는 사냥물은 대개 같은 종으로 구성된다. 먹이가 되는 벌을 충분히 사냥하여 저장한 다음에는 외적의 침입을 막기 위해 입구를 흙으로 막아 버리며 애벌레는 각자의 방에서 홀로 자라게 된다. 1년에 2회 발생하는 경우 여름에 우화하는 경우에는 번데기 기간이 아주 짧지만 봄에 우화하는 경우에는 번데기 기간이 가을에서부터 겨울을 지나 이듬해 봄까지 이어지므로 극단적으로 길어진다. 우화한 벌은 보통 지상에서 짝짓기를 하며 짝짓기 한 상태로 은폐된 장소로 이동한다. 짝짓기를 마친 암벌은 둥지 지을 장소를 물색하러 다닌다. 둥지를 파기 좋은 적당한 장소를 찾으면 땅굴을 파서 둥지를 만든 다음 새끼가 먹고 자랄 먹이를 사냥하여 저장한 후 알을 낳는다. 이들 벌은 삶의 대부분을 후세를 생산하기 위한 굴 파기와 꿀벌 사냥에 바친다 해도 과언이 아니다.

46. 높은 산에 사는 꽃파리 사냥꾼

참빗은주둥이벌*Crabro ussuriensis*

은주둥이벌과 Crabronidae

| 꽃파리를 사냥하여 둥지로 운반하는 참빗은주둥이벌(국립생물자원관).

은주둥이벌아과의 벌은 두순(머리방패)이 은색 털로 덮여 있어 은주둥이벌로 불린다. 영어로는 squared head wasp라 불리는데 이 역시 머리방패의 모양이 네모진 데서 온 이름이다.

방패은주둥이벌속*Crabro* 벌은 모두 단독생활을 하며 땅굴을 파서 둥지를 짓는다. 둥지 속에는 유충의 먹이가 될 곤충을 저장하여 알을 낳은 후 어미는 출입구를 봉하고 둥지를 떠나며 새끼는 어미가 저장해 둔 먹이를 먹고 홀로 자라게 된다. 성충은 주로 5월부터 8월 사이에 관찰된다. 이 속의 곤충으로는 참빗은주둥이벌 및 방패은주둥이벌 2종이 우리나라에 서식하며 빗은주둥이벌은 북한지역에만 서식하는 것으로 알려져 있다.

참빗은주둥이벌은 암컷의 몸길이가 9~12mm 정도이며 우리나라 전역에 서식하며 중국과 러시아에도 분포한다. 앞다리는 땅굴을 파기 좋도록 잘 발달되어 있으며 앞다리의 발목마디에 강한 강모(剛毛)가 나있는 것도 땅을 파기 좋도록 적응된 것이다.

꿀벌이나 말벌처럼 사회생활을 하는 벌이 벌의 전부인 줄 알고 있던 사람들도 앞에서 설명한 단독생활을 하는 다양한 벌의 생태를 접하고는 벌의 다양성이 어떠한지 이제 어느 정도 감이 잡힐 것이다. 땅굴을 파서 애벌레가 먹을 먹이를 사냥하여 저장하는 벌은 그 종류가 참으로 많은데 대부분 종에서 사냥하여 저장하는 먹이는 특정 종을 고집하는 경우가 많다. 물론 어떤 경우에는 매우 다양한 곤충을 사냥하기도 하며 또 곤충과 거미 등 서로 다른 무척추동물을 가리지 않고 사냥하는 경우도 있다. 방패은주둥이벌속 곤충은 사냥감이 매우 다양하지만 그렇다고 아무 종류나 사냥하는 것은 아니며 파리목의 여러 과에 속하는 곤충을 사냥한다. 이들의 주요 사냥감으로는 꽃파리과Anthomyiidae, 장다리파리과Dolichopodidae, 물가파리과Ephydridae, 집파리과Muscidae, 등에과Tabanidae, 노랑등에과Rhagionidae, 좀파리매과Therevidae, 동애등에과Stratiomyidae, 꽃등에과Syrphidae 등의 여러 곤충이 확인되었는데(Bohart and Menke., 1976) 각각의 과는 제각기 매우 많은 곤충 종을 포함하므로 실제 사냥감은 매우 다양한 셈이다. 그렇지만 다른 목의 곤충은 사냥하지 않으니 특이성이 없다고 할 수는 없다. 애벌레의 먹이로는 이렇게 사냥한 파리를 이용하지만 성충의 먹이는 꽃의 꿀이므로 성충은 흔히 꽃에서 발견된다.

둥지는 암컷 혼자서 지으며 하나의 출입구로 파들어 간 후 연결되는 여러 개의 방을 만들고 각 방에는 새끼의 먹이가 되는 곤충을 사냥하여 저장한 후 알을 낳는다(Bohart and Menke., 1976). 우리나라에서는 국립생물자원관 조사 팀(여진동 외, 2008)이 강원도 함백산 정상 부근인 만항재(해발 1330m)에서 둥지를 짓는 참빗은주둥이벌을 발견하여 조사한 바 있는데 서식지 밀도가 높아 1m^{2}당 15~20마리가 각기 집을 짓고 있었다. 둥지는 출입구에서 연결되는 여러 개의 방을 만들어 육아방으로 삼는데, 새끼의 먹이로 꽃파리과Anthomyiidae의 파리를 사냥하여 저장하는 것으로 확인되었다. 육아방의 깊이는 얕은 곳은 지하 3.5cm 정도였고 깊은 곳은 11cm이었으며 평균 6.1cm 깊이에 위치하였다. 우리 시각으로 보면 그리 깊지 않은 곳에 둥지를 짓는 셈이다. 각각의 육아방에는 적게는 다섯 마리에서 많게는 스무 마리 정도의 사냥물이 저장되며 평균적으로 11마리 정도를 저장하였다. 수컷이 사육되는 방에는 보다 적은 먹이가 저장된다. 먹이 저장과 산란이 끝나면 출입구는 흙으로 폐쇄된다.

우리나라에서 참빗은주둥이벌의 생태에 관한 연구는 이 연구가 유일하며 다른 지역에서의 비슷한 연구 결과가 없으므로 유충의 먹이가 꽃파리과에 국한되는지 또는 파리목의 다른 파리 종류도 사냥하는지 등은 앞으로 더 연구되어야 확인될 수 있을 것으로 본다.

참빗은주둥이벌 유충의 먹이가 되는 꽃파리과의 파리 종류는 대개 작은 체구에 매우 활동적인 종류로 몸은 호리호리하고 가시 같은 털로 덮여있다. 체색은 회색, 흑색 또는 암갈색을 띤다. 꽃파리과 파리의 애벌레는 동물의 똥이나 동물 사체 또는 식물을 먹고 자라며 위생해충이거나 재배식물에 피해를 입히는 해충이다. 꽃파리과에 속하는 대표적인 해충으로 고자리파리를 들 수 있는데, 성충의 몸길이가 5~7mm인 작은 파리이다. 고자리파리 유충은 마늘 양파 대파 쪽파 부추 등과 같은 작물의 땅속에 있는 줄기 부분을 먹고 자라므로 작물을 말라죽게 한다. 충해를 입은 작물을 뽑아 보면, 줄기의 중간이 잘려진 채 뽑히게 되며, 흰색 구더기 형태의 고자리파리 유충을 볼 수 있다. 특히, 유묘에 피해가 심한데, 피해를 입은 것은 부패하여 냄새가 나고 먹을 수가 없다. 우리나라에서는 특히 마늘 농사에 많은 피해를 입힌다. 참빗은주둥이벌은 이처럼 농작물에 큰 피해를 주는 꽃파리과 파리를 포식하므로 매우 이로운 곤충이며 생물학적 방제의 유용한 도구로 이용될 소지가 있다. 앞으로 좀 더 상세한 생태 연구와 이들의 증식 방안이 뒷받침된다면 농약 없이 이런 해충을 구제할 수 있는 친환경적 방제가 가능할 수도 있을 것이다.

47. 땅굴 파는 파리 사냥꾼

빗은주둥이벌*Crabro cribrarius*

은주둥이벌과 Crabronidae

| 빗은주둥이벌.

빗은주둥이벌은 북한 지역에 서식하며 아직 남한 지역에서는 보고된 바 없는 종으로 아시아와 유럽에 걸쳐 분포한다. 참빗은주둥이벌과 마찬가지로 단독생활 하는 벌로 암컷은 몸길이 11~18mm 정도이며 수컷은 9~17mm 정도이다. 암컷의 다리는 종아리마다 이하가 밝은 황갈색이며 수컷의 다리 종아리마디엔 땅을 파기 좋도록 쟁기처럼 돌출된 구조물이 있다.

유럽에서는 주로 모래땅, 관목과 풀이 자라는 황무지, 해안 사구 등에 서식하며 때로 침엽수림의 외곽이나 삼림지대 내 개활지에서 발견되기도 한다.

빗은주둥이벌은 애벌레의 먹이로 나비목 명나방과의 여러 나방과 파리목의 꽃파리과Anthomyiidae, 좀파리매과Therevidae, 파리매과Asilidae, 검정파리과Calliphoridae, 춤파리과Empididae, 꽃등에과Syrphidae, 등에과Tabanidae 등을 사냥하는 것이 확인되었다. 애벌레는 육식으로 어미가 사냥해 둔 곤충을 먹고 자라지만 성충의 먹이는 꽃의 꿀로 주로 산형과(Umbelliferae) 식물의 꽃을 즐겨 찾는다.

유럽에서는 1년에 1회 발생하며 6월초부터 9월초까지 성충이 활동하는 모습을 볼 수 있다. 둥지는 대개 땅속에 굴을 파고 짓는데 간혹 썩은 나무속에 둥지를 틀기도 한다. 땅굴 깊이는 15~20cm가 일반적이다. 땅굴 끝부분에는 옆 방향으로 1~3개의 육아방을 만든다. 각 방에는 5~8마리의 사냥물을 저장해 두고 알을 하나씩 낳는다. 애벌레는 어미가 저장해 둔 먹이를 먹고 자라며, 다 자라면 고치를 짓고 번데기가 되어 이듬해 초여름까지 기다린다. 오랜 기다림 끝에 이듬해 초여름이 되면 번데기는 드디어 성충으로 탈바꿈하고 땅속 둥지에서 지상으로 탈출하게 된다. 성충이 된 빗은주둥이벌은 짝짓기 후 어미가 했던 방식대로 다시 땅굴을 파고 파리를 사냥하여 후세를 생산하게 된다.

48. 늑대처럼 교활한 꿀벌 전문 사냥꾼

세모늑대벌*Philanthus triangulum*

은주둥이벌과 Crabronidae

| 꿀벌을 사냥하는 세모늑대벌.

*Philanthus*속의 벌을 노래기벌로 부르는 학자들도 있으나 Cercis속과의 구분이 안 되는 난점이 있어 늑대벌속으로 부를 것을 제안하며 *Philanthus triangulum*을 세모늑대벌로 부르기로 한다. 세모늑대벌은 은주둥이벌과Crabronidae에 속하며 단독생활을 한다. 땅굴을 파고 애벌레의 먹이가 되는 다른 곤충을 사냥하여 저장한 후 알을 낳고 새끼를 기르는 점에서 노래기벌속*Cerceris*과 생태가 흡사하다.

늑대벌이 소속된 늑대벌속*Philanthus*의 벌은 종에 따라 다양한 여러 벌 종류를 사냥하는데 세모늑대벌은 오로지 양봉꿀벌*Apis mellifera*만 사냥한다. 영어로는 '꿀벌 사냥하는 늑대'라는 의미의 beewolf라 부른다.

이 속에 속하는 벌로는 공식적으로 금관노래기벌*Philanthus coronatus* 1종이 우리나라에 서식하는 것으로 보고되었으나 우리나라에서 이 종의 생태에 관해서는 밝혀진 바가 없다. 세모늑대벌은 학회에 보고된 적은 없으나 곤충 동호인 카페 등에서는 국내에 서식하는 것으로 사진 등이 제시되고 있으며 서식 밀도도 낮은 편이 아니라고 한다. 곤충은 비슷한 종이 아주 많아 동정은 전문 연구자라 할지라도 많은 전문 자료가 있어야 하며 오동정하기가 매우 쉬우므로 조심스럽긴 하지만 세모늑대벌의 원서식지가 유럽 대륙 대부분 지역에서 북아프리카까지 이어지며 우리나라와 같은 온대 지방에 주로 서식하는 종이므로 이전부터 서식해 왔든 아니면 근년에 유입되어 서식하게 되었든 간에 서식하고 있을 가능성이 상당히 높은 것으로 판단된다.

세모늑대벌의 주 분포지는 북서유럽에서 열대 아프리카에 이르는 지역이다. 성충은 꿀과 꽃가루 같은 식물성 먹이를 먹지만 애벌레의 먹이는 어미가 사냥한 꿀벌이다. 우리나라에서는 아직 이 속의 생태에 관한 연구보고는 없었으나 주로 6월에서 11월까지 관찰된다. 따라서 우리나라에서는 연간 2회 발생하는 것으로 추정된다.

국내에서는 생태에 관해 보고된 바가 없으므로 아래의 기술은 유럽에서 연구된 자료에 의거한 것이다. 우리나라에 서식하는 세모늑대벌의 세세한 생태는 유럽과 약간 다를 수 있겠지만 기본적으로는 비슷하리라 보며 앞으로 연구해야 할 과제라 본다.

세모늑대벌 암벌이 굴을 파서 집을 짓는 곳은 대개 건조하며 관목이 무성한 곳, 황무지나 해안사구 같은 모래밭이며 진흙 지대에서 발견되는 경우는 드물다. 여름이 짧은 북유럽 같은 지역에서는 7월 중순에서 9월까지 발견되며 연간 1세대가 생산된다. 반면에 중부 유럽 같은 보다 따뜻한 지역에서는 6월에서 10월까지 관찰되며 연간 2세대가 발생한다(Else, 1997). 굴은 햇볕이 잘 쬐는 개활지 모래사장에 파는데 길이가 때로 1m에 달하기도 하며 끝부분에서는 여러 개의 짧은 옆 굴을 판다. 옆 굴은 많을 경우 서른 개가 넘기도 한다. 각각의 옆 굴은 육아방이 된다. 땅굴 속의 육아방에는 침을 쏘아 마비시킨 꿀벌을 1~5마리 저장해 두고 그곳에 알을 하나 낳으며 알에서 깬 애벌레는 어미가 사냥해 둔 꿀벌을 먹고 자라게 된다. 꿀벌을 사냥할 때는 대개 앞다리 기부의 관절 부분에 독침을 찔러 마비시킨다. 다 자란 애벌레는 고치를 짓고 번데기가 되는데, 여름에 형성된 고치는 그해에 성충으로 우화하지만 늦여름 이후에 만들어진 고치는 겨울을 지나고 이듬해 여름이 되어야 우화하게 된다.

네델란드 출신의 영국인으로 저명한 동물생태학자인 틴버겐(Nico

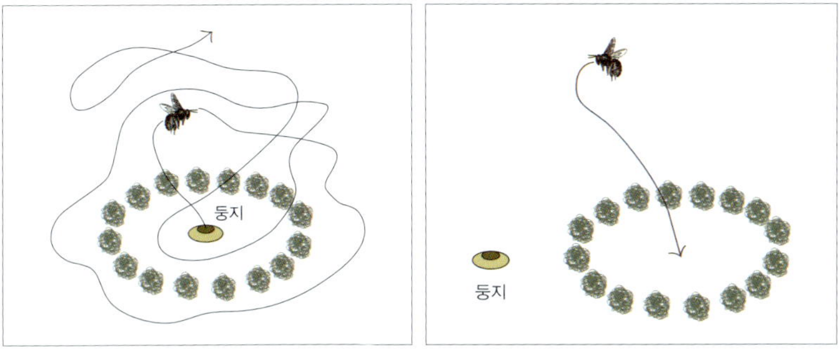

| 틴버겐의 세모늑대벌의 둥지 찾기 실험. 둥지를 떠나기 전에 둥지 주변을 배회하여 주변의 지형지물을 기억해 두며 만약 둥지를 떠난 후에 이 지형지물을 변화시키면 둥지를 찾지 못한다.

Tinbergen, 1907-1988)은 세모늑대벌 암벌이 어떻게 자기 둥지를 찾아가는지 연구하였다. 틴버겐은 둥지 주변에 솔방울을 둥글게 배열하여 두었다가 세모늑대벌이 둥지를 떠난 후 둥지 주변의 솔방울을 둥지 밖으로 조금 옮겨 보았다. 그랬더니 외역에서 돌아온 세모늑대벌은 솔방울 울타리 안에서 둥지를 찾기만 하였으며 솔방울을 다시 원래의 위치로 옮겨 주기 전에는 둥지를 찾지 못하였다. 이를 보고 집을 떠날 때 주변의 지형지물을 이용하여 둥지의 위치를 기억한다는 사실을 밝혀내었다.

육아방 내의 습하고 따뜻한 환경은 여러 종류의 곰팡이가 자라기 좋은 조건이며 특히 *Aspergillus flavus*가 번성하기 쉬운데 이 곰팡이는 세모늑대벌의 유충과 저장된 먹이에 감염되기 쉽다. 이 곰팡이에 감염되면 애벌레는 죽고 만다. 세모늑대벌 어미는 새끼를 보호하기 위해 두 가지 방법을 쓴다. 그 한 가지는 어미의 머리 샘에서 분비되는 항-곰팡이 성질의 분비물을 저장해 둔 꿀벌 먹이에 충분히 발라 두어 곰팡이 발생을 억제하는 것이다. 다음 전략은 어미의 더듬이에 있는 분비샘에서 공생하는 세균이 함유된 하얀색 분비물을 육아방에 발라두는 것이다. 공생 세균은 *Streptomyces*의 일종으로 새끼들은 자연스럽게 이 세균을 먹고 자라게 되어 고치를 지을 때 고치에 자동적으로 세균이 살포되어 곰팡이 감염으로부터 보호받게 된다(Herzner et al., 2007).

세모늑대벌 수벌은 짝짓기 기회를 갖기 위해 암벌이 둥지를 짓는 인근에 자기 영역을 확보하는데 그 면적은 대략 0.25m^2 정도가 된다. 수벌들은 대개 인접한 영역에서 짝짓기를 두고 서로 경쟁하는데 암벌이 여러 수벌 중에서 짝짓기 상대를 선택할 때는 수벌이 발산하는 페로몬의 강도에 의존한다(Herzner et al., 2006). 세모늑대벌은 사람이 기르는 꿀벌에게 피해를 입히는 해충으로 양봉가에겐 성가신 존재지만 우리나라를 위시한 동아시아에 서식하는 장수말벌의 피해에 견주면 그 피해 정도는 심하지 않은 편이다. 꿀벌은 포식자가 둥지에 침입할 때는 적극적으로 둥지를 방어하지만 한 마리씩의 꿀벌 개체를 사냥하는 포식자에겐 개별적 회피만 하지 무리 전체가 집단으로 방어하지는 못하므로 이런 방식의 포식에는 취약한 편이다.

49. 난초꽃을 암벌로 착각하여 짝짓기 하는

큰줄나나니*Argogorytes mystaceus*

은주둥이벌과 Crabronidae

| 난초꽃에 앉은 큰줄나나니.

큰줄나나니는 은주둥이벌과에 속하며 단독생활 하는 벌로 우리나라, 일본, 중국을 포함한 동아시아에서부터 시베리아를 거쳐 유럽대륙에 걸쳐 분포하며 남으로는 터키까지 분포한다. 산지 숲과 개활지가 함께 있는 지역을 선호하며 식물의 꽃에 모인다. 주로 해발 고도 1,000m 이상 지역에서 볼 수 있다.

암컷의 몸길이는 10~14mm이고 수컷은 이보다 작아 8~11mm 정도이다. 암벌은 땅속에 둥지를 지으며 매미충, 거품벌레 등을 사냥하여 저장하고 알을 낳으며 알에서 깬 애벌레는 어미가 저장해 둔 먹이를 먹고 자라게 된다. 연중 1회 우화하며 성충은 5월 중순에서 8월 중순 사이에 관찰된다. 성충은 꿀을 찾아 꽃에 모여드는데 특히 산형과 식물의 꽃을 즐겨 찾는다. 이들의 주요한 천적은 애벌레에 기생하는 맵시벌과 곤충이다. 유럽에서는 이 벌의 수컷이 난초과에 속하는 나나니벌난초*Ophrys insectifera*를 위시한 벌난초속*Ophrys*의 꽃을 수분시키는 것으로 알려져 있다. 벌난초속*Ophrys* 난초는 유럽 전역, 북 아프리카, 카나리 군도, 중동 등지에 분포하는 종류로 영어로는 bee orchids라 불리는데 꽃이 털이 몽실몽실한 벌을 닮았기 때문이다. 수벌은 벌을 닮은 이 꽃을 암컷으로 착각하여 짝짓기를 시도하는데 이런 행위를 유사짝짓기(pseudocopulation)라 한다. 벌난초속 난초는 수벌이 유사짝짓기를 하는 과정에서 수분이 되며 성공적으로 번식한다. 여러 종류의 꽃을 찾는 벌 때문에 이 속에는 자연적인 교잡이 많이 일어나 잡종이 흔히 생성된다고 한다.

벌난초속 난초꽃은 벌의 암컷과 모양도 비슷하지만 암벌이 발산하는 성페로몬과 비슷한 냄새까지 풍겨 수벌을 유인하게 된다. 과학자들의 연구 결과, 꽃의 모양보다는 꽃에서 풍기는 페로몬과 흡사한 화학물질이 더 중요한 역할을 하는 것이 밝혀졌다(Leendert van der Pijl & C. H. Dodson, 1966).

수벌을 유인하기 위해 식물이 발산하는 이런 화합물을 알로몬(allomones)이라고도 부르는데 알로몬의 원래 의미는 어떤 종이 생산하여 다른 종의 생물에게 영향을 미치는 화합물을 의미한다. 식물이 생산하는 알로몬으로는 초식 곤충을 물리치는 데 이용되는 종류와 유사짝짓기를 유도하는 난초에서처럼 수벌을 유인하는 데 이용되는 종류 등이 대표적이다.

큰줄나나니는 우리나라에도 서식하는 것으로 기록되어 있지만 분포와 생태는 알려지지 않았다. 이 종에 대한 기록이 미미한 것으로 보아 서식한다고 하더라도 개체수가 아주 적은 희귀종으로 생각되며 우리나라에서도 자생 난초 종류에 유인되어 유사짝짓기로 난초의 수분에 기여하는지는 확인되지 않았다.

벌난초속의 난초꽃을 모두 큰줄나나니 종류가 수분시키는 것은 아니고 종에 따라서 다양한 벌 종류가 이 난초를 수분시킨다. 포르투갈, 터키, 레바논 등 지중해 지역에 분포하는 난초인 호박벌난초*Ophrys bombiliflora*는 꽃의 혀가 호박벌을 닮아 이런 이름이 붙었는데 수분은 호박벌이 하는 것은 아니고 꿀벌과에 속하는 *Eucera*속의 벌이 하는데 이 꽃 역시 수벌이 암벌로 착각하도록 페로몬 유사 화합물을 발산하여 수벌을 유인하며, 유사짝짓기를 통해 수분하게 된다.

또 꿀벌난초*Ophrys apifera*는 중부 및 남부 유럽에서 북 아프리카 및 중

동지역에 걸쳐 분포하는 종이다. 이 난초는 이 속에서 유일하게 자가수분 하는 종이다. 그런데 이 종도 유럽 북부지역에서는 자가수분으로 번식하지만 지중해 인근 지역에서는 꿀벌과(科)의 단독생활 하는 벌인 *Tetralonia cressa*, *Eucera pulveraceae*, *Eucera longicornis*와 같은 벌의 수벌을 유인하여 유사짝짓기를 유도하여 수분한다(Fenster & Silvana, 2007). 암벌이 발산하는 페로몬과 유사한 화합물을 풍겨서 수벌을 유인하는데 꽃의 혀 모습도 암벌과 흡사하다.

꿀벌난초처럼 같은 종에서 자가 수분하는 무리와 벌을 유인하여 타가 수분하는 무리는 진화에 어떤 차이가 있을까? 지속적으로 자가수분하게 되면 종 내 여러 형질은 다양성을 갖기 어렵게 되며 결국 다양한 환경에 적응하는 것과 환경 변화에 적응하는 것에 불리하게 된다. 반면 타가수분에 의한 자손은 서로 다른 유전자를 가진 양친에게서 형질을 물려받게 되어, 보다 다양한 형질을 가질 수 있어 여러 환경에 대한 적응이라는 측면에서 유리하다. 따라서 대부분의 생물은 상당한 대가와 에너지를 사용하여 타가수분을 하는 쪽으로 진화하였다.

50. 난초꽃 향수 바르고 암컷을 유혹하는 벌

히야신티나난초벌*Euglossa hyacinthina*

꿀벌과 Apidae

| 히야신티나난초벌 수벌.

꿀벌과Apidae Euglossini족(族)에 속하는 난초벌은 *Euglossa, Eulaema, Eufriesea, Exaerete* 및 *Aglae*속(屬) 등 5개 속에 약 200종 가까이 알려져 있으며 대부분의 종이 남미와 중미 지역에 분포한다(Roubik & Hanson, 2004). Euglossini족의 난초벌은 혀의 길이가 무척 길어 4cm에 달한다. 덥고 다습한 기후에 적응한 종으로 몸의 표면은 푸른빛의 금속성 광택이 난다. 대부분이 단독생활을 하지만 일부 낮은 수준의 사회생활을 하는 종도 있다. 사회생활을 하더라도 일벌과 여왕벌의 계급 구분은 없다(Eltz et al., 2003).

*Euglossa, Eulaema, Eufriesea*속(屬)은 비기생성이지만 *Exaerete* 및 *Aglae*속의 난초벌은 다른 난초벌 둥지에 도둑기생(cleptoparasitism)을 한다. 대부분이 녹색, 황금색, 청색 등의 휘황찬란한 금속성 체색을 가져 매우 아름답다. 암컷은 나무에서 분비되는 송진을 이용하여 둥지를 지으며 다양한 식물로부터 꽃가루와 꿀을 모아 새끼의 먹이로 삼는다. 수벌은 우화한 후 둥지를 떠나며 한번 떠난 후에는 다시는 둥지로 되돌아오지 않는다. 수벌은 꿀과 꽃가루를 모으지는 않지만 먹이를 먹으러 꽃을 찾는다. 난초벌 암컷은 향료를 수집하지 않으며 오직 수벌만 향료를 모은다.

히야신티나난초벌*Euglossa hyacinthina*은 중앙아메리카에 서식하며 그 생태가 비교적 잘 밝혀진 종이다. 푸르스름한 금속성 광택이 나는 아름다운 벌로 암컷의 뒷다리에는 꽃가루 저장을 위한 화분 통이 있다.

둥지는 식물에서 채취한 송진으로 지으며 처음 지었을 때에는 옅은 오렌지색이지만 시간이 지나면 짙은 갈색으로 변한다. 둥지의 길이는 약 6cm 정도이고 폭은 4.2cm이다. 둥지 안에는 애벌레의 먹이가 되는 꽃가루를 저장한 후 알을 낳는다.

신열대구 생태계에서 난초벌은 여러 난초과 식물의 수분을 절대적으로 책임지므로 매우 중요하다. 특히 수벌이 난초과 식물의 수분에 중요한 역할을 하며 암벌 역시 꿀과 꽃가루를 찾으므로 여러 다양한 식물의 수분에 기여한다. *Euglossa*속의 난초벌 한 종이 41개과 74종이나 되는 식물의 수분에 관여한다고 하니 수분매개 곤충으로서 중요성이 매우 큼을 알 수 있다. 히야신티나난초벌 역시 수많은 종류의 꽃을 수분한다. 이들은 또한 아주 장거리를 날 수 있는데 난초벌의 한 종류인 *Eufriesea surinamensis*의 경우 23km나 비행한다는 보고가 있다(Dressler, 1982). 이와 같은 거리는 일벌의 행동반경이 100m 이내인 쌍살벌 종류와 비교하면 실로 엄청난 거리이다. 난초벌이 이렇게 멀리 비행하는 것은 결국 서로 멀리 떨어진 식물 간에 교배를 시켜 유전적 다양성을 유지하는 데 매우 중요하다고 할 수 있다.

난초벌은 서로 다른 종이 아주 비슷하여 분류하기가 무척 어렵다. *Euglossa*는 녹색이 가장 흔하지만 코스타리카에선 청동색이 주로 나타나며 또 파나마에서는 해발고도가 증가할수록 청색이 보다 증가한다.

향료 수집

특이적인 향료 수집 기관은 잘 발달된 뒷다리에 있다. 난초벌 수컷은 난초를 위시한 여러 종류의 꽃으로부터 다양한 휘발성 화합물을 수집하고 저장하기에 좋도록 적응된 다리를 가졌으며 평생 향료를 수집한다. 이들이 향료를 수집하는 난초 종류로는 Stanhopeinae와 Catasetinae족(族)의 식물이 대표적이며 이들 난초의 수분(受粉)은 전적으로 난초벌 수벌에 의지한다. 이런 종류의 난초는 꿀은 생산하지 않으므로 꽃가루와 꿀을 모으는 암벌은 이들 꽃을 찾지 않는다. 향기 화합물은 앞다리에 있는 솔 모양의 구조물을 사용하여 뒷다리의 홈에 저장하게 된다. 이렇게 축적된 향료는 수벌이 구애 행동을 하는 곳에서 향기로 방출되어 암컷을 유혹하게 된다(Eltz et al., 2005). 난초벌에 수분을 의지하는 신열대구(Neotropical)의 난초 종류는 꽃가루 덩어리가 난초벌 수벌의 서로 다른 부위에 부착되도록 매우 정교한 적응을 보이는데 이와 같은 특이적인 부착은 종간교잡을 방지하고 같은 종 내 수분을 하는 데 매우 효과적이다. 또한 특정 난초벌 종류에 따라 선호하는 난초 종류가 다른 경우가 있어 이 역시 종 내 수분을 돕고 종간교잡을 억제하는 기작이 되기도 한다. 일찍이 찰스 다윈(Charles Darwin)도 난초벌에 의한 난초의 수분에 관한 기록을 남겼는데, 다윈은 수분에 참여하는 벌이 수벌이 아닌 암벌로 오해하였다고 한다. 물론 모든 난초 종류가 난초벌을 수분 매개 곤충으로 삼는 것은 아니며 여러 종류의 꿀벌, 쌍살벌, 개미, 파리, 나방 등도 난초의 수분을 매개하기도 한다.

콜로니 시작과 성장

꿀벌과의 여러 족(族) 중 큰 군집을 이루지 않는 종류는 Euglossini족(族)이 유일하다. 히야신티나난초벌은 낮은 수준의 사회생활을 하지만 일벌과 여왕벌이 없다. 둥지를 만드는 재료는 송진으로 대개 암컷 혼자서 집을 짓기 시작한다. 집 짓기는 봄부터 여름사이보다는 가을에 더 많이 일어나는데 이는 가을에 포식자가 줄어들고 또 송진을 구하기 쉽기 때문이다(Wcislo and Vargas, 2012).

우월적 계급

여왕벌과 일벌의 계급이 있는 꿀벌과는 달리 난초벌은 계급이 없다. 그러나 같은 둥지 내에서 함께 거주하는 암벌 중에는 우월한 지위를 가지는 개체가 있다. 암벌과 수벌 간에는 암벌이 우위에 있다. 대개 한 마리의 암벌에 의해 둥지가 만들어지며 암벌은 새끼가 나올 때까지 머무른다. 일단 맨 처음의 창시자 암벌이 둥지를 짓고 나면 혈연관계인 다른 암벌이 참여하여 둥지의 재 활성화(nest reactivation)가 일어난다. 히야신티나난초벌 집단은 어미 벌과 일단의 딸들로 구성되어 있는 경우가 많다. 어미 벌은 흔히 둥지 속의 새끼들을 지키고 딸들은 자식 아닌 자매(동생)를 기르기 위한 먹이를 구하러 외역을 나간다. 이 모습이 일벌의 역할과 비슷하며 나이 든 암벌이 우월한 지위를 갖게 된다. 암벌 간에 생식 경쟁이 일어나기도 하는데 암벌이 둥지를 떠난 후 때로는 다른 암벌이 산란된 알을 먹어 버리고 자신의 알을 낳기도 한다. 이는 영양 보충이 되어 산란율도 높일 수 있고 수명도 연장하여 기생의 이점을 누리는 셈이 된다(Augosto and Garofalo, 2004).

향기에 의한 의사소통과 짝짓기 행동

수벌은 향기 좋은 꽃에 끌리게 된다. 향기 좋은 꽃을 발견하면 착륙하여 아랫입술 샘(labial glands)에서 분비되는 지질 혼합물을 바른다. 그러면 방향족 화합물과 같은 비극성(非極性) 향기 혼합물은 지질에 녹게 되고 수벌은 세 쌍의 다리 경절(tibia)에 향기 혼합물을 옮긴다. 수벌은 향기로 암벌과 의사소통하므로 이 향기는 구애에 큰 역할을 하게 된다. 따라서 수벌은 일생 동안 다양한 향료를 모으며 암벌과 짝짓기를 위한 준비를 하게 된다. 번식을 위한 의사소통은 이 향기를 공유하는 것으로 수행된다 (Cameron, 2004).

난초벌 암컷은 오직 한 마리의 수벌하고만 딱 한 번 짝짓기 한다. 수벌들은 신호를 보낼 자리를 마련하여 붕붕 날개 소리를 내면서 주변을 날아다니며 향기를 풍겨 암컷을 유인한다. 이런 자리는 대개 나무줄기가 된다. 이처럼 향기를 풍기고 과시하는 데 일생의 대부분을 보내지만 결코 만만한 일이 아니다. 암벌이 일생 동안 딱 한 번만 짝짓기 하므로 그런 기회를 잡는 것이 쉽지 않기 때문이다. 얼마나 좋은 향기를 강하게 풍기며 좋은 자리에서 암벌을 유혹하는지에 따라 성패가 결정된다 (Zimmermann and Roubik, 2009). 이런 행동은 마치 사람이 향수를 뿌려 이성에게 호감을 얻으려는 것과 비슷하여 매우 흥미롭다.

혈연 선택

암수는 거의 흡사하여 구별이 어려우며 다른 벌목 곤충과 마찬가지로 암수 성비는 1:1이 아니다. 약 82%가 암벌이고 수벌은 18%에 불과하다. 대부분의 동물에서는 자손의 성비가 성염색체의 조합에 의해 확률적으로 1:1로 나타나지만 벌의 경우는 산란하는 암벌이 자손의 성을 결정할 수 있다.

난초벌은 여왕벌과 일벌의 계급이 없으므로 가장 중요한 관계는 어미와 딸의 관계이다. 난초벌을 포함하는 벌목의 모든 곤충은 암벌은 수정란으로부터 발생하고 수벌은 미수정란으로부터 발생하므로 한 어미의 한배 딸들은 서로 간에 75%의 유전자 동질성을 가지며 암벌과 수벌 간에는 25%의 동질성을 가진다. 따라서 형제자매 간에 50%의 유전자를 공유하는 보통의 동식물에 비해 훨씬 높은 유전자 공유율의 특징이 있는 히야신티나난초벌의 딸들이 동생을 위해 헌신하는 이유가 되는 것이다.

암벌은 나름대로 강한 독침을 가지고 있다. 그러나 사람이 벌에 쏘이는 일은 드문데 둥지 방어에 그렇게 적극적이지 않기 때문이다. 수벌은 독침이 아예 없다. 일반적으로 독침이 있는 암벌이 독침이 없는 수벌보다 생존에 유리한 것으로 본다. 암벌의 성비가 수벌보다 더 높은 예는 사회생활을 하는 다른 벌에서도 볼 수 있는 일반적인 현상으로, 암벌이 독침이 있어 생존율이 높은 데다 암벌은 봉군에 기여도가 크기 때문일 것이다. 어미 입장에서는 살아남을 확률이 높고 자손을 더 많이 퍼뜨리는 데 유리한 개체를 생산하는 것이 자신의 유전자를 후대에 많이 남길 수 있는 방법이 되기 때문이다.

둥지 짓기

히야신티나난초벌은 큰 그룹을 형성하지 않으며 또한 여왕벌과 일벌 구분이 없다. 여러 마리의 암벌에 의한 집단 둥지 짓기와 단독 둥지 짓기의 모습이 함께 나타난다. 암벌의 집단 거주는 포식자에게 잡아먹힐 확률은 낮추어 주겠지만 번식률은 낮아질 것이다. Eberhard(1988)의 연구에 의하면 히야신티나난초벌 둥지의 평균 암벌 수는 2.1마리였는데 그 구성은 자매간인 경우도 있었고 2세대 간(어미와 딸)인 경우도 있었다. 동족 선택(kin selection)이 작용하며 또한 딸이 이미 지어진 어미의 둥지를 재이용하는 경향이 있었다. 또한 밤이 되거나 악천후가 올 때 모든 거주자가 다 돌아올 때까지 입구를 막지 않고 기다리는 것으로 보아 둥지에 거주하는 구성원 간의 의사소통이 있는 것으로 추정된다. 또한 구성원 간에는 서로 간에 공격 행위도 거의 없다. 다수가 함께 거주하는 경우 포식자를 경계하는 데 절대적으로 유리하다. 만약 단독 거주라면 암벌이 외역을 나간 사이 포식자가 침입할 위험이 매우 높아질 것이다. 반면 다수가 함께 거주하면 다른 암벌이 새끼를 지키고 돌봐 줄 수 있으며 또 만약 암벌이 우연히 사망하더라도 다른 벌이 돌봐 줄 수 있어 유리하다.

51. 사과 과수원의 충직한 일꾼

머리뿔가위벌*Osmia cornifrons*

꿀벌과 Apidae

| 사과꽃을 찾은 머리뿔가위벌.

머리뿔가위벌은 꿀벌(科)과 가위벌아과(亞科)에 속하는 곤충으로 우리나라 전역에서 발견되며 우리나라 외에 일본과 중국, 러시아 등에도 분포한다. *Osmia*속의 벌을 영어로는 mason bee라 부르는데 '벽돌공 벌'이란 뜻이다. 이런 이름이 붙은 이유는 마치 벽돌 쌓는 사람처럼 흙을 물어 벽돌 틈새나 나무 틈새 등을 메워 집을 짓기 때문이다. 우리말 이름 머리뿔가위벌은 자칫 가위벌속*Megachile*으로 오인할 소지가 있으나 같은 과의 서로 다른 속이다.

머리뿔가위벌은 대체로 봄꽃이 피는 4월 중순쯤부터 활동을 시작하며 6월까지 볼 수 있다. 암컷은 몸길이 10~12.5mm 수컷은 9~10mm 정도이다. 쏠 수 있는 침이 있긴 하지만 온순한 편이라 손으로 잡지 않는 한 쏘는 일은 없다. 1년에 1회 발생하는데 수컷이 암컷보다 1주일 정도 먼저 출현한다. 출현 시기는 대략 4월쯤이지만 외부 기온의 영향을 많이 받으므로 기후에 따라 다소 유동적이다. 암컷이 우화하면 곧 짝짓기가 이루어지며 짝짓기를 마친 암컷은 3~4일이면 집으로 삼을 장소를 선택하고 내부를 청소한 후 새끼의 양식이 될 꽃가루를 수집하기 시작한다. 집으로 이용하는 장소로는 갈대, 조릿대, 이대, 나무에 뚫려 있는 굴 등을 이용하며 이전에 사용된 적이 있는 곳을 이용하기도 하는데 그럴 경우 이전의 벌이 남겨 놓은 이물질을 완전히 제거한 후에 사용한다. 암컷 배 밑에는 꽃가루를 모을 수 있는 특수한 털이 나 있으며 꽃 위에 엎드린 자세로 다리를 이용하여 꽃가루를 모은다. 대개 방 하나에 15~20회 정도 꽃가루를 운반하여 꿀을 섞어 뭉쳐 놓은 후 알을 낳는다. 산란 후에는 흙을 물어 와서 격벽을 만든다. 격벽이 완성되면 다시 꽃가루를 수집하여 다음 방에 또 산란하고 또 격벽을 만든다. 이렇게 꽃가루 저장과 산란이 지속되어 집으로 쓰는 갈대 줄기 등의 끝에 도달하면 두껍게 흙으로 입구를 막고 작업을 끝낸다. 집 한 개 만들기가 끝나면 다시 집 지을 적당한 대상을 찾아서 집을 짓는 과정을 반복한다. 4월부터 6월까지 한 시즌에 짓는 집의 수는 2~4개가 일반적이지만 주위 여건에 따라 다르다. 특히 꽃가루를 얻을 수 있는 꽃의 양과 질이 집을 짓는 데 결정적인 영향을 미친다. 머리뿔가위벌 암컷이 난소에 간직하는 알 수는 50개 내외이고 실제 산란 수는 최대 30개 정도라고 한다(Bosch and Kemp, 2002). 이들 모두가 잘 자란다는 보장이 없으므로 실제 번식률은 높지 않은 편이다. 알에서 깨어난 머리뿔가위벌 애벌레는 어미가 준비해 둔 꽃가루 먹이를 먹고 자라며 어미는 먹이를 저장해 둘 뿐 이후 새끼를 보살피지는 않는다. 애벌레는 홀로 자라 고치를 짓고 고치 상태로 월동한 후 이듬해 봄에 세상에 나오게 된다. 다른 벌과 마찬가지로 성은 반수체-이배체 방식으로 결정되며 반수체인 미수정란은 수컷이 되고 이배체인 수정란으로부터는 암컷이 발생한다. 암벌이 산란할 때 암수가 될 알을 선택할 수 있으며 암컷으로 자랄 알에는 더 많은 식량이 저장되는데 이는 암벌이 체구가 커서 자라는 데 더 많은 먹이가 필요하기 때문이다(Bosch and Kemp, 2002). 집 안에서 일렬로 배열된 다수의 방 중 먼저 지은 방에서는 암컷이 생산되고 나중에 지은 입구 쪽 방에서는 수벌이 생산된다. 이는 나중에 산란한 입구 쪽 벌이 먼저 우화하여 통로가 확보되어야 하는데 수벌의 생육 기간이 짧아 먼저 우화하므로 자연스럽게 이 문제가 해결된다.

집을 짓고 먹이를 저장하며 산란하는 기간은 1개월 정도지만 도중에 포식자에 잡아먹혀 죽는 개체가 많다. 새가 가장 무서운 천적이며 그 외 사마귀, 말벌, 파리매, 잠자리 등도 머리뿔가위벌을 잡아먹는다.

수분 매개 곤충으로의 이용

수분 매개 곤충으로는 이전부터 꿀벌이 많이 이용되어 왔지만 꿀벌은 저온에서는 활동이 떨어지므로 봄 일찍 개화하는 과일나무에서는 수정효율이 현저히 떨어지고 또 벌통을 확보하여 공급하는 것도 쉬운 일이 아니다. 일본에서는 일찍이 1949년부터 머리뿔가위벌을 사과 과수원의 수분 매개 곤충으로 이용해 왔으며 현재는 전체 사과 재배 농가의 절반 이상이 머리뿔가위벌을 수분에 이용하고 있다고 한다(McKinney and Park, 2012). 1977년엔 과수원 수분에 이용하기 위해 북미에도 도입되었다(White et al., 2009). 머리뿔가위벌은 꿀벌이 활동하는 기온보다 2℃ 정도 낮은14~16℃ 이상이면 활동하므로 봄 일찍 피는 꽃의 수분에 특히 이용 가치가 높다.

하루에 최대 2,500회 꽃을 방문하며 한 번 방문 때마다 4~8분을 머무르므로 매우 효율적인 수분 매개 곤충이다(Abe et al., 2003). 머리뿔가위벌은 관리하기 편하기도 하고 수정율도 높으며 비용이 절감되어 특히 사과 같은 과수에 적용하기 좋다. 사과 과수원에 머리뿔가위벌을 수분 매개자로 이용하면 수정율이 80%이상이라고 한다. 우리나라에서는 1992년 경북 청송군 현동과수협업단지에서 일본산 머리뿔가위벌 10,000마리를 수입하여 시험해 본 결과 효과가 좋아 경북 여러 지역에서 점차 전국으로 확산되었다. 이전엔 일본산 머리뿔가위벌을 많이 이용하였으나 국내 토종 머리뿔가위벌을 유인하여 사육 및 이용하는 농가도 늘고 있다. 사과의 경우 꿀벌은 저온에서 활동이 떨어지기도 하고 또 주두(암술머리) 접촉률이 낮아 수분율이 높지 않지만 머리뿔가위벌은 주두 접촉률이 거의 100%로 수분율이 아주 높은 장점이 있다고 한다.

비슷한 습성을 가진 같은 속의 벌이 여러 종 국내에 서식하고 있으나 붉은뿔가위벌과 뿔가위벌 외에는 서식 밀도가 낮은 편이어서 수분 매개 곤충으로 이용하기는 어려울 것으로 보이며 붉은뿔가위벌과 뿔가위벌의 경우는 머리뿔가위벌과 함께 이용하는 방법의 연구 개발 가치가 있을 것으로 보인다.

수벌은 집을 짓지 않으며 꽃가루 수집도 하지 않는다. 오로지 암벌만 꽃가루를 모으므로 수분 매개 곤충으로서 가치는 암벌이 절대적이다. 따라서 수분에 이용하기 위해 머리뿔가위벌을 유인 및 사육할 때는 암벌의 비율이 높은 것이 바람직하다. 그런데 이런 뿔가위벌 종류의 암수 성비는 생육하는 집의 직경에 따라 크게 달라진다. 그 이유는 수벌에 비해 암벌의 체구가 크므로 자라는 데 더 많은 먹이가 필요하며 방의 크기가 크면 더 많은 꽃가루의 저장이 가능하여 암벌의 비율이 높아지기 때문이다. 사육용 집으로 제공되는 대롱의 직경이 5mm이하로 좁으면 수벌의 비율이 높아지며 6mm 이상이면 암벌의 비율이 더 높아진다고 한다. 따라서 유인 및 사육용 대롱의 직경은 6~6.5mm가 유리하다.

둥지로부터의 방화(訪花) 범위

머리뿔가위벌을 표지한 후 둥지에서 떨어진 곳에서 방사하여 둥지 찾는 실험을 하면 400m 거리에서는 모두 찾긴 하지만 찾는 시간이 상당히 지체되고 500m부터는 집을 못 찾는 개체가 30% 이상 생긴다. 또한 둥지에서 60m 이상 떨어진 곳에서는 사과의 결실률에 차이가 생기는 것으로 보아 일반적인 활동 범위는 둥지에서 반경 60m 이내 정도로 볼 수 있다.

인공 집을 이용한 머리뿔가위벌 사육

머리뿔가위벌을 과수 수분용으로 기르려면 갈대 등을 길이 30cm 정도로 잘라 다발로 묶어 처마 아래 등에 매달아 둔다. 갈대 등을 이용할 때 가운데 부분에 마디가 있도록 길이를 조절한다. 자연에서는 개체수가 그리 많지 않으므로 너무 많이 해도 효과가 별로 없으니 10~20개 정도를 묶어 다발을 만들면 좋으며 바람에 흔들리지 않도록 고정하여 둔다. 4월에 집 짓기가 시작되므로 설치시기는 3월말 내지 4월초까지는 완료한다.

집 짓기가 끝나는 6월 이후에 대롱을 보아 흙으로 막혀 있으면 뿔가위벌이 산란했다는 증거이다. 대체로 6월 하순에서 7월 초면 고치가 형성되므로 고치가 완전히 형성된 이후인 7월 상순쯤에 대롱을 수거하여 종이 상자에 담아 건물의 그늘에 보관한다. 너무 늦은 시기에 대롱을 회수하면 기생벌이나 기생파리 등이 기생할 확률이 높아지므로 늦어도 7월 중순에는 수거하는 것이 좋다. 직사광선이 드는 곳에 두면 너무 건조하여 말라 죽을 수 있으므로 피해야 한다. 영하 10℃ 이하로 떨어지면 고치가 얼어 죽을 수 있으므로 겨울에는 5℃ 정도의 저장고에 저장하면 좋다. 이렇게 얻은 머리뿔가위벌 고치는 이듬해 3월 하순쯤에 사용할 과수원에 고루 달아 두면 우화하여 스스로 집을 지으며 수분을 매개하게 된다.

뿔가위벌을 지속적으로 사육할 경우 천적인 기생벌의 감염률이 높아지므로 3월에 집을 해체하여 기생벌 고치를 제거하고 건강한 고치만 비닐봉지 등에 넣어 냉장고에 저장했다 4월에 우화시키면 좋다.

기생 곤충

가위벌에 기생하는 응애 종류가 가위벌 유충의 사망률을 결정짓는 가장 큰 요인이 된다. 여러 종류의 응애가 머리뿔가위벌에 기생하는데 특히 *Chaetodactylus krombein*에 의한 피해가 크다. 응애 종류는 벌집 내에 저장된 꽃가루 먹이를 먹음으로써 뿔가위벌 유충이 자라는 데 필요한 먹이를 충분히 제공받지 못하게 되어 발육에 심각한 장애를 일으켜 사망원인이 되기도 하고 암벌의 수분 능력에도 영향을 미치게 된다고 한다(Park et al., 2009).

| 인공 둥지로 제공된 갈대 줄기에 찾아온 머리뿔가위벌.

52. 식물 잎을 가위질하는 재단사

알팔파가위벌*Megachile rotundata*

꿀벌과 Apidae

| 알팔파가위벌.

우리나라에도 식물의 잎을 잘라 둥지를 만드는 가위벌은 여러 종류가 있다. 그러나 우리나라 가위벌의 정확한 생태는 연구된 바가 없어 부득이 잘 연구된 외국산 종을 대상으로 하여 그 생태를 알아보고자 한다. 종에 따라 세세한 생태는 당연히 조금씩 다르겠지만 기본적인 생활주기 등은 비슷하므로 이들의 습성을 이해하는 데 도움이 되며 또 앞으로 우리나라에 서식하는 가위벌 연구에도 참고가 될 수 있을 것이다.

알팔파가위벌은 꿀벌과(科), 가위벌아과(亞科)에 속하는 곤충으로 원래 유럽산 벌이지만 세계 곳곳에 유입되어 현재는 남극대륙을 제외한 전 대륙에 살고 있다. 이렇게 전 대륙으로 퍼지게 된 데는 이 벌이 뛰어난 수분 매개곤충이므로 여러 작물의 수분에 이용하기 위해 사람들이 인위적으로 도입했기 때문인데 도입 후 각지에서 적응하고 정착하여 야생화되었다. 단독생활 하는 벌로, 꽃가루를 애벌레의 먹이로 저장하므로 지속적으로 꽃을 찾기 때문에 매우 우수한 수분 매개곤충이다. 암벌은 오래된 나무 둥치 등에 난 굴이나 틈새 등을 이용하여 집을 짓는데 가위벌이란 이름에 맞게 잘라 온 나뭇잎을 배열하여 둥지를 마련한다. 꿀과 꽃가루가 주식이며 성적 이형(性的 異形, sexual dimorphism)을 보인다. 물거나 쏠 수 있지만 벌을 손으로 잡지 않는 한, 쏘는 경우는 없으며 쏘이더라도 통증과 독성은 별로 강하지 않다. 크기는 암벌이 6~9mm 길이이며 수벌의 크기는 그보다 훨씬 작다.

집 짓기

암벌은 매우 다양한 장소를 선택하여 길쭉한 관상(管狀)의 집을 짓는데,

많이 이용하는 장소로는 썩어 가는 목재 속의 빈 공간, 꽃줄기, 갈대나 억새 줄기 등이며 때로 버려진 음료수 빨대 등을 이용하기도 한다. 또한 땅속의 작은 구멍이나 건물이나 나무의 틈새 등을 이용하기도 한다. 집은 이어진 일련의 방으로 연결되며 그 길이는 공간의 크기에 따라 달라진다. 농장에서 수분에 이용하려면 이런 습성을 이용하여 음료수 빨대 모양의 종이 실린더를 이용하거나 나무토막에 드릴로 다수의 구멍을 뚫어 두어 가위벌이 집을 짓도록 유도하여 고치를 얻을 수 있다.

각각의 방은 잘라 온 동그란 식물의 잎으로 바닥을 오목하게 만들고 잎을 위로 둘러싸게 하여 가운데가 비게 마치 골무모양으로 만든다. 하나의 방을 만드는 데는 약 15장 정도의 잎이 사용된다. 방에는 꽃가루를 꿀과 섞어 저장한 후 하나의 알을 낳는다. 저장되는 꿀과 꽃가루의 비는 대략 2:1이며 하나의 방에 저장하는 꿀과 꽃가루를 수집하는 데는 15~20회 정도 꽃을 방문하게 된다. 산란 후에는 역시 잎으로 방의 입구를 봉쇄한다(Goettel, 2008). 일련의 방 중 안쪽 방에서는 암컷이 될 알이 산란되고 바깥쪽 방에서는 수컷이 생산된다. 생산되는 벌의 크기는 어미 벌의 체구보다는 방의 크기와 상관관계가 있다. 방의 크기가 더 크면 더 많은 먹이를 저장하며 암컷이 될 알을 낳는다. 5.5mm 터널이 집으로 이용되었을 때 암벌 대 수벌의 비는 1:3이었으나 보다 큰 6.0mm의 터널에서는 암수 비가 1:2로 나타났다(Stephen and Osgood, 1965).

집을 지을 때 외역을 나갔다 돌아와서 집은 어떻게 찾을까? 알팔팔가위벌은 집을 찾는 데 후각을 이용한다. 암벌은 복부에서 분비되는 화학물질을 집의 입구에 발라둠으로써 집을 찾는다. 실험적으로 이 화학물질을 제거했을 때 벌은 자신의 둥지를 찾지 못하는 것으로 나타났다. 집 찾는 데 이용하는 화학물질의 구성 성분은 탄화수소, 왁스 에스테라제, 지방산, 알데하이드 등이었다(Guédot et al., 1987).

알팔파가위벌도 다른 벌과 마찬가지로 성 결정은 반수체-이배체 방식으로 결정된다. 암벌은 수정된 이배체 알에서 자라게 되고 수벌은 반수체 미수정란에서 발생하는 것이다.

대부분의 온대지방에서 성충은 1년에 2회 우화한다. 여름 끝 무렵에 자란 유충은 당년에 우화하지 않고 겨울 동안 전용(前蛹, pre-pupa) 상태로 휴면하여 이듬해 봄에 성충이 되어 세상에 나온다. 봄에 우화한 성충은 봄에서 여름 동안 새끼를 길러 내어, 이들 첫 세대는 당년에 우화하게 되며 첫 세대의 후손인 두 번째 세대는 늦여름에 전용이 되어 다시 겨울을 넘기고 이듬해 봄에 우화하게 된다. 둥지 안에서 먼저 우화한 벌이 탈출할 때 전방에 있는 형제벌이 아직 우화하지 않았다면 어떻게 될까? 대개 우화 순서는 역순이지만 반드시 그런 것은 아니며 만약 안쪽 방의 벌이 먼저 우화하게 되면 전방에 있는 형제가 우화할 때까지 기다리거나 아니면 자신이 전방의 고치방을 물어뜯어 형제를 죽게 하고 나가는 방법이 있다. 이 경우 우화하기까지 기간이 중요한데, 많이 남았으면 고치를 물어뜯고 나가지만 오래 남지 않았다면 기다린다고 한다(Tepedino et al., 1984).

우화한 후 암벌은 곧바로 수벌과 짝짓기하며 1주일쯤 후엔 2세를 위한 집 짓기에 들어간다(Pitts-Singer et al., 2011). 암컷은 단 한 마리의 수벌과 짝짓기 하는데, 페로몬을 발산하여 수벌을 유인하게 된다. 페로몬 중 수벌이 탐지하는 주성분은 알켄(alkenes)이다. 암벌은 나이에 따라 페로몬의 성분이 달라지는데 젊은 벌에서는 7-pentacosene과 9-pentacosene이 높은 농도로 나타나며 보다 나이 든 벌에서는 5-monoene 복합물이 우세해지게 된다. 수벌은 이 냄새를 식별하며 젊은 암컷과 짝짓기를 더 선호하게 된다니 재미있다(Paulmier et al., 1999). 알팔파가위벌의 먹이는 여러 종류의 식물의 꿀과 꽃가루이지만 특히 좋아하는 꽃은 알팔파 *Medicago sativa*이다.

알팔파가위벌을 잡아먹는 포식자로는 각종 새가 있고 곤충으로는 사마귀와 잠자리가 주요한 포식자이다. 딱정벌레목 수시렁이과Dermestidae의 작은 곤충인 *Trogoderma glabrum*, *Trogoderma variabile* 및 역시 딱정벌레목 거저리과Tenebrionidae 곤충인 T*ribolium audax*, *Tribolium brevicornis* 및 딱정벌레목 개미붙이과Cleridae의 *Trichodes ornatus* 등은 애벌레가 알팔파가위벌에 기생하거나 애벌레를 잡아먹으므로 중요한 천적이 된다. 이들은 어미가 알팔파가위벌의 둥지 틈새에 알을 낳아 두면 알에서 깬 애벌레가 가위벌의 애벌레를 죽이고 저장해 둔 꽃가루를 먹고 자라거나 종에 따라서는 가위벌의 애벌레를 먹고 자라게 된다.

알팔파가위벌에 기생하는 벌도 있는데 좀벌상과의 여러 곤충이 기생하며 그중 금좀벌과Pteromalidae의 *Pteromalus venustus*가 특히 큰 피해를 입힌다. *P. venustus*는 가위벌 애벌레에 침을 놓아 마비시킨 후 표면에 알을 낳으며 알에서 깬 애벌레는 가위벌 애벌레를 먹고 자라게 된다. 꿀벌과의 또 다른 기생벌인 뾰족벌 종류*Coelioxys*는 주인 벌이 둥지를 비운 사이에 둥지에 침입하여 방에다 알을 낳아 둔다. 알에서 깬 뾰족벌의 애벌레는 숙주인 알팔파가위벌의 애벌레를 죽인 후 저장되어 있는 알팔파가위벌의 식량을 먹고 자라게 된다(Goettel, 2008). 뾰족벌 종류를 영어로 leaf-cutting cuckoo bees라 부르는데 우리말로 그대로 옮기면 '뻐꾸기가위벌'이란 뜻이다. 마치 뻐꾸기가 개개비의 둥지에 알을 낳아 두면 먼저 부화한 뻐꾸기 새끼가 개개비 새끼와 알을 밀어내 버리고 어미 개개비가 물어오는 먹이를 독차지하는 것처럼 남의 둥지에 탁란 기생을 하는 데서 붙은 이름이다.

53. 송진으로 집을 짓는 벌

왕가위벌*Megachile sculpturalis*

꿀벌과 Apidae

| 왕가위벌.

왕가위벌은 꿀벌과(科), 가위벌아과(亞科)에 속하며 한국, 중국 및 일본에 분포하는 벌이지만 최근에는 유럽과 북미에도 아시아산 왕가위벌이 유입되어 서식하고 있다고 한다. 새로운 종의 유입은 대개 원래의 생태계에 큰 충격을 주는 경우가 많으므로 결코 바람직하지 않지만 요즘에는 교통이 발달하고 또 국제적인 화물 및 인적교류가 많아지면서 생물 종의 타 지역으로의 유입과 그에 따른 생태계 교란은 더욱 많이 일어날 수밖에 없는 게 현실이기도 하다.

가위벌아과에 속하는 곤충은 대개 자연적으로 나 있는 어떤 구멍이나 틈새 등을 이용하여 그곳에다 애벌레의 먹이가 되는 꽃가루를 저장해 두고 알을 낳은 후 잎을 잘라서 입구를 봉하는 것으로 집 짓기와 알 낳기를 끝낸다. 그런데 왕가위벌은 체구가 좀 더 큰 종으로 가위벌아과의 다른 친족들과는 다른 방식으로 집을 짓는다. 왕가위벌은 어리호박벌이 집으로 삼기 위해 판 나무 속 굴을 이용하는 경우가 많으며 그 외 건물의 틈새, 벽면, 각종 물건의 틈새 등을 이용하기도 한다. 왕가위벌이 집을 짓는 재료는 놀랍게도 소나무의 상처에서 흘러나오는 송진이다. 소나무를 베거나 가지를 자르면 끈적끈적한 송진이 흘러나오는데 상처가 생긴 직후엔 물처럼 묽은 송진이 흘러나오지만 시간이 지나면 수분이 증발하여 끈끈해져서 반유동체가 되었다가 좀 더 기간이 지나면 결국 완전히 굳어져 딱딱한 고체 송진으로 변하게 된다. 소나무의 큰 상처에서 흘러내린 송진이 이렇게 끈적끈적한 묽은 송진에서 딱딱한 굳은 송진으로 변하는 데는 대개 수개월이 걸린다. 왕가위벌은 너무 묽지도 않고 또 너무 딱딱하지도 않은 중간 정도의, 약간 가소성이 있는 상태

| 소나무에서 집 지을 송진을 채취하는 왕가위벌

의 송진을 뭉쳐 와서 집을 짓는 것이다. 집을 짓는 장소는 창고 안이나 창고 구석과 같은 곳을 좋아하며 일자형(一字形)으로 길쭉한 모양에 여러 개의 칸을 만들어 방을 구분한다. 하나의 방이 완성되면 꽃을 찾아서 꽃가루를 모으는데 꽃에서 딴 꿀과 채취한 꽃가루를 버무려 꽃가루 경단을 만들어 송진으로 만든 방의 한쪽에 저장한다. 꽃가루 저장이 끝나면 경단 위에 알을 낳고 역시 송진으로 외적이 침입할 수 없게 막는다. 어미가 저장한 꿀에 버무린 꽃가루 경단은 왕가위벌의 새끼가 먹고 자라는 양식이 된다. 애벌레가 자라고 있는 왕가위벌의 집을 살펴보면 애벌레의 크기와 꽃가루 경단의 크기는 반비례함을 알 수 있다. 새끼가 자람에 따라 먹이인 꽃가루 경단은 점차 줄어드는 것이다. 왕가위벌 역시 애벌레가 자라는 데 필요한 꽃가루 경단을 준비함에 있어 그 양을 본능

적으로 정확히 알고 있어 필요한 만큼의 식량을 저장하게 된다. 방 하나에 산란을 끝내고 나면 옆으로 이어서 두 번째 방을 만들고 똑같은 방식으로 꽃가루 양식을 저장하고 산란하는 일을 반복하게 된다. 왕가위벌은 이처럼 차례로 방을 짓고 또 산란하므로 먼저 산란된 새끼와 나중에 산란된 새끼 간에 성장에 차이가 있으며 성충으로 우화하여 나오는 시기도 조금씩 다르게 된다. 왕가위벌도 노란점나나니나 홍다리조롱박벌 등과 마찬가지로 단독생활 하는 벌로 어미는 이렇게 집을 지어 애벌레가 자랄 공간과 먹고 자랄 먹이를 준비해 주긴 하지만 산란이 끝나면 다른 더 이상의 보살핌은 없으며 새끼는 홀로 어미가 마련해 둔 먹이를 먹고 성충으로 자라게 된다.

우리 이름 왕가위벌은 얼핏 가위벌과 같은 생태를 가지고 식물의 잎을 잘라 집으로 운반하는 벌로 착각하기 쉽기 때문에 이 종의 이름을 잘 표현하고 있다고 보기 어려워 아쉬운 생각이 든다. 영어로는 '*giant resin bee**'라 불리니 이 벌의 생태를 정확히 표현한 이름이라 하겠다. 왕가위벌은 우리나라에 서식하는 꿀벌과 곤충 중에서 가장 체구가 큰 벌이다.

| 송진으로 지은 왕가위벌의 집과 유충. 애벌레가 다 자란 방에는 꽃가루가 거의 사라졌지만 오른 쪽의 아직 어린 애벌레 방에는 꽃가루가 많이 남아 있다.

* '왕송진벌'이란 의미

54. 신비의 초대형 꿀벌과 곤충

월리스대왕송진벌*Megachile pluto*

꿀벌과 Apidae

| 월리스대왕송진벌.

꿀벌과 곤충 중에서 세계에서 가장 체구가 큰 종은 왕가위벌과 같은 속의 벌이다. 바로 월리스대왕송진벌*Megachile pluto*로 인도네시아 바칸 섬(Bacan)에 살고 있다. 이 벌은 다윈과 함께 '자연선택에 의한 진화'를 처음으로 생각하고 정립한 영국의 자연과학자인 알프레드 월리스(Alfred Russel Wallace, 1823-1913)가 1858년 인도네시아에서 처음 발견하였다.

월리스는 영국의 자연과학자이자 지리학자로 세계 각국에서 동식물상을 조사하고 연구하였는데 특히 남아메리카 아마존 일대와 동남아시아에서 많은 연구를 하였다. 인도네시아 군도의 생물상을 둘로 나누는 월리스 선(Wallace line)도 그가 제안한 것으로 군도의 서쪽은 아시아 기원의 생물이 분포하며 동쪽은 오스트랄아시아* 기원의 생물이 분포함을 확인하였다.

월리스대왕송진벌Wallace's giant bee이란 이름은 최초 발견자인 월리스의 이름을 딴 것이며 서식 장소의 이름을 따서 인도네시아대왕송진벌이라고도 불린다. 암컷의 몸길이는 38mm이고 날개를 편 길이는 무려 63.5mm에 달하는 거대한 벌이다. 수컷의 몸길이는 23mm 정도로 암컷보다는 작다. 인도네시아의 바칸 섬, 할마헤라 섬(Halmahera), 및 티도르 섬(Tidore)에 서식하는데 아주 희귀한 곤충이라 그 생태는 자세히 밝혀져 있지 않다. 1858년 월리스가 처음 발견한 이후 오랫동안 다시 채집되거나 목격된 바가 없어 멸종된 것으로 알려져 왔다. 그런데 1981년, 월리스대왕송진벌을 추적하던 미국의 곤충학자 메서(Adam C. Messer)가 집념 끝에 다시 발견함으로써 이 희귀한 벌이 멸종되지 않고 살아 있음이

* 오스트리아와 남양군도를 포함하여 이르는 말

확인되어 세상에 다시 알려지게 되었다. 메서는 인도네시아 바칸 섬과 그 인근 섬 2곳에서 이 벌의 둥지 6개를 발견하는 데 성공하였다. 벌집은 나무에 집을 짓고 사는 흰개미 일종인 *Microcerotermes amboinensis*의 집 안에 지었는데 이런 서식지 자체가 지역 주민에게도 쉽게 발견되지 않는 조건이었던 것이다. 월리스대왕송진벌은 이 흰개미의 집 안에 송진으로 따로 칸막이식의 집을 지었다. 아마도 월리스대왕송진벌의 집은 흰개미와의 동거가 필수적인 것으로 보고 있다(Messer, 1984).

55. 딱따구리처럼 나무 파는 벌

어리호박벌*Xylocopa appendiculata circumvolans*

꿀벌과 Apidae

| 어리호박벌 여왕벌.

*Xylocopa*속의 벌은 전 세계에 약 500종이 보고되었다. 영어로는 carpenter bee(목수벌) 또는 borer bee(구멍 뚫는 벌)라 부르는데 죽은 나무 등에 구멍을 뚫어 집을 짓기 때문에 붙은 이름이다. 속명인 *Xylocopa*는 그리스어 *xylokopos*에서 온 말로 '나무 자르는 벌'이란 뜻이다. 얼핏 모습이 호박벌과 비슷하여 혼동하는 사람이 많지만 어리호박벌은 복부가 반질반질하고 광채가 나는 데 반해 호박벌은 복부 전체에 털이 더 밀집하게 나 있어 털북숭이로 보이는 점이 대비된다. 호박벌은 *Bombus*속에 속하므로 이름은 어리호박벌과 비슷하지만 속이 다르다. 생태도 어리호박벌은 단독생활을 하는 벌로 나무에 구멍을 뚫고 둥지를 지어 산란하지만 호박벌은 수동이나 인공 새 둥지 또는 땅속에 밀랍으로 집을 지으며 사회생활을 하는 등 크게 다르다. 곤충 중에는 서로 다른 속의 곤충을 같은 부류의 이름으로 붙여 놓아 혼동을 불러일으키는 경우가 무척 많아 아쉽게 생각하는데 어리호박벌과 호박벌도 그런 예에 속한다. 호박벌은 뒤영벌과 같은 무리인데 이름은 어리호박벌과 일가인 것처럼 보이고 또 외모도 비슷하므로 일반인들이 매우 혼동하기 쉽다.

몸길이 약 20mm에 머리와 가슴의 밑면 배와 다리에는 흑색 또는 흑갈색 긴 털이 빽빽하게 나고 가슴등판과 가운뎃가슴 옆면에는 황색 긴 털이 빽빽하게 나 있다. 배는 흑색이다. 성충은 4~9월에 출현하며 특히 4~5월에 흔하게 볼 수 있으며 우리나라 외에 일본에도 분포한다.

흔히 죽은 나무의 약간 썩은 줄기 또는 시골 농가 주택이나 헛간, 창고 등의 약간 썩기 시작하는 낡은 서까래나 나무 기둥 등에 구멍을 뚫어 집을 짓는데 방과 방 사이는 나무 조각을 이용하여 격벽을 만든다. 큰턱

| 나무 둥치에 지은 어리호박벌의 집 입구.

으로 구멍을 뚫을 때는 온 몸을 떠는 소리가 난다. 집의 출입구는 하나지만 안에서 여러 개의 터널로 연결된다. 굴을 뚫을 때 생기는 나무 조각은 먹지 않고 버리지만 일부는 방의 격벽을 만드는 데 이용한다. 완성된 방에는 꽃가루와 꿀을 섞어 경단을 만들어 저장하고 알을 낳는다. 어리호박벌의 알은 벌의 체구에 비해 크기가 아주 큰 편이며 다른 여러 곤충과 비교하더라도 가장 큰 편에 속한다(Vicidomini, 2005). 어리호박벌 종류는 다양한 식물의 꽃에서 꿀과 꽃가루를 찾으므로 수분 매개자로 중요하다. 하지만 화관이 긴 통꽃의 경우는 주둥이가 짧아 꽃 위에서 꿀을 빨지 못하며 따라서 주둥이를 화통의 기부에 꽂아 꿀만 빨아먹으므로 이런 통꽃을 가지는 식물의 수분에는 기여하지 못한다.

수벌은 침이 없지만 암벌은 침이 있어 쏠 수 있다. 그러나 암벌은 매우 순하여 손으로 잡거나 하지 않으면 쏘는 일은 거의 없다.

어리호박벌의 천적은 여러 종류의 새들이며 꽃을 찾을 때 사마귀에 의한 희생도 큰 편이다. 그 외 말벌도 어리호박벌을 사냥한다.

어리호박벌에 기생하는 곤충도 있다. 부채벌레목의 *Xenos*속에 속하는 어떤 기생 곤충은 어리호박벌의 집 입구나 어리호박벌이 찾는 꽃에 알을 낳아 두어 부화한 애벌레가 어리호박벌의 몸에 달라붙어 어리호박벌의 둥지 내로 운반되어 애벌레에 기생하는 것으로 알려져 있다.

| 어리호박벌집 내부.

56. 꽃식물의 중매쟁이

호박벌*Bombus ignitus*

꿀벌과 Apidae

| 호박벌 여왕벌.

호박벌은 꿀벌과에 속하는 벌로 같은 *Bombus*속의 벌은 우리나라에서는 대부분 뒤영벌이란 이름으로 불린다. 꿀벌과는 벌목에서 세 번째로 큰 과이며 호박벌은 한국, 중국, 일본 등 아시아 온대지방에 분포한다.

호박벌은 꿀벌과에 속하지만 그 한살이는 꿀벌하고는 사뭇 다르다. 꿀벌은 군집이 영년 성(永年 性, perennial)이지만 호박벌의 군집은 매년 다시 시작되는 1년 성(annual)이며 그런 면에서는 말벌과 비슷하다. 새 여왕벌은 늦여름에 한 마리의 수벌과 짝짓기한 후 동면으로 겨울을 나며 이듬해 봄에 동면에서 깨어나게 된다. 동면에서 나온 여왕벌은 집 지을 장소를 찾아다니는데 박새 등의 새 둥지로 이용되는 수동(樹洞)이나 설치류의 굴 등 적당한 곳을 발견하면 그 곳에 꽃가루를 모으기 시작한다. 꽃가루를 모아 둔 후에는 2배체 알을 다수 산란하게 된다. 이 알에서는 일벌이 자라게 되며 일벌은 성충이 된 지 2~3일 후부터 집 밖으로 나가 먹이를 구해 오게 된다. 일벌이 나타남에 따라 여왕벌은 산란에 보다 치중할 수 있게 된다. 이윽고 늦여름이 되면 새 여왕벌과 수벌이 많이 생산되며 동면은 오로지 짝짓기 한 새 여왕벌만 하게 된다. 군집이 1년 성이라는 점과 여왕벌 혼자서 봉군을 창설하며 일벌을 먼저 생산하고 봉군이 커진 후에 새 여왕벌과 수벌을 생산하는 방식 등은 같은 과의 꿀벌보다는 계통학적으로 보다 먼 사이인 말벌과 곤충의 생태와 유사한 점이다.

일벌의 역할 분담

호박벌 일벌의 역할 분담은 어떻게 이루어질까? 호박벌은 꿀벌과는 비교할 수 없을 정도로 가족 구성원의 수가 적고 하는 일도 비교적 단순하다. 일벌이 하는 일은 두 가지로 나눌 수 있는데, 외역을 나가 먹이를 구해 오는 일과 집안에서 애벌레를 돌보고 기르는 것이다. Kodaira 등 (2009)의 연구에 의하면 이러한 일벌의 역할을 결정하는 것은 유전자의 발현에 의하는데 Bifor 유전자가 높은 수준으로 발현되면 새끼 양육을 책임지게 되고 이 유전자의 발현이 낮은 수준으로 유지되면 외역에 종사하게 된다고 한다. Bifor 유전자의 발현 수준은 몸의 크기와 부(負)의 상관관계가 있어 체구가 작을수록 이 유전자 발현이 높고 따라서 새끼 양육에 종사하게 되며 체구가 클수록 이 유전자 발현은 낮으며 외역에 종사하게 된다. 한편 꿀벌은 외역하는 일벌이 꿀과 꽃가루를 모아 오면 집 안에서 일하는 젊은 일벌이 이를 받아 저장하지만 호박벌에서는 먹이를 모아 온 일벌이 직접 저장하며 따로 저장하는 일벌이 존재하지는 않는다. 또 꿀벌에서 볼 수 있는 8자 춤에 의한 의사소통을 하지 않으며 일벌 간의 먹이 교환도 하지 않는다.

성결정과 생식 억제

호박벌의 성 결정도 다른 벌 종류와 마찬가지로 반수-이배체(haplodiploidy) 방식을 따른다. 즉 여왕벌과 일벌은 수정란에서 발생하므로 이배체이며 수벌은 미수정란에서 발생하므로 반수체가 되는 것이다. 호박벌 여왕벌은 한 마리의 수벌과 짝짓기 하여 정자를 저장하였다가 산란할 때 필요에 따라 수정란 또는 미수정란을 낳을 수 있다. 이배체인 동물의 수컷이 생산하는 정자는 염색체 재조합에 의해 유전적으로 매우 다양하지만 반수체인 수벌에서 생산되는 정자는 유전적으로 모두 동일하다. 따라서 벌 군집 내에서 유전적 다양성은 오로지 암벌의 난자 형성 때 감수분열에 의한 유전적 조합에 의해서만 일어나므로 다른 생물에 비해 후손의 유전적 다양성은 적어지는 셈이다.

그런데 꿀벌이나 말벌과 다른 점이 있으니 호박벌은 여왕벌뿐 아니라 일벌도 기본적으로 산란능력이 있다는 것이다. 따라서 여왕벌은 산란능력이 있는 일벌이 산란하지 못하도록 공격적 행동으로 억압하며 일벌이 낳은 알을 제거해 버린다. 여왕벌에 의해 지배되는 호박벌 군집의 경우 태어나는 수벌의 대부분은 여왕벌이 산란한 것이지만 여왕벌이 죽은 군집의 경우 억압이 사라지므로 태어나는 수벌의 대략 절반 정도는 일벌이 산란한 것이라고 한다(Shao et al., 2004. Takahashi et al, 2008). 일벌은 수벌과 짝짓기 한 적이 없으므로 일벌이 산란한 알에서 자란 벌은 모두 수벌이 된다.

군집 내 구성원 간 유전적 동질성의 비율

여왕벌은 단 한 마리의 수벌과 짝짓기 하여 생식활동을 하므로 모든 자식 여왕벌과 일벌은 모두 애비 수벌과 여왕벌의 유전자를 공유하게 된다. 따라서 여왕벌과 그 딸인 일벌의 유전적 동질성은 50%이며 군집 내 일벌 간의 유전적 동질성은 75%가 된다. 자매 사이인 일벌 간의 유전적 동질성이 75%인 데 반해 일벌과 수벌 간의 유전적 동질성은 25%에 불과하다. 다른 생물에서는 형제자매를 불문하고 동기간에는 50%의 근연관계를 보이는데 유독 벌에서만 이처럼 성에 따라서 서로 다른 근연관계를 보이는 것은 수벌의 염색체가 반수체이기 때문이다. 더욱 흥미로운 것은 여왕벌이 낳은 수벌은 일벌과 평균적으로 25%의 유전적 동질성을 보이는 데 반해 다른 일벌이 낳은 수벌은 일벌과 평균 37.5%의 유전적 동질성을 보이게 되어, 일벌의 입장에서는 어미인 여왕벌의 수벌을 기르는 것보다는 자매 사이인 다른 일벌의 수벌을 기르는 것이 자신의 유전자를 후대에 더 많이 남기는 결과로 이어지게 된다는 점이다.

여왕벌과 일벌 간 투쟁

여왕벌은 일벌이 산란하지 못하도록 경계하고 또 몰래 낳은 알이 있으면 그 알을 제거한다고 앞에서 설명한 바 있다. 그런데 이런 견제와 억압은 여왕벌에 의해서만 일방적으로 일어나는 것이 아니고 산란하는 일벌도 여왕벌에 대해 공격을 하며 심지어 여왕이 낳은 알을 먹어 버리며 그 자리에 대신 자기의 알을 낳기도 하는 것으로 알려져 있다. Takahashi(2008)에 의하면 7개의 호박벌 둥지를 조사한 결과 5개에서는 여왕벌이 살아 있었으나 2개에서는 여왕벌이 죽고 일벌이 산란을 하고 있었다. 또 살아 있는 여왕벌에서는 날개와 몸 등에 일벌과 싸움에 의한 것으로 보이는 손상을 입고 있었다. 자신을 낳고 길러 준 어미에 대한 불효요 반란이지만 자신의 유전자를 후대에 더 많이 남기려는 생물의 본능적 행동이 여기서도 작동되는 것을 확인할 수 있다.

농업에의 이용

호박벌은 온몸이 털로 덮여 있으며 몸의 길이는 다른 벌에 비해 짧고 몸통이 굵고 통통한 체형을 가지고 있어 저온에서 활동성이 좋은 특징을 가지고 있다. 동물은 같은 체적일 때 몸이 구형에 가까울수록 체표면을 통한 열 손실이 적어 낮은 온도에서 유리하기 때문이다. 그런 이유로 꿀벌이 활동하기 어려운 저온에서도 비교적 잘 활동하므로 기온이 낮은 이른 봄이나 저온 상태의 시설 재배지에서 수분 매개 곤충으로 유리하며 또 이상 기후 등으로 저온이 지속될 경우에도 효과적일 수 있다. 또 토마토, 고추, 피망 등과 같이 꿀이 없어 꿀벌이 잘 찾지 않는 꽃의 수정도 잘 하는 특성이 있어 이런 농작물의 수분에 특히 유용하다. 호박벌은 좁은 공간에서도 잘 적응하는 편이어서 토마토, 가지, 애호박, 참외, 딸기 등 시설원예작물 수정에 매우 효과적이다. 또 사과, 배, 복숭아, 자두, 등 과수에도 수분능력이 탁월한 것으로 입증되면서 수요가 급증하고 있다. 호박벌로 수정할 경우 호르몬제를 통한 인공수정보다 결실률은 30% 높아지고 기형과(奇形果)는 25% 줄어 수확량이 20% 이상 늘어나는 것으로 밝혀졌다. 호박벌이 농작물 수분에 탁월하다는 것이 입증되고 특히 시설 채소 재배 농가와 과수 농가를 중심으로 호박벌을 이용하여 인력과 경비를 줄이려는 시도가 성공을 거두자 최근 우리나라에서도 호박벌을 인공적으로 대량 사육하여 필요로 하는 농가에 보급하는 산업이 발달하고 있다. 따라서 요즘은 이런 농가의 주문량이 많아지면서 호박벌을 사육하여 공급하는 농가도 증가하고 있다. 특히 경북 예천군은 대량 사육에 의한 호박벌 공급의 메카로 떠오르고 있다. 예천군호박벌특화센터는 2013년도 농림축산식품부 지역곤충자원산업화지원센터 공모사업으로 건립됐으며 해마다 호박벌 완성봉군 3,000여 통, 여왕벌 30,000마리를 과수 및 시설채소 재배농가와 전국 호박벌 생산업체 10

여 곳에 공급하고 있다.

최근에는 꿀벌 대량 폐사가 문제가 되고 있으며 야생 호박벌 또한 대량 폐사가 일어나는 경우도 많아, 호박벌의 대량 사육에 의한 수정 벌로서 이용은 꿀벌의 대안 및 일부 멸종 위기 호박벌 종의 보존 방안으로서도 가치가 높아 앞으로 더 많은 연구와 개발이 기대된다고 하겠다.

57. 식물의 수분 매개자

붉은뒤영벌*Bombus hypnorum*

꿀벌과 Apidae

| 붉은뒤영벌.

붉은뒤영벌은 서쪽으로는 북부 프랑스에서 동으로는 캄차카에 이르기까지 분포하는 종으로 한국을 포함한 동북아시아도 분포 지역에 포함된다. 그러나 기후가 보다 온화한 지중해 지역과 발칸반도에는 서식하지 않는다. 21세기에 들어서는 영국과 아이슬란드에도 유입되었는데 짧은 기간 내에 넓은 지역으로 확산되었다. 다른 벌들이 서식하지 않는 미개척지에 빨리 정착하는 성질이 있어 서양에서는 New garden bumblebee* 라고 부르기도 한다.

일반적으로 가슴이 적갈색이어서 붉은뒤영벌이란 이름을 얻었지만 개체 변이가 심해 가슴의 색은 적갈색뿐 아니라 황갈색에서 흑갈색까지 다양하게 나타난다. 복부는 검정색 털로 덮여 있고 복부 끝은 흰색이다. 일벌은 체구가 작으며 수벌과 여왕벌은 훨씬 크다.

꿀과 꽃가루를 먹이로 삼기 때문에 다양한 식물의 꽃을 방문하므로 수분매개곤충으로 중요한데 특히 장미과 식물의 꽃을 좋아한다. 그러나 이들은 십자화과 식물의 꽃은 거의 찾지 않는다.

서식지와 둥지

사람의 주거지 인근에 흔히 서식하며 둥지는 지상의 나무 구멍이나 인공 새 둥지 안 등에 짓는다. 숲 속에도 살지만 숲이 울창한 곳보다는 나무가 듬성듬성하게 있거나 관목이 있는 곳을 좋아한다.

둥지는 큰 편이며 군집의 일벌 수는 수 십 마리에서 최대 150마리에 달한다. 둥지 안의 분리된 방에 꽃가루를 저장해 두고 애벌레를 기른다.

* 새 정원 뒤영벌이란 뜻

군집 주기

군집은 한 마리의 여왕벌이 집을 짓고 새끼를 길러 시작되며 계통학적으로 가까운 사이인 꿀벌보다는 말벌의 군집 창시와 비슷한 양상을 보인다. 둥지를 짓고 아직 일벌이 태어나기 이전의 초기 둥지를 다른 여왕벌이 침입하여 뺏는 둥지 쟁탈전이 벌어지기도 하며 이 경우 둥지를 뺏고 지키기 위한 목숨을 건 싸움이 벌어지기도 한다. 둥지 부근에 죽은 여왕벌의 사체가 흔히 발견되며 이는 둥지 쟁탈전의 결과로 일어난 것이다(Paxton et al., 2001).

군집 주기는 짧은 편이어서 여왕벌은 4월에 집을 짓기 시작하며 먼저 일벌을 생산하고 나중에는 여왕벌과 수벌이 생산된다. 첫 번째 주기는 5~6월께에 완성되며, 보다 작은 두 번째 세대는 늦여름에 생산된다(Brown et al., 2003).

애벌레가 일벌로 자랄지 아니면 여왕벌로 자랄지는 제공되는 먹이의 양에 의해 결정된다. 일벌은 발육 기간이 보다 짧으며 여왕벌의 애벌레는 발육 기간이 더 긴데 이는 유충 체내의 유약호르몬(juvenile hormone)의 농도가 높은 것과도 관련이 있다. 유충이 번데기로 변태하기 위해서는 유약호르몬의 농도가 감소하고 탈피호르몬(ecdysone)의 농도가 높아져야 하는데 유약호르몬의 농도가 높게 유지되면 변태가 일어나지 않아 더 크게 성장하는 것이다(Strambi et al., 1984).

계급 구성

붉은뒤영벌은 군집의 규모가 작고 비교적 약한 계급 구성을 보인다. 계급은 유충이 발육과정에서 얼마나 많은 식량을 제공 받느냐에 따라 결정된다.

일벌은 상위 일벌dominant workers, 하위 일벌subordinate workers 및 외역일벌foragers의 세 그룹으로 나눌 수 있다. 상위 일벌은 산란하기도 하며 다른 일벌에 대해 공격적이며 때로는 다른 일벌을 물기도 한다. 이들이 우월성을 가지는 주요한 이유는 여왕물질과 비슷한 페로몬을 분비하기 때문이다(Ayasse et al., 1995).

짝짓기

호박벌이나 대개의 뒤영벌 종류*Bombus sp.*는 단 한 번 짝짓기를 하지만 붉은뒤영벌은 서로 다른 수벌과 여러 차례 짝짓기를 한다. 이는 아마도 한 번의 짝짓기에서 충분한 양의 정액이 확보되지 않기 때문으로 보이며 그 결과 같은 군집 내의 자매 벌 간에 서로 다른 수벌을 부친으로 가지는 경우가 흔하다(Paxton et al., 2001).

암벌을 발견한 수벌은 공중에서 몇 초 동안 정지 비행을 하며 더듬이를 펼쳐 암컷을 계속 탐지한다. 같은 종의 암컷으로 확인되면 암컷 주변에 착륙하여 더듬이로 암컷에 대한 탐색을 한 후 앞 다리를 이용하여 암컷의 후미로부터 등 위로 기어오른다. 암컷은 큰턱 샘에서 페로몬을 분비하여 수벌을 유인하며 자신이 같은 종인지 등에 관한 정보를 제공한다. 짝짓기는 약 20~40분간 지속된다(van Honk et al., 1978).

성결정과 일벌에 대한 생식 억제

붉은뒤영벌도 다른 벌 종류와 마찬가지로 반수-이배체(haplodiploidy) 성결정 방식을 따른다. 즉 여왕벌과 일벌은 이배체 수정란에서 발생하고 수벌은 반수체인 미수정란에서 발생한다. 붉은뒤영벌 여왕벌은 여러 마리의 수벌과 짝짓기 하여 정자를 저장해 두었다가 필요에 따라 수정란 또는 미수정란을 낳을 수 있다.

꿀벌이 여왕벌만 산란능력이 있고 일벌은 산란하지 못하는 데 반해 붉은뒤영벌은 일벌도 산란능력이 있다는 점에서 꿀벌과는 조금 다르다. 따라서 여왕벌은 일벌이 산란하지 못하도록 지속적으로 공격적 행동을 하여 억압하며 또 일벌이 낳은 알을 제거해 버린다. 일벌은 수벌과 짝짓기 한 적이 없으므로 일벌이 산란한 알은 모두 미수정란이다. 따라서 수벌로 자라게 된다.

군집 구성원 간 투쟁과 갈등

여왕벌은 일벌이 산란하지 못하도록 감시하고 억압하지만 이런 견제와 억압은 여왕벌에 의해서만 일방적으로 일어나는 것이 아니다. 산란하는 일벌도 여왕벌을 공격하며 심지어 여왕이 낳은 알을 먹어 버리고 그 자리에 대신 자기의 알을 낳기도 하는 것으로 알려져 있다. 여왕벌과 일벌 간 갈등과 알력이 상당한 것이다. 그럼에도 불구하고 일벌에 의해 생산되는 수벌의 비율은 그리 높지 않다고 한다. 만약 여왕벌이 죽고 나면 이러한 견제가 사라지며 일벌 간에 일종의 서열 싸움이 일어나고 우월한 일벌에 의한 산란과 수벌의 생산이 본격적으로 일어나게 된다(Paxton et al., 2001).

| 기생뒤영벌*Bombus norvegicus*

군집 내 구성원 간 유전적 유연관계

군집 내 자매 일벌 간 유전적 유연관계는 같은 수벌의 후손일 때 75%이며 애비가 서로 다를 경우는 50%가 된다. 반면 남매 사이인 일벌과 수벌 간 유연관계는 25%이다. 여왕벌은 자신의 아들(수벌) 및 딸(일벌)과 모두 50%씩 유전자를 공유하므로 아들과 딸을 고르게 낳기를 원할 수 있지만 일벌 입장에서는 어떤 경우에도 자매간에 유전자 공유가 높고 수벌과는 유전자 공유가 낮으므로 가급적 일벌이 생산되는 게 유리하다.

기생뒤영벌에 의한 사회성 기생

자신은 집을 짓지 않고 남의 둥지를 뺏어 자신의 후손을 생산하는 얌체 같은 뒤영벌도 있어 흥미롭다. 기생뒤영벌*Bombus norvegicus*이 그 주인공으로 붉은뒤영벌의 둥지에 침입하여 여왕벌을 죽이고 자신의 후손을 생산하는데, 이런 기생방식을 노동기생 또는 사회성 기생이라 한다. 기생뒤영벌은 붉은뒤영벌의 둥지에 침입하면 일벌이 싫어하는 기피성 화학물질을 생산하여 일벌을 쫓아낸다. 이 기피제의 주성분은 도데실 아세테이트(dodecyl acetate)이며 그 외 다른 물질과 혼합물로 붉은뒤영벌이 둥지에 돌아오지 못하게 하여 둥지를 탈환하지 못하도록 한다(Zimma et al., 2003). 기생뒤영벌은 뒤영벌의 둥지를 뺏기 위해 전투를 치르는 위험을 감수해야 하지만 남이 이미 이룩해 놓은 둥지를 뺏는 것이므로 적은 노력을 들여 후손을 생산하는 방식으로 진화한 셈이다. 벌의 세계에도 마치 인간 세상의 사기꾼이나 폭력배와 같은 삶을 당연한 듯 살아가는 종이 있는 것이다.

사람과의 관계

뒤영벌 종류는 군집생활을 하며 일벌은 침을 가지고 있지만 매우 온순하여 외역 중인 벌은 사람이 벌을 만지지 않는 한 쏘는 일은 거의 없다. 둥지를 건드리면 쏠 수 있지만 이 경우에도 대개 경계하거나 도망치는 경우가 많으며 말벌처럼 집단 공격을 하는 경우는 드물다.

꿀과 꽃가루를 얻기 위해 다양한 식물의 꽃을 찾는 과정에서 식물의 수분을 매개하므로 사람에게 매우 유익하고 소중한 존재이다. 일찍이 다윈이 그의 저서 종의 기원에서 유럽산의 레드 클로버*Trifolium pratense*가 뒤영벌 종류에 의해서만 수분된다고 한 이래 목초를 재배하는 사람들이 뒤영벌의 중요성을 크게 인식하기에 이르렀다. 레드클로버는 콩과식물로 공생하는 뿌리혹박테리아에 의한 질소동화작용으로 땅을 기름지게 하는 녹비작물로 좋으며 목초로서도 이용 가치가 높아 북미와 남미, 호주, 뉴질랜드 등으로 수입되었다. 그런데 이들 새로운 지역에서는 종자 결실률이 낮아 매년 유럽에서 새로운 종자를 수입해야 했는데 그 이유는 그 지역에 서식하는 꿀벌이나 뒤영벌 종류에 의한 수분율이 낮기 때문이었다. 꿀벌도 레드 클로버의 수분을 매개하지만 낮은 기온에서는 활동하지 못하므로 기온이 낮을 때는 레드클로버의 수분율이 떨어지는 것이었다. 결국 유럽에서 뒤영벌을 수입하여 방사하게 되었다. 뉴질랜드에서는 1885년과 1886년에 442마리의 뒤영벌 여왕을 수입하였는데 이중 93마리가 산채로 도착하였고 목초지에 방사되었다. 이들은 신천지에서 성공적으로 정착하여 약 10년 만에 뉴질랜드 전역으로 확산되었다. 현재 뉴질랜드에는 유럽에서 이식한 서양뒤영벌*B. terretris*, ***B. ruderatus***, ***B. latreillellus*** 3종이 정착하여 살고 있다. 한편 남미 칠레와 아르헨티나 등에서도 유럽에서 이식한 ***B. ruderatus***와 서양뒤영벌*B. terretris*이 서식하고 있다(Arretz, 1986). 그러면 원래의 서식지가 아니면서 도입되거나 침입한 곳에서 외래종 붉은뒤영벌로 인한 부작용은 없을까?

빛이 있으면 그림자가 있기 마련이다. 남미에서는 유럽산 뒤영벌의 확산으로 인해 그 지역 고유 뒤영벌 종류가 크게 위축되고 있다고 하니 역시 외래종의 이식은 유의해야 하며 신중에 신중을 기해야 하는 일임을 알 수 있다.

58. 세계에서 가장 많이 사육되는 수분매개용 벌

서양뒤영벌*Bombus terrestris*

꿀벌과 Apidae

| 서양뒤영벌.

유럽 대륙에서 가장 흔한 뒤영벌 종류로 유럽 전역에 걸쳐 널리 분포한다. 지역에 따라 체색과 무늬가 서로 다른 9 아종이 있다. 대체로 온대 기후대가 주 서식지이지만 다양한 기후에 적응이 가능하며 극동, 지중해 상의 여러 섬, 북 아프리카까지 분포한다. 또 원서식지는 아니지만 일본, 칠레, 아르헨티나, 타스마니아 등 여러 지역에서는 온실 등 시설 작물의 수분용 곤충으로 도입된 후 자연으로 탈출하여 야생화되어 정착하였다(Inoue et al., 2008).

여왕벌은 몸길이가 20~22mm, 수벌은 14~16mm, 일벌은 11~17mm 정도이다. 서양뒤영벌은 다른 뒤영벌 종류와 달리 일벌의 체구가 아주 다양하게 나타나는 특징이 있는데 흉부의 길이가 2.3mm에서 6.9mm까지 큰 변이를 보이며 몸무게 역시 68mg에서 754mg까지 엄청난 차이를 보인다(Goulson et al., 2002).

둥지는 버려진 들쥐 굴 등을 이용하여 땅속에 짓는다. 군집을 구성하는 벌의 수는 군집에 따라 매우 다양하며 평균 300~400마리 정도로 구성된다.

사회적 계급과 생활주기

꿀벌과 마찬가지로 세 가지 계급이 있고 계급에 따라 서로 다른 역할을 맡는다.

여왕벌은 군집 내에 오직 한 마리만 있으며 군집을 창시하고 알을 낳아 군집을 불리고 미래 세대를 생산하는 역할을 한다. 여왕벌은 일벌과 함께 이배체인 수정란에서 발생하는데 일벌과 여왕벌의 운명을 결정짓는 요인은 애벌레 때에 제공되는 먹이의 양이다. 많은 양의 먹이가 제공되면 유약호르몬(JH, juvenile hormone)의 농도가 높게 유지되어 유충기가 길어지며 체구가 큰 여왕벌로 발생하게 된다(Cnaani et al., 1997).

일벌은 식량을 모으며 군집을 방어하고 새끼를 기르고 돌보는 일을 맡는다. 군집 사이클의 대부분 기간 동안 산란하지 않으며 자신의 2세를 기르지 않는다.

수벌은 여왕벌이나 일벌과는 달리 반수체인 미수정란으로부터 발생한다. 수벌은 우화하여 성숙에 이르면 곧바로 짝짓기를 위해 둥지를 떠나며, 새 여왕벌과 짝짓기가 그들의 유일한 임무이다.

우화한 여왕벌은 곧바로 수벌과 짝짓기를 한다. 월동은 전년도 둥지에서 하는 경우도 있으며 월동 후 봄이 되면 본격적인 군집 창설에 들어간다. 둥지 자리를 찾으면 우선 육아방을 짓고 알을 낳는데 처음 낳는 알의 수는 많지 않다. 알에서 부화한 애벌레는 여왕벌이 꽃가루를 꿀과 함께 뭉쳐 와서 직접 먹여 기른다. 애벌레가 자라 번데기가 되면 약 2주 후에 일벌이 우화하게 된다. 첫 일벌이 나오고 난 후의 후속 세대 애벌레부터는 일벌이 기르게 된다.

일벌은 여왕벌보다 체구가 작으며 대부분이 외역 중에 새나 파리매 사마귀 등의 천적에게 잡아 먹혀 생을 마감하게 된다.

일벌만 생산되는 기간은 꽤 지속되지만 군집에 따라 다르며 이윽고 여왕벌은 미수정란을 산란하기 시작하는데 이들은 수벌로 발생한다. 수벌은 우화하면 암벌과 짝짓기를 위해 둥지를 떠나고 한번 둥지를 떠나면 다시 돌아오지 않는다. 둥지를 떠난 수벌은 스스로 꽃을 찾아 먹이를 구해 먹고 생활하게 된다. 수벌이 생산될 무렵에 수정란에서 발생한 애벌레에겐 일벌보다 더 많은 양의 먹이가 제공되며 이들은 여왕벌로 성장하게 된다. 생산되는 일벌과 여왕벌의 비율 조절은 여왕벌이 페로몬으로 일벌을 조종하여 일어난다.

온대지방에서는 군집이 가을까지 지속되는데 그 무렵이면 일벌들이 수정되지 않은 알을 낳기 시작하며 이들은 자라면 수벌이 된다. 이 시기는 대개 군집 창시 후 30일 정도 지날 무렵이 되는데, 일벌과 일벌 간 및 일벌과 여왕벌 간에 노골적인 공격 행위가 일어나기 시작하는 때이기도 하다(Duchateau et al.,1988).

일벌과 여왕벌 간의 투쟁이 일어나면 대개 여왕벌은 쫓겨나고 그 결과 군집은 여왕벌이 없는 상태가 된다. 그러면 짧은 기간이지만 일벌과 여왕벌 및 일벌 간의 투쟁에서 우위를 점한 일벌이 '가여왕(假女王)'이 되어 군집을 지배하게 된다(van Honk C. & P. Hogeweg, 1981).

새로 생산된 여왕벌은 때로는 일벌처럼 행동하며 다른 여왕벌 애벌레를 기르는 일을 돕는 경우도 있다. 이 기간 중에 새 여왕벌은 매일 둥지를 떠나 먹이를 찾으며 또한 짝짓기도 하게 된다. 궁극에는 동면할 장소를 찾아 이듬해 봄이 될 때까지 월동에 들어간다. 겨울이 지나고 봄이 되면 월동에서 깨어나는데 맨 먼저 하는 일은 꽃을 찾아 화밀을 먹고 몸을 회복하며 산란을 위해 난소를 키우는 것이다. 곧이어 새 둥지 자리를 찾아서 군집을 창시하게 된다. 그러나 겨울이 따뜻한 지역에서는 새 여왕벌은 월동하지 않고 군집을 창시하기도 한다. 이전의 군집은 벌들이 모두 사라져 붕괴되지만 둥지 장소에 기생동물이 없고 쾌적한 곳이라면 새 여왕벌 중 한 마리가 그 장소를 재활용하여 군집을 창시하기도 한다.

짝짓기와 성비

서양뒤영벌 여왕벌은 일생에 단 한 번만 짝짓기 한다. 여러 수벌과 짝짓기하면 자손의 유전적 다양성을 증가시킬 수 있는 이점이 있지만 서양뒤영벌을 포함한 대부분의 사회성 곤충에서는 대개 짝짓기가 한 번으로 끝난다. 서양뒤영벌이 한 번만 짝짓기 하는 것은 수벌의 방해가 크게 작용하는 것으로 알려져 있다. 수벌은 여왕벌과 짝짓기를 하면 여왕벌의 생식기에 끈끈한 분비물을 분비하여 분비물이 마개로 작용하여 며칠 동안 다른 수벌과 짝짓기 하는 것을 방해하게 된다(Annette Sauter et al., 2001). 여왕벌이 다수의 수벌과 여러 차례 짝짓기 하는 것은 자손의 유전적 다양성을 높이는 데는 유리하지만, 짝짓기를 위해 수벌을 찾고 짝짓기 하는데 적지 않은 에너지가 소비된다. 또 짝짓기 과정은 아주 취약한 시기이므로 도중에 포식자에게 잡아먹힐 위험 또한 크게 증가하게 되므로 꼭 유리한 방법이라고 볼 수만은 없다. 장단점이 있는 것이다.

서양뒤영벌은 한 번만 짝짓기 하므로 일벌 간에는 높은 유전적 동질성을 유지하게 되고 이들이 군집을 위해 봉사하고 헌신하는 유전적 이유가 되기도 한다. 모든 벌에서 수벌은 반수체이고 일벌과 여왕벌은 2배체이므로 일벌 자매간에는 75%의 유전적 동질성을 가지게 된다. 일벌은 자신이 산란하여 2세를 기르는 것보다 여왕벌이 산란한 자매를 기르는 게 자신의 유전자를 후세에 더 많이 남기는 결과가 된다.

서양뒤영벌은 일벌을 생산하다가 나중에 수벌 생산으로 바꾸기 때문에 시기에 따라 군집 내 성비가 크게 달라진다. 수벌 생산으로 일찍 전환하는 군집에서는 수벌에 대한 새 여왕벌의 비가 1:17.4 정도로 훨씬 적어지게 된다. 이 경우 나중에 나오는 다른 군집의 여왕벌과의 짝짓기에 유리해지게 된다. 반면 일벌 생산에서 수벌 생산으로의 전환이 늦게 일어나는 군집에서는 여왕벌의 비율이 상대적으로 높아져 1:1에 가깝게 된다. 여왕벌은 자식인 암벌과 수벌에게 모두 50%씩의 유전자를 전달하므로 성비가 1:1이 되게 생산하고자 하지만 일벌의 입장에서는 여왕벌이 많이 생산되는 게 자신의 유전자를 후대에 더 많이 남기는 데 유리하다. 일찍 전환하는 군집과 늦게 전환하는 군집을 통틀어서 전체적인 여왕벌과 수벌의 성비는 1:4 정도라고 한다(Duchateau et al.,1988).

여왕벌 및 일벌에 의한 생식 억제

여왕벌은 일벌의 유약호르몬(JH)을 억제함으로써 일벌의 난자 생성을 억제할 수 있다. 유약호르몬은 난자 발달을 조절한다. 여왕벌이 없는 군집의 일벌은 여왕벌이 있는 군집에 비해 JH를 분비하는 기관인 알라타체(corpora allata)가 크게 확대되어 있다. 또한 여왕벌이 없는 군집의 일벌 체내 혈 림프는 JH의 농도가 훨씬 높게 나타난다. 이는 여왕벌의 존재가 일벌의 산란을 억제한다는 것을 보여 주는 것이다. 일벌에 대한 여왕벌의 이와 같은 억제는 페로몬을 통해 이루어진다(Roseler, 1977).

산란과 애벌레 사육에 대한 조절을 여왕벌만 하는 것으로 생각하기 쉽지만 일벌도 산란에 상당한 영향을 미친다. 우세한 일벌은 젊은 일벌들이 산란하는 것을 억제할 수 있다. 일벌은 군집 발달의 초기 및 일벌 간의 경쟁 개시 점 이후에 JH 수준과 난소 발달이 낮은 수준으로 유지된다. 여왕벌이 지배하고 있거나 또는 여왕벌이 없는 군집에 편입된 일벌 공히 동료 일벌에 의한 비슷한 수준의 억제가 일어나며 이는 군집 발달에 일벌이 상당히 핵심적 역할을 한다는 증거이기도 하다(Bloch & Hefetz, 1999).

여왕벌과 일벌 간 투쟁

여왕벌이 단 한번 짝짓기 하는 군집의 경우 성비와 수벌 생산에 대한 여왕벌과 일벌 간 투쟁이 더욱 심할 것으로 예견되는데 이 경우 일벌은 자신의 아들 및 조카와의 근연성이 남동생보다 높기 때문이다.

수벌 생산으로 일찍 전환되는 군집의 경우 여왕벌이 반수체 알을 낳기 시작하면 일벌도 스스로 알을 낳는 것으로 전환하는데 수벌 생산의 경우 자신이 알을 낳는 것이 자기 유전자를 후세에 남기는 데 더 유리하게 된다. 늦게 전환되는 군집의 경우 일벌은 새 여왕벌 생산이 시작되는 것을 알리는 여왕벌의 페로몬 변화를 탐지하여 자신의 알을 낳기 시작하게 된다. 이러한 여왕벌과 일벌 간 투쟁 결과는 대체로 여왕벌이 승리한다고 생각하기 쉽지만 그렇지 않은 것 같다. 왜냐면 여러 연구에 의하면 생산되는 수벌의 최대 80%가 일벌에 의해 산란된 것으로 나타나고 있기 때문이다(van Honk et al., 1981). 혈연 선택에서 뒤영벌 일벌은 형제(유전자 동질성 25%)보다는 조카(유전자 동질성 37.5%)를 기르는 것이 유리하며 조카보다는 자신의 알(유전자 동질성 50%)을 낳는 것이 유리하다. 따라서 여왕벌에게 수벌을 낳게 하기보다는 차라리 자매사이인 다른 일벌이 산란하는 게 유리하다.

여왕벌이 일벌의 공격으로 축출되면 가장 우세한 일벌이 '가여왕'에 오르며 다른 일벌보다 더 많은 산란을 하게 된다. 일벌은 산란 권리를 두고 주로 여왕벌과 투쟁하게 되지만 또한 자신의 알을 낳기 위해 다른 일벌을 억제하고 서로 투쟁하기도 한다. 일벌 중에서 막 우화한 일벌은 지위가 가장 낮은 위치에 놓이게 된다.

체구에 따른 일벌의 역할 분담과 먹이 활동

서양뒤영벌은 알로이씨즘(alloethism)을 보이는데 이는 일벌이 몸의 크기에 따라 하는 일이 달라지는 현상을 의미한다. 이런 현상은 특히 먹이를 구하는 외역 활동 중에 현저하게 나타난다. 큰 일벌은 보다 빈번하게 먹이를 구하러 나가며 더 많은 양의 꿀과 꽃가루를 모아 온다. 일벌의 체구가 크면 기온 변화에 대한 적응력이 크며 포식을 피하는 데도 유리하고 보다 먼 거리를 날 수 있다. 몸의 크기에 따라 하는 일이 달라지는 것은 군집뿐 아니라 개체에게도 유리하게 작용한다. 작은 벌은 적은 양의 먹이로 기를 수 있으므로 군집의 부담이 적으며 공간이 좁은 둥지 내의 일을 하는 데 유리하다. 일부 애벌레에게만 많은 먹이를 먹여 체구가 큰 외역 일벌로 기르고 나머지는 먹이를 절약하여 작은 체구의 일벌로 길러 둥지 내의 일을 맡겨 효율성을 높이는 것이다(Goulson et al., 2002).

먹이 활동이 왕성한 때는 오전 중이며 특히 오전 8시 전후한 시간이다. 오후에는 점차 기온이 오르므로 활동이 뜸해지는데 이들이 꿀과 꽃가루를 모으는 데 적합한 기온은 25 ℃ 전후이다. 일벌의 외역 범위는 식량 자원의 질과 분포에 따라 다르지만 대부분의 경우 둥지에서 수백 m 이내에 국한된다(Wolf et al., 2008).

먹이를 구하러 외역 나갔다 온 일벌은 때로 군집 내 다른 벌을 소집하여 둥지를 떠나 먹이를 구하러 나간다. 노련한 외역 일벌은 둥지로 돌아온 후 불규칙적인 패턴으로 둥지 내를 바삐 돌아다니는데 이런 행동은 꿀벌의 의식화된 춤과는 전혀 다르다. 이러한 행동은 아마도 동료들에게 페로몬을 통하여 양식이 있는 곳의 위치를 알려 먹이를 모아 오게 하는 것으로 추정하고 있다(Dornhaus, A. & L. Chittka, 2001). 둥지 내에 저장된 양식이 적은 상태에서는 이런 먹이 외역 페로몬에 대해 보다 민감하게 반응한다. 반면에 먹이가 충분히 저장되어 있는 군집의 경우 이러한 자극에 대해 반응 강도가 약해지는데 이는 불필요한 외역으로 에너지를 낭비할 필요가 없기 때문일 것이다.

서양뒤영벌은 아주 다양한 식물의 꽃에서 먹이를 구하지만 본능적으로 좋아하는 색깔의 꽃이 있다. 뒤영벌과 꿀벌은 모두 청색과 황색에 대해 본능적인 선호도를 보인다. 초보 일벌은 본능적인 선호도에 의해 꽃을 찾지만 노련한 일벌은 경험에 의해 얻은 학습 효과로 더 많은 꿀과 꽃가루를 가진 색의 꽃을 찾게 된다. 이와 같은 사실은 다양한 색을 가진 인공적인 꽃으로 선호도를 조사해 본 결과 벌은 이전에 꿀이 있었던 색의 꽃을 선호하는 것으로 확인되어 이들이 꿀이 많이 생산되는 꽃을 학습하여 기억하는 것으로 나타났다. 어린 벌은 꽃의 색뿐만 아니라 꽃에서 꿀과 꽃가루를 효율적으로 채취하는 기술도 학습하는데 이런 학습에는 며칠이 소요된다(Raine & Chittka, 2007). 같은 종 내에서도 청색에

| 서양뒤영벌.

대한 선호도가 개체군에 따라 다르게 나타나기도 하며 역시 같은 종 내에서도 복잡한 일에 대한 학습 능력이 서로 다르게 나타난다. 이와 같은 결과는 서양뒤영벌의 두 아종인 *B. terrestris dalmatinus*와 *B. terrestris audax*에서 모두 나타난다.

둥지 회귀 능력

서양뒤영벌의 일반적인 먹이 활동 거리는 수백m 정도로 그리 넓지 않지만 둥지 회귀능력은 놀라울 정도이다. 둥지에서 9.8km나 떨어진 곳에 데려다 놓아도 되돌아올 수 있다고 한다. 또 다른 연구에서는 둥지에서 13km 떨어진 곳에 놓아 준 벌이 돌아온 경우도 있었다. 그러나 이때 집으로 돌아오는 데는 며칠이 걸릴 수 있다. 이러한 사실은 서양뒤영벌이 둥지를 찾는 데 자연의 어떤 지형지물을 활용하는 것임을 시사한다. 수벌은 일벌보다 더 먼 거리까지 비행하는 것으로 나타났다. 이들은 짝짓기 할 여왕벌을 찾으므로 더 멀리 활동하며 2.6km에서 최대 9.9 km 정도를 활동 영역으로 한다(Kraus et al., 2009).

노동기생

보헤미언뒤영벌*B. bohemicus*은 서양뒤영벌에 노동기생 하는 벌로 서양뒤영벌의 둥지에 침입하여 숙주 여왕벌에 대해 생식적 우월성을 확보하여 자신의 알을 낳고는 숙주 일벌에게 돌보게 한다. 기생뒤영벌은 숙주 둥지에 침입한 후 숙주 여왕벌과 일벌을 공격하여 복속시키며 때로는 여왕벌을 죽이기도 한다. 그런 후 숙주 여왕벌이 산란한 알을 먹어 버리고 일부 애벌레는 방에서 제거한 후 자신의 알을 낳는다. 숙주 여왕벌은 지배력을 상실하고 가장자리로 몰려 있게 되지만 때로 자신의 알을 낳기도 한다. 그러나 알을 낳더라도 기생 여왕벌이 이를 먹어 버리게 된다. 또 다른 노동기생 뒤영벌로는 불뒤영벌*B. vestalis*이 있다. 이 두 종은 유럽 여러 지역에 서식하는데 보헤미언뒤영벌은 여러 종류의 뒤영벌 종류에 기생하는 데 반해 불뒤영벌은 전적으로 서양뒤영벌에만 기생하는 것으로 알려져 있다(Kreuter & Bunk, 2011)

기생 곤충에 의한 피해

중부유럽에서 서양뒤영벌의 외역 일벌은 벌붙이파리conopid flies에 의한 기생에 취약한데 이는 외역 중 기생당할 위험이 증가하기 때문이다. 벌붙이파리는 애벌레 단계에서 다른 곤충에 내부 기생하는데 다양한 벌을 숙주로 삼는다. 벌붙이파리 암컷은 날고 있는 서양뒤영벌을 공격적으로 낚아채어 복부에 산란한다. 이 기생파리의 복부는 마치 '캔 오프너'처럼 구부려져 숙주의 복부 마디 사이를 벌리고 알을 낳는다. 숙주에서 벌붙이파리의 성공적 발육 비율은 비 외역 일벌에 비해 외역 일벌에서 보다 낮게 나타나는데 이는 더 많이 기생을 당하기 때문에 면역계가 작용하여 기생충의 발육을 억제하기 때문이다(Konig & Schmid-Hempel, 1995)

명나방류 일종인 꿀벌명나방*Aphomia sociella* 암컷은 흔히 뒤영벌 둥지에 알을 낳는다. 알에서 부화한 꿀벌명나방 애벌레는 뒤영벌의 알, 애벌레 및 번데기를 먹고 자라며 벌집에 구멍을 뚫기도 하여 피해를 입힌다.

질병

날개 기형 바이러스(DWV)는 원래 꿀벌에 나타나는 바이러스병으로 감염되면 작고 뒤틀린 날개를 가지며 결국 죽게 된다. 2004년 무렵부터 유럽의 서양뒤영벌에도 퍼지기 시작했으며 산업적으로 사육되는 서양뒤영벌 여왕의 약 10%가 감염되어 죽는 것으로 나타났다. DWV가 이전부터 꿀벌과의 여러 곤충에 날개 기형 병을 유발했는지 아니면 꿀벌에게만 감염되던 것이 변이에 의해 뒤영벌에게도 감염되는 것인지는 확실치 않다(Genersch et al., 2006).

살충제가 뒤영벌에 미치는 영향

Gill 등의 연구(2014)에 의하면 뒤영벌은 치사량 이하의 네오니코티노이드(neonicotinoid)와 피레쓰로이드(pyrethroid) 계 살충제에 4주간 노출되었을 때 먹이 활동 능력에 심각한 손상을 입는 것으로 나타났다. Kessler 등의 연구(2015)에 의하면, 꿀벌과 서양뒤영벌에게 꿀만 함유하는 먹이와 꿀과 네오니코티노이드를 함유하는 먹이로 실험한 결과 네오니코티노이드가 먹이 섭취를 감소시키는 등 부작용이 있음에도 이 살충제가 함유된 용액을 선호하는 것으로 나타났다. 이와 같은 결과는 꿀벌과 뒤영벌은 살충제를 회피할 수 있는 능력이나 방법이 없음을 확인해 주는 것으로 꽃이 피는 작물에 이런 살충제를 사용하는 것은 먹이 활동을 하는 벌에게 상당히 부정적 영향을 미친다는 것을 의미한다.

수분 매개 곤충으로서 이용과 새 서식지에서의 생태계 교란

유럽에서는 1987년부터 서양뒤영벌을 사육하여 토마토를 위시한 온실 작물의 수분 매개자로 이용하기 시작하였다. 사람 손으로 일일이 수분을 하다가 뒤영벌이 매우 효율적임을 알게 되자 세계 여러 나라에서 농업에 뒤영벌을 이용하게 되었다. 뉴질랜드에서는 1990년대 초부터 서양뒤영벌을 도입하여 산업적으로 사육 공급하게 되었고 이어 일본, 한국, 러시아 등 여러 나라에서도 수분매개 곤충으로 도입 사육하게 되었다. 현재 전 세계에서 사육되고 거래되는 서양뒤영벌 인공사육 군집의 수는 연간 100만 개를 넘는 것으로 추정되고 있다(Dave Goulson, 2010). 그러면 서양뒤영벌을 농업용으로 새로운 지역에 도입해도 아무 문제가 없을까? 새로운 종을 원 서식지가 아닌 곳에 도입했을 때는 대부분 생태계에 적지 않은 충격을 주며 원서식종에게 상당한 타격을 입힌다.

호주에서는 수분용으로 도입된 서양뒤영벌에 의한 원 서식종의 피해가 심해지자 2004년 뉴 사우쓰 웨일즈 주 환경부에서 서양뒤영벌을 '주요 환경 위해종'으로 분류하였다. 2008년에는 호주 정부 차원에서 자국 내 원 서식종에 대한 위험성을 이유로 살아 있는 서양뒤영벌의 수입을 금지하였다.

칠레에는 1998년에 도입되었는데 칠레를 벗어나 아르헨티나를 가로질러 매년 275km씩 확산되고 있다. 이 종의 확산은 이 지역의 유일한 원서식종 뒤영벌 종류인 달보미뒤영벌*Bombus dahlbomii*에 큰 타격을 입히고 있다. 서양뒤영벌은 종간경쟁 및 기생충 매개로 달보미뒤영벌*Bombus dahlbomii*의 급격한 감퇴를 재촉하고 있다. 또한 1982년에 이 지역에 먼

| 서양뒤영벌

저 도입된 황야뒤영벌*Bombus ruderatus* 역시 심각한 영향을 받고 있다. 그 원인은 무엇보다 포자충류 일종인 기생동물, *Apicystis bombi*가 주원인으로 생각되고 있다. 이 기생충은 뒤영벌의 털에 붙어 옮겨지는데 서양뒤영벌은 저항성을 가져 큰 피해를 입지 않지만 이곳의 원서식종과 먼저 정착된 황야뒤영벌 두 종에겐 심각한 피해를 입힌다.

일본에서는 여러 생태 환경에서 일본의 원서식종과 먹이 자원 및 둥지 자리를 두고 경쟁하고 있으며 '침입 유해 외래종'으로 간주되고 있다(Matsumura et al., 2004). 서양뒤영벌은 일본 원서식종인 삽포로뒤영벌*B. hypocrita sapporoensis*과 땅속의 둥지 자리를 두고 경쟁 관계에 있으며 원서식종을 대체하고 있다. 반면 서양뒤영벌과 비슷한 꽃을 찾아 먹이 활동을 하지만 지상에 집을 짓는 담색뒤영벌*B. pseudobaicalensis*은 개체군의 감소 속도가 급격하지 않다고 한다(Inoue et al., 2008).

삽포로뒤영벌은 우리나라에도 서식하는 벌로, 마찬가지로 영향을 받으리라 생각된다. 그 외 다른 뒤영벌 종류에도 일정 부분 영향을 미칠 가능성이 있다고 보지만 눈앞의 이익에 어두워 그런 부분을 간과하고 있는 게 아닌지 잘 검토해 봐야 할 것이다. 비록 농업 경영상 상당한 이익을 가져다 주긴 하지만 생태계에 미치는 영향도 고려치 않고 도입하는 방식은 지양해야 할 것이며 생태계에 미치는 영향이 충분히 검토되어야 할 것이다.

미국에서는 환경에 대한 영향을 염려하여 서양뒤영벌의 수입을 금하고 있으며 대신 미국 동부 지역에 원래부터 서식하고 있던 *B. impatiens*를 많이 이용하고 있다. 이 종은 현재 미국에서 인공 사육되어 이용되는 가장 중요한 수분매개 벌로 자리 잡고 있으며 그 결과 원서식지를 벗어나 광범위한 지역으로 확산되었다.

59. 우리 없이는 사람도 굶어 죽어요.

양봉꿀벌*Apis mellifera*

꿀벌과 Apidae

| 양봉꿀벌.

꿀벌은 우리에게 달콤한 꿀도 제공하지만 그것보다 더 중요한 게 있으니 사람이 재배하는 많은 농작물과 생태계를 구성하는 수많은 식물의 꽃가루받이를 책임지고 있다는 것이다. 만약에 꿀벌이 없다면 상당수 농작물은 재배 자체가 불가능하게 될 것이며 또 많은 식물이 수분에 어려움을 겪어 심각한 생태계 교란과 붕괴가 일어나게 될 것이다.

우리나라에서 사육되고 있는 양봉 꿀벌의 봉군은 약 150만 군 정도로 추정되며 여기서 생산되는 벌꿀의 양은 연간 25만 톤에 달하며 돈으로 환산하면 약 2천억 원 내지 3천억 원에 이른다. 그러나 꿀벌에 의한 주요 경제 작물의 화분 매개로 발생하는 경제적 효과는 벌꿀 생산으로 얻는 경제적 이익과는 비교할 수 없을 정도로 많은 연간 6조원 이상으로 추정된다. 그것만이 아니다. 식량 작물 외에도 자연 생태계의 수많은 식물의 수분도 꿀벌에 크게 의존하고 있으므로 만약 꿀벌이 사라진다면 지구 생태계는 그야말로 큰 재앙에 빠지게 될 것이다. 한 마디로 꿀벌이 없으면 수많은 식물이 종자를 맺지 못해 멸종에 이르게 될 것이며 수많은 녹색 식물이 사라진 지구에서는 그러한 식물에 의존하는 많은 동물도 연쇄적으로 멸종의 길을 따르게 되고 말 것이다. 이처럼 중요한 일을 하는 꿀벌이지만 우리는 마치 공기가 무한하게 있으니 그 고마움을 모르듯이 꿀벌의 역할에 대해 고마운 줄 모르고 있다.

꿀벌 중 우리나라에 원래부터 살던 종을 재래꿀벌이라고 하며 서양에서 들여온 종을 양봉꿀벌이라고 한다. 이 두 종은 가축의 품종과 같은 차이가 아니고 완전히 종이 다르다.

꿀벌은 인류가 가장 먼저 사육하기 시작한 곤충으로 그 역사는

5,000년이나 된다. 그러나 사육이 아니고 자연에 존재하는 꿀벌에서 꿀을 채취하여 이용한 것은 아마도 수만 년 전의 구석기 시대나 중석기시대부터였을 것으로 보고 있다(Weber, 2012). 신석기시대에 해당하는 기원전 8,000~6,000년에 그려진 스페인의 동굴벽화엔 나무에서 벌꿀을 채취하는 사람을 그린 그림이 남겨져 있으므로 꿀의 채취와 이용은 이보다 훨씬 이전부터 있었을 것으로 보는 것이다.

| 나무에서 벌꿀을 채취하는 석기 시대의 스페인 동굴 벽화

꿀벌의 종류

꿀벌속屬, *Apis* 곤충은 전 세계에 7종이 알려져 있다. 전 세계에 많이 사육되는 양봉꿀벌*Apis mellifera* 우리나라 토종 꿀벌인 재래꿀벌*Apis cerana* 외에 야생 꿀벌인 검정난쟁이꿀벌*Apis andreniformis*, 난쟁이꿀벌*Apis florea*, 대왕꿀벌*Apis dorsata*, 말레이꿀벌*Apis koschevnikovi*, 민다나오꿀벌*Apis nigrocincta* 등이 있다. 양봉꿀벌은 유럽과 아시아 및 아프리카 원산이고 나머지는 모두 아시아에 분포하는 종이다(Smith et al., 2000).

양봉꿀벌은 온순하고 부지런하며 적응력이 강하여 전 세계에서 사육되고 있는 꿀벌의 절대 다수를 차지한다.

꿀벌의 군집 구성

꿀벌은 사회생활을 하며 한 마리의 여왕벌과 수백 마리의 수벌 및 수만 마리의 일벌로 구성된다. 여왕벌과 일벌은 모두 수정란에서 발생하며 유전적으로는 동일하지만 자라는 방의 크기와 먹이가 서로 달라 지위와 운명이 달라진다. 반면 수벌은 미수정란에서 발생한다.

여왕벌

여왕벌은 왕대라고 부르는 별도의 큰 방에서 젊은 일벌이 분비하는 물질인 로열젤리를 먹고 자라게 된다. 여왕벌이나 일벌 애벌레 모두 첫 사흘 동안은 로열젤리를 먹이는데 단백질 함량이 높고 플라보노이드의 함량은 낮은 물질이다. 사흘이 지나면 일벌이 될 애벌레는 꿀과 꽃가루를 혼합한 먹이를 제공받게 되지만 여왕벌이 될 애벌레는 그 후에도 지속적으로 로열젤리를 먹고 자란다. 이렇게 왕대에서 로열젤리를 먹고 자란 여왕벌은 일벌보다 훨씬 큰 체구와 발달된 생식기를 가지게 되어 알을 낳는 임무를 전담하게 된다. 만약 알에서 깬 일벌방의 애벌레를 사흘 안에 왕대의 애벌레와 서로 바꿔 넣어 두면 그 두 애벌레의 운명은 서로 바뀌게 된다. 다시 말해 자라는 환경과 먹이에 의해 여왕벌과 일벌의 운명이 결정되는 것이다. 여왕벌의 수명은 3년 내지 5년 정도이며 최대 8년 정도까지 생존할 수 있어 수십일밖에 생존하지 못하는 일벌보다 훨씬 길다.

꿀벌 봉군에서 새 여왕벌 생산은 다음 세 가지 요인에 의해 일어난다.

①벌통 내에 꿀이 많이 저장되어 알 낳을 방이 부족해지면 여왕벌 생

산과 분봉을 야기하게 된다.

②여왕벌의 나이가 많아지면 산란수가 줄어들게 되며 여왕 페로몬도 감소하게 되어 여왕벌 대체로 이어지게 된다. 여왕벌 대체는 노쇠하여 페로몬 분비가 감소한 여왕벌을 일벌들이 죽이고 새 여왕벌을 길러내어 대체하는 것이다.

③나이 든 여왕벌이 갑자기 죽는 경우도 있다. 이런 경우는 돌발적인 여왕벌 교체가 되는데 일벌들이 알이나 적당한 나이의 애벌레를 다수 선택하여 기존의 애벌레 방을 확장하여 왕대로 만들고 여왕벌을 길러 내어 죽은 여왕벌을 대체하게 된다.

알에서 여왕벌 성충으로 자라는 데는 알 기간 3일, 유충 기간 5.5일, 번데기 기간 7.5일로 합하여 약 16일 정도 걸리며 일벌이나 수벌보다 발육기간이 짧다. 여왕벌은 대개 10여 마리에서 20여 마리가 함께 생산되는데 새로 태어난 여왕벌끼리 싸워 한 마리만 남게 되며 나머지는 죽임을 당하게 된다. 만약 한 마리의 여왕벌이 먼저 태어나면 아직 태어나지 않은 여왕벌의 고치를 뜯어 물어 죽이게 된다. 비정하지만 한 왕국에 두 여왕은 존재하지 않는 것이다.

새로 태어난 여왕벌은 며칠 후 지상 약 10m 지점에서 다른 벌통에서 나온 수벌과 공중에서 짝짓기를 하게 된다. 수벌은 처녀 여왕벌에서 풍기는 페로몬 냄새를 탐지하고 끌리게 된다. 여왕벌은 대개 며칠에 걸쳐 여러 차례 짝짓기를 하는데 짝짓기는 저정낭이 정자로 가득 찰 때까지 일어나게 된다. 여왕벌과 짝짓기를 마친 수벌은 곧 죽게 된다.

여왕벌의 산란 수는 날씨, 식량 자원 사정, 유전적 요인 등에 의해 조절되며 초가을에는 산란율이 낮아지며 겨울에는 완전히 정지된다. 늦겨울이면 다시 산란이 시작되며 봄에 최고조에 달하게 된다. 산란이 최고조에 달할 때는 하루 2,500개 이상을 낳으며 하루에 산란되는 알의 전체 부피는 자신의 몸보다도 더 크다.

일벌

일벌은 여왕벌과 마찬가지로 수정란에서 발생하며 일벌 방에서 자라게 된다. 여왕벌과 일벌은 모두 2배체로 유전학적으로는 똑같지만 자랄 때의 환경과 먹이에 의해 일벌과 여왕벌로 신분이 달라진다. 알에서 부화한 애벌레는 처음 3일 동안은 로열젤리를 공급받지만 사흘이 지나면 일벌이 될 애벌레의 먹이는 꽃가루와 꿀로 바뀐다. 일벌로 자라는 데 걸리는 기간은 알에서 부화하는데 3일, 유충과 번데기 기간은 각기 6일과 12일로 전체적으로 약 3주가 소요된다. 일벌의 수명은 의외로 짧아 봄과 여름에 출생한 일벌은 꿀과 꽃가루 모으는 일에 혹사당하므로 수명이 한 달 정도에 불과하며 가을에 출생하는 일벌은 겨울 동안 일을 하지 않고 집 안에 모여서 겨울을 나게 되어 수명이 수개월로 길어진다. 평균적으로 일벌은 매일 1%가 사망하고 대신 새 일벌로 보충되며 결국 4개월마다 모든 일벌이 새 일벌로 교체된다. 세력이 왕성하고 건강한 봉군의 일벌 수는 3~4만 마리 정도이며 아주 많을 경우 8만 마리에 달하기도 한다.

나이에 따른 일벌의 역할 분담

일벌은 암컷이지만 알을 낳지는 않으며 알 낳는 일을 제외한 군집 내의 모든 일을 도맡아 하게 된다. 그러나 일벌의 나이에 따라 하는 일은 서로 다른데 우화 후 처음 열흘 동안은 벌집 청소와 애벌레 사육의 일을 하며 열흘쯤부터 보름까지는 밀랍을 분비하여 집 짓는 일을 하게 된다. 16일부터 20일까지는 나이 든 일벌이 모아 온 꿀과 꽃가루를 받아 저장하는 일을 하며 20일이 지나면 비로소 집 밖으로 나가 꿀과 꽃가루를 모아 오게 된다. 꿀과 꽃가루를 모으는 일은 이후 죽을 때까지 계속된다.

이처럼 일벌이 나이에 따라 다른 일을 하도록 행동이 변하는 것은 곤충 체내의 유약호르몬(유충호르몬, juvenile hormone)의 농도 변화에 의하는 것으로 알려져 있다. 많은 동물에서 체내 호르몬 변화는 행동을 변화시킬 수 있는데 포유류의 수컷이 번식기가 되면 체내 테스토스테론의 분비가 왕성해져 공격적이고 전투적으로 변하여 다른 수컷과 짝짓기 권리를 두고 치열하게 싸우게 되는 것이 대표적인 예이다. 유약호르몬은 신경계 기능에 영향을 미치는 옥토파민(octopamine) 같은 단백질 합성을 자극하여 곤충의 행동을 변화시키게 된다. 옥토파민은 특히 뇌의 촉각엽에 그 농도가 높게 나타나는데 신경 전달 기능을 촉진시키고 기억력을 향상시킨다고 한다. 옥토파민은 집 안에서 활동하는 어린 일벌보다는 꿀과 꽃가루를 수집하는 나이 든 일벌에게서 농도가 더 높으며 나이 든 일벌에서는 유약호르몬의 농도도 높게 나타난다. 옥토파민의 농도가 낮은 일벌에게 유약호르몬을 주사하면 그 농도가 높아지며 행동 변화 또한 수반된다고 한다.

일벌의 나이에 따른 역할 분담에 대해서는 프리머 페로몬(primer pheromone, 애숭이 페로몬)의 역할에 의한다는 연구 결과도 있다. 미국 미시간 대학의 Zachary Huang 교수 팀은 나이 든 외역 일벌은 에틸 올레이트(ethyl oleate)를 수집하여 위속에 저장하여 와서 이를 새끼 양육을 하는 젊은 일벌에게 먹임으로써 이 페로몬이 젊은 일벌의 조기 성장을 막아 외역 대신 양육 일을 하도록 유지한다고 하였다. 나이 든 외역 일벌이 노화 등의 이유로 점차 죽어 사라지면 이 물질이 줄어들게 되고 양육 일벌들은 이 작용을 받지 않게 되어 외역 일에 종사하게 된다.

일벌의 산란관은 외적을 방어하기 위한 독침의 역할도 겸하는데 침에는 작은 미늘이 있어 포유류 등의 피부를 쏘면 침이 빠지지 않게 되고 결국 벌은 복부가 떨어지며 죽음에 이르게 된다.

일벌의 자기희생에 대한 유전학적 분석

일벌은 평생 알을 낳지 않고 목숨이 다할 때까지 여왕벌을 뒷바라지하고 동생을 기르며 먹이를 모으는 등의 일을 한다. 또 둥지가 외적의 공격을 받으면 주저 없이 목숨을 걸고 싸운다. 어째서 이런 자기희생이 자연스럽게 일어날까?

영국의 진화학자 해밀턴(William D. Hamilton, 1936–2000)은 이에 대해 자기 자신이 번식에 참여하지 않고 자신의 동생 같은 친족을 돌보는 것이 자신의 유전자를 후대에 더 많이 남길 수 있기 때문이라 설명했다. 만약 일벌이 짝짓기를 하여 알을 낳고 후손을 생산한다면 그 후손은 자신의 유전자 절반(50%)을 전달받게 된다. 후손은 언제나 어미의 유전자 절반과 아비의 유전자 절반을 물려받기 때문이다. 반면에 어미인 여왕벌이 낳는 일벌 동생은 아비의 유전자는 일벌과 똑같이 가지고 어미의 유전자는 평균적으로 일벌과 절반만 같게 된다. 그 이유는 어미의 염색체 세트 둘 중 하나를 가지는 난자와 반수체인 아비 수벌의 정자가 수정되기 때문에, 일벌과 동일한 어미의 유전자 세트를 가질 확률이 50%이고 전혀 다를 확률 또한 50%이므로 평균적으로 어미의 유전자는 25%가 동일하게 되는 것이다. 결국 동일한 아비의 50%를 더하면 여왕벌이 낳는 일벌 동생의 유전자 동일 정도는 75%가 되며 이는 다음 세대의 여왕벌에서도 마찬가지가 된다. 만약 여왕벌이 서로 다른 수벌과 2회 이상 짝짓기를 하여 애비가 다를 경우에는 자매간의 유전자 공유 정도는 평균 50%이므로 이 경우에도 자신이 직접 알을 낳아 생산한 자손과 유전자 공유 정도가 같게 되므로 전체적으로는 일벌 자신이 직접 생산하는 것보다는 어미의 자손이 더 많이 생산되도록 기여하는 것이 유리한 것이다. 이처럼 자매간에 자식보다 더 많은 유전자를 공유하는 것은 벌의 수컷이 반수체라는 독특한 유전적 조성을 가지기 때문이다.

수벌

수벌은 여왕벌과 함께 봄에만 생산된다. 알에서 성충으로 자라는 데는 알 기간 3일, 애벌레 기간 6.5일, 번데기 기간 14.5일로 전체 24일이 소요되어 여왕벌보다는 약 1주일이 더 걸린다. 일벌, 여왕벌, 수벌 간의 생육 기간에 상당한 차이가 나는 것은 대부분 번데기 기간의 차이에 기인한다. 여왕벌은 우화 직후의 짝짓기에서 얻은 정자를 저장해 두고 여왕벌이 자랄 왕대나 일벌 방에는 수정시킨 알을 낳고 일벌 방보다 조금 큰 수벌 방에 산란할 때는 미수정란을 낳는 것이다. 즉 여왕벌이 암컷 벌과 수컷 벌을 임의로 선택하여 생산할 수 있으니 참으로 신기한 일이다. 수벌은 미수정란에서 발생하니 어미는 있어도 아비는 없고 따라서 염색체는 여왕벌이나 일벌의 절반에 불과한 반수체가 된다. 수벌의 임무는 새로 태어나는 여왕벌과 짝짓기 하여 다음 세대를 이어가게 하는 것이다. 수벌의 수는 대개 수백 마리 정도인데 일을 하지 않으므로 번식기가 지나고 나면 꿀벌 무리에게 전혀 도움이 되지 않고 양식만 축내게 된다. 따라서 대개 겨울이 시작될 무렵이면 수벌은 일벌에게 쫓겨나서 굶어 죽게 된다. 냉정하고 잔인해 보이지만 생물은 다음 세대에 더 많은 자신의 유전자를 남기려는 번식 본능이 가장 강하므로 이런 행동은 생물진화학적으로는 충분히 납득이 되고 이해가 된다고 하겠다.

생태

꿀벌의 의사소통

페로몬에 의한 의사소통

꿀벌의 의사소통에 중요한 역할을 하는 것은 페로몬이다. 페로몬은 곤충에서 분비되는 화학물질로 짝짓기, 일벌에 대한 여왕벌의 통제, 경보 전달, 방어, 방향 찾기, 동료 인식, 식량 수집과 봉군의 활동 등 많은 영역에서 의사소통 수단으로 사용된다(Blum, 1992). 여왕벌에 의한 일벌 통제는 여왕벌의 큰턱 샘에서 분비되는 페로몬에 의한다. 이 페로몬은 일벌의 난소 발달과 산란을 억제하는데 만약 여왕벌이 죽어 페로몬에 의한 억제가 사라지면 일부 일벌은 난소가 발달하게 되고 이어 산란하게 된다.

춤을 통한 의사소통

꿀벌은 먹이가 있는 곳의 정보를 8자 모양의 춤으로 동료에게 전달하는 뛰어난 의사소통 능력을 가지고 있다. 꿀벌의 8자춤에 관해서는 독일의 생물학자 프리슈(Karl von Frisch)가 많은 연구를 수행했으며 그는 이에 대한 연구 성과로 1973년 노벨 생리의학상을 수상했다. 프리슈(Frisch, 1967)는 벌의 등에 페인트칠로 표시하여 관찰하는 방법으로 먹이를 발견한 벌이 어떻게 다른 벌에게 정보를 전달하는지를 밝혀냈다.

꿀이나 꽃가루를 찾아낸 일벌은 집으로 돌아와 수직으로 된 캄캄한 벌집 안에서 8자 모양의 원을 그리면서 춤을 추며 다른 일벌들이 그 주위로 모여들어 정보를 전달받게 된다. 밀원이 있는 곳이 80~90m 이내의 가까운 거리면 둥근춤(round dance)을 추며 먹이가 먼 곳에 있으면 배를 좌우로 흔드는 흔들춤(또는 8자춤이라고도 부름, waggle dance)을 춘다. 둥근춤은 시계 방향이나 시계 반대 방향으로 원을 그리며 추는 춤으로, 방향과 관계없이 항상 일정한 패턴으로 춘다. 정보를 전달받은 일벌은 꿀을 찾아 집을 나서게 되는데 이들이 척후 벌의 안내를 받지 않고도 밀원을 바로 찾을 수 있는 이유는 꽃의 향기가 춤을 추는 벌에 묻어 있고, 집 밖에는 그 냄새에 대한 흔적이 남아 있으며, 또 꽃에는 동료 벌이 복부에서 분비한 페로몬이 남아 있기 때문이다.

만일 밀원이 집에서 90m 이상 멀리 떨어져 있으면 밀원까지의 거리와 방향을 좀 더 정확하게 알려 줄 필요가 있으므로 이때는 흔들춤을 추게 된다. 흔들춤은 배를 흔들며 왼쪽으로 180도 회전하여 한 바퀴 돈

| 꿀벌이 동료에게 밀원을 알려 주는 둥근춤(좌)과 8자춤(흔들춤,우). 밀원이 가까운 거리에 있으면 둥근춤을 추고 먼 곳에 있으면 8자춤을 춘다. 거리가 멀수록 8자춤의 속도는 느려지고 배를 흔드는 빈도는 증가한다.

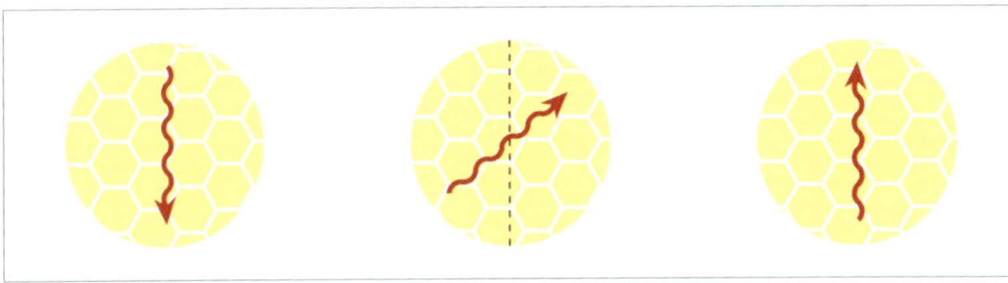

| 꿀벌이 밀원의 방향을 알려주는 춤의 진행 방향.
벌이 춤을 추면서 수직으로 내려가면 밀원은 태양의 반대 방향이라는 뜻이다(좌). 수직에서 45도로 움직이면 태양의 오른쪽 45도 방향에 밀원이 있다는 의미이다(중). 춤을 추며 수직으로 올라가면 밀원은 태양과 같은 방향에 있다는 뜻이다(우).

다음 다시 오른쪽으로 180도 회전하는, 마치 아라비아 숫자 8자를 그리는 것처럼 추므로 8자춤이라고도 부른다. 춤을 추는 속도와 두 고리 사이의 직선을 지날 때 배를 흔드는 빈도로 밀원의 거리를 알린다. 예를 들어 꿀이 집에서 120m 떨어진 곳에 있다면 15초 사이에 8자를 11회 정도 그리며 돈다. 그러나 밀원이 1,600m 이상 되는 장소에 있으면 같은 시간에 8자를 겨우 4회 그릴 뿐이다. 그리고 밀원이 멀면 멀수록 배를 빠르게 흔든다. 즉 거리가 멀수록 8자춤의 속도는 느려지고 배를 흔드는 빈도는 빨라지는 것이다. 그렇다면 방향은 어떻게 알릴까? 밀원의 방향은 8자의 두 고리가 만나는 공통 직선과 관계가 있다. 8자를 그리는 방식은 밀원과 집을 잇는 선과 거리를 나타내는 동시에, 태양과 집을 잇는 선의 각도도 알려 준다. 따라서 태양의 위치, 벌통의 위치, 그리고 꿀의 위치에 따라 춤의 모양이 변하게 된다.

양봉꿀벌뿐 아니라 다른 꿀벌 종도 모두 8자춤을 추어 밀원의 위치를 소통하지만 종에 따라서 구체적인 춤의 방식과 의미는 약간 다른 경우도 있다. 예컨대 동남아시아에 분포하는 야생벌인 난쟁이꿀벌*Apis florea*과 검정난쟁이꿀벌*Apis andreniformis*은 모두 굴속에 집을 짓지 않고 노출된 나뭇가지 등에 집을 짓는 원시적인 꿀벌인데 이들은 수직인 집에서 춤을 추는 대신 수평인 집 위쪽에서 춤을 추며 춤의 진행 방향이 곧 바로 먹이가 있는 곳을 나타낸다(Beekman, Madeleine et al., 2008). 다른 꿀벌 종들도 모두 8자춤을 추는 것으로 미루어 이러한 의사소통 춤은 학습에 의한 것이 아니고 유전적인 것임을 알 수 있다.

온도조절

꿀벌은 비행하려면 35°C의 체온이 필요하며 새끼를 기르기 위해 벌집 내부의 온도도 35°C를 유지한다. 또한 35°C는 밀랍 분비에도 최적 온도로 알려져 있다. 벌집 내 벌떼의 주변부 온도는 바깥 기온에 의해 달라지며 겨울 동안 벌떼 내부 온도는 20~22°C로 낮게 유지된다. 그러나 꿀벌은 최대 30°C의 바깥 기온의 변화에도 먹이 활동을 할 수 있다. 저온과 고온의 환경에서 이처럼 활동할 수 있는 것은 비행 근육의 온도를 조절할 수 있는 생리적, 행동적 기작이 있기 때문이다. 저온에서 활동할 때는 비행 전 몸을 떨어 그 열로 체온을 올리게 된다. 먹이 활동을 하는 데 가장 적합한 기온은 22~25℃ 정도로 비행을 하면 가슴 근육에서 열이 많이 발생하여 체온은 기온보다 올라가게 된다. 기온이 높아 체온이 많이 올라가게 되면 꿀벌은 꿀샘의 내용물을 게워 내어 입 주위에 발라 증발열로 머리의 온도를 낮추게 된다(Heinrich, 1996). 기온이 7~10 ℃ 수준이면 꿀벌은 활동할 수 없으며 38℃ 이상에서는 활동이 느려진다.

분봉

새 여왕벌이 세상에 태어날 무렵이면 기존 여왕벌은 살던 집을 떠나서 새로운 곳으로 이주하게 되는데 이를 분봉이라 한다. 분봉 때에는 일벌의 2/3 정도는 기존 여왕벌을 따라 이주하게 되며 1/3 정도는 그대로 집에 남아 새로 태어나는 여왕벌과 함께 살게 된다. 분봉하여 나온 꿀벌 무리는 지킬 집이 없으므로 공격성이 매우 약하여 사람을 잘 쏘지 않는다. 사육하는 양봉이 분봉하여 나오면 여왕벌을 찾아 새 벌통에 넣어 주면 일벌들이 여왕벌의 페로몬을 인식하여 곧 따라 들어가게 된다.

양봉가가 벌통에 연기를 사용하는 이유

야생벌을 채취하는 세계 각지의 오지 주민들은 아무런 보호 장비 없이 연기만 피워 벌을 진정시키고는 야생 벌꿀을 채취한다. 양봉가들도 흔히 벌통을 조사하거나 꿀을 채취할 때는 벌통에 연기를 쐰다. 그 이유는 뭘까? 야생벌은 진화해 오면서 수많은 산불을 경험했을 것이다. 산불이

| 양봉꿀벌.

나면 벌들은 저장해 둔 먹이를 최대한 많이 들이킨 다음 집을 버리고 피신해야 살아남을 수 있다. 이러한 환경에의 적응 결과 꿀벌은 연기 냄새를 맡으면 외적에 대한 방어보다는 최대한 많은 꿀을 들이키는데 열중하게 되므로 외적에 대한 방어 즉 공격 행동이 줄어드는 것으로 보고 있다. 거기다 꿀을 많이 머금은 꿀벌은 몸이 굼떠 활동이 느리기도 하다.

꿀벌의 산물

벌꿀

일벌은 꽃에서 화밀을 채취하면 위에 저장하여 돌아오며 위 속에서 약 30분간 분해 효소에 의해 소화되어 포도당과 과당이 주성분인 작은 당 분자로 바뀐다. 이렇게 분해된 벌꿀은 게워 내어 벌집 내에 저장된다. 화밀의 성분은 80%가 물이고 나머지가 당 혼합물이지만 밀봉 저장되는 꿀의 수분 함량은 20%이하로 떨어지게 된다. 이렇게 꿀의 수분 함량이 떨어지는 이유는 꿀을 오래 동안 저장하기 위해 일벌이 날갯짓으로 수분을 날려 보내기 때문이다. 수분이 증발하여 적당한 농도가 되면 밀랍으로 뚜껑을 덮어 밀봉 저장하게 된다. 이렇게 저장된 꿀은 거의 영구적인 저장이 가능해진다. 벌꿀은 꿀을 구할 수 없는 겨울에 대비한 것으로 이렇게 저장된 꿀을 먹고 체온과 벌집의 온도를 유지하며 겨울을 나게 된다. 벌꿀은 항 세균 및 항 진균(곰팡이)성을 가져 예전부터 감염증에 바르기도 했다. 이런 성질 때문에 꿀은 일반적인 보관으로 결코 썩거나 발효하지 않는다. 그러나 오래 되면 결정이 형성되기도 하는데 사람이 이용하는 데는 별 문제가 없으나 꿀벌은 저장한 꿀이 결정화되면 이용할 수 없어 제거하여 버린다.

양봉꿀벌은 1년에 여러 차례에 걸쳐 꿀을 수확하며 채밀한 꽃에 따라서 아카시 꿀, 밤 꿀, 싸리 꿀, 잡화 꿀 등으로 나눌 수 있으며 밀원 식물에 따라 꿀의 맛, 색, 향기도 조금씩 다르다.

꽃가루

꽃가루는 꿀벌이 새끼를 기르기 위해 모으는 것으로 단백질이 풍부하다. 건강식품으로 인기가 좋지만 사람에 따라서는 알레르기를 일으키기도 한다.

밀랍

일벌이 복부에 있는 분비선으로부터 분비하는 물질로 벌집의 재료로 사용된다. 꿀을 채취하면서 부산물로 얻어지는 밀랍으로 양초를 만들기도 하고 또 물의 침입을 막기 위한 충전제, 접붙이기할 때 수분 증산을 막는 도포재로도 이용한다.

프로폴리스(propolis)

프로폴리스는 꿀벌에서 분비되는 물질은 아니고 일벌이 식물의 눈, 수액 등에서 모은 것이다. 일벌은 프로폴리스를 벌통 내의 필요한 곳에 충전재로 이용한다. 꿀벌에서 채취한 프로폴리스는 흔히 건강식품으로 이용되지만 개인에 따라서는 심한 알레르기를 유발하므로 주의해야 한다. 프로폴리스는 고급 악기 등의 목재부분 마감에 사용되기도 하는데 유명한 스트라디바리우스 바이올린의 독특한 붉은 색은 이 프로폴리스 때문이라고 한다.

로열젤리

여왕벌이 먹고 자라는 신비의 건강식품으로 알려져 있다. 그러나 로열젤리 역시 개인에 따라서는 심한 알레르기를 유발할 수 있다.

꿀벌의 천적

우리나라에서 꿀벌의 가장 큰 천적은 말벌이다. 그중에서도 장수말벌이 특히 많은 피해를 입히며 외래종 말벌인 등검은말벌의 피해도 심하며 털보말벌, 말벌, 좀말벌, 황말벌도 피해를 준다. 다른 곤충으로는 파리매, 잠자리, 사마귀, 거미 등이 꿀벌을 잡아먹는다. 곤충 외에 곰, 너구리, 개구리, 두꺼비, 조류도 꿀벌을 잡아먹지만 그 피해는 크지 않다. 양봉에 피해를 입히는 기생 해충으로는 꿀벌 진드기가 있는데 꿀벌의 유충이나 성충에 달라붙어 체액을 빨아먹어 큰 피해를 입히며 전염성도 아주 강한데 플루발리네이트, 페리진, 클로로벤질레이트, 페노다이아진 등의 약제를 이용하여 방제한다.

꿀벌의 대량폐사

미국 농무부 발표 자료에 따르면, 미국 내 꿀벌 개체 감소율은 2007년 32%, 2008년 36%, 2009년 29%로 나타날 정도로 심각한 수준이다. 꿀벌이 대량으로 폐사하는 군집 붕괴 현상(Colony Collapse Disorder, CCD)은 미국을 비롯해 세계 각지에서 보고되고 있다. 군집붕괴 현상의 원인으로는 살충제, 바이러스, 기생충, 기후 변화로 인한 영양분 부족, 환경파괴 등이 꼽혀 왔으나, 최근 들어 살충제가 가장 큰 요인이라는 연구 결과가 지속적으로 나오고 있다. 특히 환경단체들은 네오니코티노이드 성분을 꿀벌 폐사의 주범으로 지목하고 이의 사용을 중단할 것을 촉구해 왔다. 네오니코티노이드계(neonicotinoid) 살충제는 1980년대에 개발됐으며 포유류에 해가 적어 우리나라를 포함하여 전 세계에 많이 사용되어 왔다.

유럽연합(EU)은 꿀벌 군집 붕괴 현상이 심각해지고 살충제가 꿀벌에 유해하다는 실험 결과가 나오자 지난 2013년부터 네오니코티노이드계 살충제 3종을 사용하는 것을 금지했다. 미국도 8개 도시에서 이 살충제를 사용하는 것을 금지했다. 해당 살충제를 만드는 두 거대 농약회사인 바이엘 크롭 사이언스(Bayer Crop Science)와 신젠타(Syngenta)는 즉각 반발했다. 실험실 차원의 연구는 믿을 수 없다는 것이었다. 두 회사는 영국 생태수문학 연구센터(Centre for Ecology and Hydrology)에 대규모 야외 연구를 의뢰했는데, 실험 결과는 2017년 6월에 발표되었다. 이 대규모 실험을 이끈 영국 생태수문학연구센터의 리처드 파이웰(Richard Pywell) 박사팀은 네오니코티노이드(neonicotinoid)에 노출된 꿀벌 떼가 겨울을 나지 못하고 죽게 된다는 연구결과를 과학저널 사이언스에 게재하였다. 이 연구는 영국, 독일, 헝가리 등에서 2,000헥타르(약 20㎢)에 걸친 광범위한 현장 연구를 바탕으로 했다는 점에서 이전의 실험실 위주의 소규모 실험과는 차원이 다른 것이었다. 이들은 유럽 세 나라 33곳에서 2년간 진행한 조사에서 네오니코티노이드계 살충제가 꿀벌은 물론, 뒤영벌 같은 야생벌에게도 심각한 위협이 된다는 사실을 확인했다고 밝혔다. 캐나다 요크대의 암로 자예드(Amro Zayed) 교수 연구진도 같은 날 사이언스에 옥수수 농장 근처의 꿀벌 집단에서도 비슷한 결과를 얻었다고 발표했다. 과학자들은 해당 살충제가 꿀벌의 중추신경계에 작용하는데 신경전달물질인 아세틸콜린 수용체에 결합하여 신경 작용을 차단, 행동을 변화시키고 온몸을 마비시키는 것으로 설명하고 있다. 농약 회사가 연구비를 지원하여 살충제가 꿀벌에 피해를 미치지 않음을 밝히려던 연구는 결국 농약회사에 치명타를 날리는 결과로 돌아왔다. 농약 회사는 여전히 무관하다고 떼를 쓰고 있으나 변명은 궁색하게 되었다. 현재 유럽연합(EU)은 네오니코티노이드를 전면 금지하는 방안을 추진하고 있다.

꿀벌의 위기는 곧 인류의 위기이다. 유엔 식량농업기구(FAO)에 따르면 세계 100대 농작물 중 71종이 꽃가루받이를 벌에게 의존하고 있다. 2013년 기준으로 미국에서 연간 생산되는 벌꿀의 경제적 가치는 약 3억 1700만 달러에 달하며 식물의 수분으로 얻는 경제적 이익은 110억 내지 150억 달러에 달한다고 한다(Dennis and Kemp, 2015).

이번 연구로 유럽의 네오니코티노이드 살충제 판매 금지 조치가 연장되고 다른 나라로도 확산될 가능성이 커졌으므로 그나마 꿀벌에게는 다행이라 하겠다.

한편, 꿀벌의 구제역이라 불리는 낭충봉아부패병이라는 바이러스에서 오는 질병도 꿀벌 폐사의 큰 원인이 되고 있는데 현재까지 뚜렷한 예방법과 치료 방법이 개발되지 않고 있다. 낭충봉아부패병은 꿀벌의 유충이 제대로 자라지 못하고 죽는 바이러스성 질병이지만 기후 변화로 꽃의 개화 시기가 변화하여 유충에게 충분한 먹이를 공급하지 못해 내병성이나 면역력이 약해지는 것도 이 병이 만연하는 원인으로 추정되고 있어 경각심을 불러일으키고 있다.

60. 신비의 명약 석청과 목청을 생산하는 우리 토종 꿀벌

재래꿀벌*Apis cerana*

꿀벌과 Apidae

| 고목의 수동에 집을 지은 야생 재래꿀벌.

재래꿀벌은 이전부터 우리나라에 살던 벌로 흔히 토종벌이라고 부르는데 우리나라를 포함한 극동에서 서남아시아에 이르기까지 아시아 지역에 널리 분포한다. 분포 지역이 넓은 만큼 각 지역에는 그 지역에 적응 진화한 8 아종이 있는데 우리나라에 서식하는 아종은 *Apis cerana cerana(sinensis)*이며 이 아종은 우리나라 외에 중국, 파키스탄, 인도 북부, 아프가니스탄, 베트남 등지에도 분포한다(Engel, 1999).

재래꿀벌은 양봉꿀벌과 습성과 체구 등이 흡사하여 한때는 동일종의 다른 계통으로 생각된 적도 있지만 전혀 다른 종이다.

대형 꿀벌인 대왕꿀벌*Apis dorsata*이 한 층으로 된 집을 짓는 데 반해 양봉꿀벌과 함께 중형 꿀벌인 재래꿀벌의 소반은 여러 층으로 구성된다(Winston, 1991). 양봉꿀벌과 흡사하지만 서로 다른 종이라는 가장 명확한 증거는 이 두 종을 같은 지역에서 사육해도 서로 교배하지 않으며 잡종이 일어나지 않는다는 점이다. 양봉꿀벌은 구한말에 독일 선교사가 처음 우리나라에 도입했다고 하니 도입된 지 꽤 오래됐지만 두 종간의 잡종이 발생하지 않고 있는 것은 이처럼 두 종이 서로 완전히 다른 종이기 때문이다. 양봉꿀벌의 봉군은 대개 30,000~50,000마리 또는 그 이상에 달하지만 재래꿀벌은 6,000~7,000마리 수준으로 봉군이 훨씬 약한 것도 뚜렷한 차이점이다.

또한 주둥이가 양봉꿀벌보다 짧아 꿀을 채취하는 데 있어 양봉보다 불리한 신체 조건을 가져 양봉과 경쟁에서 열세에 있다. 따라서 우리나라에서는 재래꿀벌을 많이 사육하는 산간 지역 등에서는 재래꿀벌을 보호하기 위해서 양봉꿀벌을 사육하지 못하도록 금지하고 있다. 야생 상태의 재래꿀벌은 수동*이나 바위틈, 기와집의 지붕 속 등에 집을 짓고 사는데 집의 구조는 수직이다. 서양꿀벌에 비해 벌꿀의 생산성은 떨어지나 내한성이 더 강한 장점이 있으며 또 꿀벌의 최대 천적인 장수말벌에 대한 방어와 전투를 양봉꿀벌보다는 훨씬 효과적으로 수행하는 것으로 알려져 있다.

우리 이름은 재래꿀벌이지만 영어로 불리는 이름은 asiatic honey bee(아시아꿀벌)이다. 양봉꿀벌과 생태와 습성 등 여러 면에서 흡사하므로 중복되는 내용은 가급적 피하고 설명하고자 한다.

둥지

대개 수동, 바위 틈새, 건물의 내부 좁은 공간 등에 집을 짓는데 둥지는 여러 층으로 구성되며 좁은 하나의 출입구를 가진다. 수동에 지을 경우 입구가 넓지 않고 좁은 곳을 선택하는데 이는 장수말벌의 침입을 막는 데 효과가 있을 것이다. 먹이는 꽃의 꿀과 꽃가루이며 양봉꿀벌과 마찬가지로 고도의 사회생활을 한다. 양봉꿀벌과 습성은 거의 비슷하며 겨울에 대비해 꿀을 저장한다. 둥지 전체가 보온이 잘 되는 구조여서 온도가 잘 유지되며 따라서 아침 일찍부터 외역을 나가는 데 유리하다. 벌집은 일벌이 분비하는 왁스를 재료로 수직으로 짓는다. 세력이 왕성한 봉군의 벌집 내 육아방의 총수는 약 10만 개에 달한다(Winston, 1991).

재래꿀벌도 양봉꿀벌과 마찬가지로 둥지 내 온도를 일정하게 유지한다. 여름날 기온이 올라가면 일벌들은 외부에서 물을 가져와서 벌집

* 속이 빈 나무 속

에 발라 증발시키고 또 벌집 입구로 몰려 날갯짓으로 벌집 안의 열기와 습기를 배출하여 벌집의 온도를 떨어뜨린다.

벌의 한살이와 군집주기

재래꿀벌은 알, 애벌레, 번데기를 거쳐 성충이 되는 완전변태를 한다. 일벌의 알 기간은 3일로 이 기간 동안 단백질이 풍부한 난황을 소비하며 배(胚)가 자라게 된다. 애벌레 기간은 8일간이며 일벌들이 꿀과 꽃가루를 직접 먹여 기른다. 애벌레가 다 자라면 왁스로 된 주머니를 짓고 번데기가 되며 번데기가 된 지 열흘 정도 지나면 스스로 왁스 뚜껑을 뚫고 성충으로 우화한다.

재래꿀벌의 군집은 한 마리의 여왕벌에 수천 마리의 일벌 그리고 수백 마리의 수벌로 구성된다. 여왕은 벌집 가장자리의 땅콩 모양으로 생긴 특별한 방인 왕대에서 자라게 되며 일벌은 일반 육아방에서 자란다. 재래꿀벌 군집은 한겨울을 지나면 이미 봄을 맞을 준비를 한다. 아직 바깥은 추운 겨울이지만 벌집 내부 온도를 34℃로 높이고 새끼를 기르기 시작하는 것이다. 늦봄이면 여러 마리의 새 여왕벌을 기르며 새 여왕벌이 우화할 무렵이면 어미 여왕벌은 절반 정도의 일벌을 데리고 둥지를 떠나 새로운 군집을 일으키는 분봉을 하게 된다. 재래꿀벌의 분봉도 양봉꿀벌의 분봉과 거의 다르지 않다. 둥지에서 나온 벌떼는 우선 20~30m 정도 떨어진 지점의 나뭇가지 등에 모여 며칠간 머무르며 적당한 둥지 지을 장소를 물색하게 된다. 정찰병이 수동이나 바위 구멍 등 둥지 지을 적당한 장소를 발견하면 마치 꿀이 있는 곳을 찾았을 때처럼

8자춤으로 둥지 장소를 동료들에게 알려 주어 새로운 장소로 이동하게 된다(Seeley, 2009). 분봉한 군집은 여름 동안 새 장소에서 집을 짓고 새끼를 길러 봉군을 키우고 식량을 저장하며 겨울을 대비하게 된다.

계급별 역할 분담

재래꿀벌은 사회생활을 하며 각자의 역할이 뚜렷이 구별된다. 여왕은 단 한 마리 존재하며 중요한 임무는 알을 낳는 것이다. 오로지 여왕벌만 알을 낳으므로 군집 내 모든 벌은 여왕벌의 자식이 된다. 일벌은 군집을 유지하는데 필요한 모든 일을 도맡아 한다. 새끼를 기르는 일, 양식이 되는 꿀과 꽃가루를 모아 오는 일, 벌집 청소, 외적으로 부터 방어 등이 모두 일벌이 하는 일로, 일벌 간의 이런 노역의 분담은 일벌의 나이에 따라 달라지며 꿀과 꽃가루를 모으는 외역은 가장 나이 든 일벌이 맡게 된다.

일벌도 기본적으로 난소를 가져 알을 낳을 수는 있다. 하지만 여왕벌이 큰턱 샘에서 분비하는 페로몬으로 일벌의 난소 발달을 억제하므로 실제 산란하는 일벌이 나타나는 경우는 드물다. 여왕벌이 분비하는 페로몬은 일벌의 난소 발달 억제 외에도 일벌에게 다른 일벌이 산란하는 것을 막고 산란된 일벌의 알을 제거하도록 유도한다(Seeley, 2009).

수벌이 하는 일은 다른 군집의 처녀 여왕벌과 짝짓기 하는 일이다. 따라서 수벌은 번식기인 봄에만 생산된다.

의사소통

재래꿀벌도 양봉과 마찬가지로 페로몬으로 의사소통을 하며 또한 꿀이 있는 곳의 정보를 동료들에게 8자춤으로 전달하는 의사소통을 한다. 그 방법은 양봉꿀벌과 비슷한 것으로 알려져 있다.

짝짓기 행동

재래꿀벌의 여왕벌은 열 마리 정도의 수벌과 차례로 짝짓기를 한다. 이처럼 여러 마리의 수벌과 짝짓기 하는 것은 군집 내 구성원의 유전적 다양성을 증가시키는 데 유리하다. 짝짓기를 하는 시간은 주위에 수벌이 많이 있는지 여부에 따라 달라지며 수벌의 수가 많을수록 짝짓기 하는 시간은 짧아진다. 이와 같은 결과는 주위에 수벌이 많으면 짧은 시간 짝짓기를 하고 또 다른 수벌과 짝짓기 함으로써 자손의 유전적 다양성을 증가시키려는 것으로 보인다. 짝짓기를 마친 수벌은 삶을 마치게 된다 (Winston, 1991).

이소 행동

재래꿀벌은 주위에 꽃이 너무 없거나 하여 기아에 시달리게 되면 때로는 살던 둥지를 버리고 새 둥지로 옮기는 경우가 있다. 양봉꿀벌과 달리 꿀을 적게 저장하므로 꿀과 꽃가루가 부족해지는 등 주위 환경이 나빠지면 기아에 취약한 점도 이들이 집을 포기하고 옮기는 이유가 될 것이다. 둥지를 버리고 이사할 경우 마지막 새끼들이 우화하면 일벌들은 꿀샘에 꿀을 잔뜩 채우고 새 장소로 이동하게 된다. 양봉도 이런 행동을 하지만 재래꿀벌은 이런 이사가 보다 빈번하게 일어난다고 한다.

군집 내 구성원 간 유전적 유연관계

재래꿀벌도 다른 벌과 마찬가지로 반수-이배체성 성결정을 한다. 즉 일벌과 여왕벌은 이배체 수정란에서 발생하고 수벌은 반수체인 미수정란에서 발생한다. 그런데 여왕벌은 열 마리 정도의 수벌과 짝짓기 하므로 군집 내의 일벌들은 서로 다른 아비의 후손이 함께 존재하게 되며 유전적 유연관계는 아비 벌이 누구냐에 따라 달라진다. 동일 아비의 자손인 일벌 간의 유전적 우연관계는 평균 75%이지만 서로 다른 아비의 후손이라면 평균25%의 유연관계를 가지게 된다. 따라서 동일 군집의 자매 간에는 평균 50%의 유전적 유연관계를 가지게 된다. 그러나 수벌은 미수정란에서 발생하므로 아비가 없고, 따라서 여왕벌이 많은 수벌과 짝짓기 하더라도 영향을 받지 않으므로 일벌과 수벌 간의 유전적 유연관계는 언제나 25%로 일정하다. 여왕벌과 자식인 일벌 및 수벌 간의 유연관계는 언제나 50%이다.

먹이와 물의 공급

성충의 먹이는 꽃가루, 화밀 및 저장된 꿀이다. 새끼에게는 여러 종류의 혼합된 꽃가루를 먹이는데 영양가가 높은 식품으로 새끼의 발육에 필요한 영양소를 고루 함유한다. 꿀벌은 스스로 먹기도 하지만 영양교환 방식으로 일벌 간에 서로 먹이를 교환하기도 한다.

꿀벌의 성충이 활동하고 생존하는 데는 먹이뿐 아니라 물도 필수적이다. 실험적으로 여왕벌을 격리하여 설탕으로 만든 캔디만 주었을 때는 3~4일만 생존했지만 캔디와 물을 함께 주었을 때는 2주 이상 생존

| 사육하고 있는 재래꿀벌.

하였는데(Haydak, 1970), 이 같은 결과는 물의 섭취가 생존에 필수적이라는 것을 말해 준다. 더운 시기에는 둥지의 온도를 낮추기 위해 더 많은 물을 필요로 한다.

토종꿀 생산을 위한 재래꿀벌의 사육

재래꿀벌은 우리나라 자연에 서식하는 야생 꿀벌종이다. 산골에서는 나무 등걸이나 바위 틈새 등에 사는 야생 재래꿀벌에게서 꿀을 채취하기도 하는데 돌 틈에 지은 집에서 채취한 꿀을 석청, 나무속에서 채취한 꿀을 목청이라고 하여 식용으로, 또 약용으로 아주 귀중하게 여긴다. 그러나 기본적으로 석청이나 목청의 성분은 서로 다를 게 없다. 야생벌에서 얻은 천연꿀은 귀한 약재로 이용되지만 쉽게 얻을 수 있는 게 아니므로 무척 고가에 거래된다. 재래꿀벌을 사육하여 토종꿀을 생산하기도 하는

데 양봉꿀벌에 비해 꿀의 생산량이 훨씬 적어 상업성이 떨어지므로 지금은 사육 농가가 많이 줄었고 깊은 산골 등에서만 볼 수 있지만 여전히 산골 마을에서는 중요한 수입원이 된다. 양봉은 봄부터 가을까지 여러 차례에 걸쳐 꿀을 뜨고 또 대규모 양봉업자는 꽃의 개화기에 맞춰 벌통을 옮겨가며 벌을 치며 꽃에 따라 아카시 꿀, 밤 꿀, 싸리 꿀, 잡화 꿀 등으로 나누기도 하지만 재래꿀벌은 한곳에서 벌을 치는 고정식 양봉이며 또 꿀 생산량이 적어 여러 차례 꿀을 뜨는 대신 가을에 단 한 차례만 꿀을 뜨므로 여러 가지 꽃의 꿀이 혼합되어 있다. 토종꿀은 양봉 꿀보다 훨씬 맛이 좋으며 또 가격이 비싸 적은 생산량에도 나름대로 경쟁력을 유지하고 있다.

필자는 1970년대 중반에 사병으로 강원도 인제군 북방의 최전선 수색부대에서 군 생활을 했는데 주 임무는 DMZ 수색과 매복 작전으로 적의 침투를 탐지하고 막는 것이었다. 하루는 소대원들과 DMZ 내 수색 중 노목의 수동에 살고 있는 재래꿀벌을 발견하였다. 소대장의 지시로 다음 번 수색을 갈 때에 큰 물통과 톱, 도끼 등을 준비하여 수동 속의 꿀을 채취했는데 무려 10리터 정도나 채취할 수 있었다. 재래꿀벌이 이 정도의 꿀을 저장하는 것은 매우 드문 일로 당시의 꿀벌이 매우 강한 봉군이었고 또 주위 환경이 꿀을 모으기에 아주 좋았던 것 같다. 그러나 채취한 꿀은 장교와 장기 복무 부사관 등 간부들이 모두 차지해 버리고 벌에 쏘여 가며 맨손으로 꿀을 채취한 병사들은 벌집에서 녹여 낸 꿀물만 먹으라고 주어 병사들이 울분을 터뜨렸던 아픈 기억이 있다.

만약 야생 꿀벌에게서 가을에 꿀을 채취할 때는 절반 정도만 채취하고 절반 정도는 벌의 식량으로 남겨 두어야 벌이 굶어 죽지 않고 월동할 수 있다. 저장된 꿀은 벌의 겨울 식량이라는 것을 잊어서는 안 된다. 또한 채취 후 둥지가 있는 수동이나 바위 틈새 등을 원래 상태로 복구해 두어야 겨울 추위를 견디고 월동할 수 있을 것이다.

포식자

말벌은 재래꿀벌의 가장 무서운 포식자이다. 말벌은 벌통 부근을 날면서 꿀과 꽃가루를 수집하여 벌통으로 돌아오는 꿀벌을 노린다. 벌통으로 돌아오는 벌은 수집한 식량 때문에 몸이 무거워 동작이 굼뜨고 비행 속도가 느려 말벌이 낚아채기가 보다 쉽다.

장수말벌의 침입에 대한 열 공격 방어

장수말벌은 한 마리씩 일벌을 낚아채기보다는 벌통을 습격하여 일벌을 모두 죽이고 새끼들을 약탈하기 일쑤다. 만약 장수말벌이 벌통의 입구로 접근하면 경계를 서는 일벌들이 경보를 발령한다. 양봉꿀벌은 장수말벌이 침입하면 일벌들이 떼로 몰려나와 싸우다가 차례로 물려 죽지만 재래꿀벌은 후퇴하여 벌집 안의 천장 등에 수백 마리의 일벌이 모여 엉켜 있는 봉구를 형성하고 있다가 침입하는 장수말벌 위에 집단으로 떨어져 가슴 근육을 떨어 열을 발산하여 장수말벌 침입자를 죽이는 열 공격 방어 방법을 사용한다. 수백 마리의 일벌이 장수말벌을 둘러싼 채 가슴 근육을 진동하면 내부 온도는 급격히 오르게 된다. 장수말벌은 체온이 47℃에 달하면 견디지 못하고 죽고 마는데 재래꿀벌의 치사 온도는 이보다 조금 높은 약 48-50℃이므로 장수말벌은 죽지만 재래꿀벌은 이 정도 열에서 거의 살아남을 수 있어 가능한 전략이다(松浦誠, 1985). 또한 재래꿀벌은 털보말벌 등이 벌집 부근에서 일벌을 노리고 있으면 일시적으로 도망가거나 또는 평소와 다른 방식으로 비행하여 포식자에게서 벗어나기도 한다.

날개떨기

양봉꿀벌과 재래꿀벌은 모두 말벌 종류의 공격을 받는데 재래꿀벌은 '날개떨기'라는 독특한 방법의 방어 전략을 쓰기도 한다. 이 방법은 말벌 같은 위험한 포식자가 접근할 때 일벌들이 집단으로 모여 일제히 날개를 파도처럼 움직임으로써 시각적 장애를 유발하여 포식자를 혼란에 빠뜨려 공격을 포기하게 하는 전략이다.

재래꿀벌의 해충과 질병

진드기 일종인 꿀벌응애*Varroa jacobsoni*와 기생충인 *Nosema ceranae*가 큰 피해를 입힌다. 이들은 양봉꿀벌과 재래꿀벌을 가리지 않고 피해를 입힌다. *Nosema ceranae*에 감염된 일벌은 수명이 짧아지고 꿀 생산량도 감소하게 된다(Paxton, 2007).

낭충봉아부패병은 바이러스 감염에 의해 꿀벌 유충이 제대로 자라지 못하고 부패되는 병으로 꿀벌 폐사의 큰 원인이 되고 있는데 현재까지 뚜렷한 예방법과 치료 방법이 개발되지 않고 있다. 재래꿀벌은 특히 이 병에 취약하여 우리나라에서는 2010년에 이 병으로 90% 이상의 재래꿀벌이 폐사했다고 한다. 바이러스성 질병이지만 기후 변화 등으로 꽃의 개화 시기가 달라지거나 변화하여 유충에게 충분한 먹이를 공급하지 못해 질병에 대한 면역력이 약해지는 것도 이 병이 증가하는 원인으로 추정되고 있다.

호주에서는 생태계 교란 생물로 인식되기도

호주에는 원래 재래꿀벌이 서식하지 않았으며 2007년에 처음 발견되었고 2012년에는 50만 헥타르에 걸쳐 확산되었다. 이 종이 호주의 자연환경에 미치는 구체적인 영향은 연구가 충분치 않아 확실치 않으나 퀸즈랜드 생물환경보호국에 의하면, 재래꿀벌이 호주의 야생 조류, 포유류 및 곤충과 꿀과 꽃가루 자원을 두고 서로 경쟁하며 또 집 지을 장소인 수동을 두고도 다수의 동물과 경쟁하여 피해를 주는 것으로 보고 있다. 또한 기존의 양봉꿀벌과도 경쟁 관계에 있어 양봉 산업에도 피해를 입힌다고 한다. 이 종에 대한 방제 비용도 만만찮아 2012년까지 400만 호주 달러(한화로 약 35억 원) 이상이 지출되었지만 박멸 노력은 이미 실패하였다. 2007년부터 박멸하기 위해 애를 썼지만 2011년 결국 박멸이 불가능하다는 판단을 내리고 자연에 맡기기로 하였다. 우리나라에서는 양봉에 밀려 깊은 산골에서나 명맥을 이어가므로 보호책이 절실한 재래꿀벌이 호주에서는 외래 침입 해충으로 인식되니 똑같은 생물도 처한 환경에 따라 입지가 달라지고 미치는 영향도 천차만별인 것을 알 수 있다.

참고문헌

» Abel, Craig A.; Wilson, Richard L.; Luhman, Richard L. (October 2003). Pollinating Efficacy of *Osmia cornifrons* and *Osmia lignaria* subsp. *lignaria* (Hymenoptera: Megachilidae) on Three Brassicaceae Species Grown Under Field Cages. Journal of Entomological Science. 38 (4): 545–52.

» Adams, B.J.; Hooper-Bùi, L.M.; Strecker, R.M.; O'Brien, D.M. (2011). Raft formation by the red imported fire ant, *Solenopsis invicta*. Journal of Insect Science. 11 (171): 1–14.

» Agnoli G.L. & Rosa P., (2013) *Chrysis*. net website, interim version,URL:http://www.chrysis.net/

» Ahrens, M.E.; Ross, K.G.; Shoemaker, D.D. (2005). Phylogeographic structure of the fire ant *Solenopsis invicta* in its native South American range: roles of natural barriers and habitat connectivity (PDF). Evolution. 59 (8): 1733–1743.

» Akre, R. D. & Davis, H. G. (1978) Biology and pest status of venomous wasps. Annu. Rev. Entomol., 23:215-238

» Akre, R. D., Greene, A., MacDonald, J. F., Landolt, P. J., Davis, H. G. (1981) The Yellowjacket of America, North of Mexico. USDA, Washington, DC. 102pp.

» Anderson, J.B.; Vander Meer, R.K. (1993). Magnetic orientation in the fire ant, *Solenopsis invicta*. Naturwissenschaften. 80 (12): 568–570.

» Annette Sauter, Mark J. F. Brown, Boris Baer, Paul Schmid-Hempel (2001). Males of social insects can prevent queens from multiple mating. Proceedings of the Royal Society B. 268 (1475): 1449–1454.

» Archer, M.E. (1978). The Cuckoo Wasp, *Vespula austriaca* (Panzer) (Hym., Vespidae) in Yorkshire. Naturalist. 103: 133–134. Retrieved 15 Oct 2014.

» Archer, Michael E. (2006). Taxonomy, distribution and nesting biology of species of the genus *Dolichovespula* (Hymenoptera, Vespidae). Entomological Science. 9: 281–293.

» Arretz, Macfarlane (1986). The introduction of *Bombus ruderatus* to Chile for Red Clover pollination. Bee World. 67: 15–22.

» Ascunce, M.S.; Yang, C.-C.; Oakey, J.; Calcaterra, L.; Wu, W.-J.; Shih, C.-J.; Goudet, J.; Ross, K.G.; Shoemaker, D. (2011). Global invasion history of the fire ant *Solenopsis invicta*. Science. 331 (6020): 1066–1068.

» Augosto, S.C.; Garofalo, C.A. (2004). Nesting biology and social structure of *Euglossa townsendi* Cockerell (Hymenoptera, Apidae, Euglossini). Insectes Sociaux. International Union for the Study of Social Insects. 51: 400–409.

» Ayasse, M; Marlovits, T; Tengö, J; Taghizadeh, T; Francke, W (1995). Are there pheromonal dominance signals in the bumbleee *Bombus hypnorum* L (Hymenoptera, Apidae)?. Apidologie. 26 (3): 163–180.

» Baer, H.; Liu, T.-Y.; Anderson, M.C.; Blum, M.; Schmid, W.H.; James, F.J. (1979). Protein components of fire ant venom (*Solenopsis invicta*). Toxicon. 17 (4): 397–405.

» Beekman, Madeleine et al. (2008). Dance Precision of *Apis florea*—Clues to the Evolution of the Honeybee Dance Language?". Behavioral Ecology and Sociobiology. 62 (8): 1259–1265.

» Biosecurity Queensland. 2013. Asian honey bees in Queensland. http://www.daff.qld.gov.au/animal-industries/bees/diseases-and-pests/asian-honey-bees

» Bloch, G. & A. Hefetz (1999). Regulation of reproduction by dominant workers in bumblebee (*Bombus terrestris*) queen right colonies. Behavioral Ecology and Sociobiology. 45: 125–135.

» Blum, M.S. 1992. Honey bee pheromones in The Hive and the Honey Bee, revised edition (Dadant and Sons: Hamilton, Illinois), pages 385–389.

» Bohart R. M. and Menke A. S. 1976 Sphecid wasps of the world. A generic revision. Univ. of California Press. Berkeley, Los Angeles, London

» Bosch, J.; Kemp, W. (2002). Developing and establishing bee species as crop pollinators: The example of *Osmia* spp. (Hymenoptera: Megachilidae) and fruit trees. Bulletin of Entomological Research. 92 (1): 3–16.

» Bradley JC. 1945. The Scoliidae of northern South America, with especial reference to Venezuela. 1. The genus *Campsomeris*. Boletin de Entomologia Venezolana 4: 1-36.

» Brown, M. J. F.; Schmid-Hempel, R.; Schmid-Hempel, P. (2003). Queen-controlled sex ratios and worker reproduction in the bumble bee *Bombus hypnorum*, as revealed by microsatellites. Molecular Ecology. 12: 1599–1605.

» Calabi, P.; Porter, S.D. (1989). Worker longevity in the fire ant *Solenopsis invicta*: Ergonomic considerations of correlations between temperature, size and metabolic rates. Journal of Insect Physiology. 35 (8): 643–649.

» Callcott, A.-M.; Collins, H.L. (1996). Invasion and range expansion of imported fire ants (Hymenoptera: Formicidae) in North America from 1918–1995. The Florida Entomologist. 79: 240–251.

- Cameron, S. (2004). Phylogeny and biology of neotropical orchid bees (Euglossini). Annual Review of Entomology. 49: 377–404.
- Cassill, D.; Tschinkel, W.R.; Vinson, S.B. (2002). Nest complexity, group size and brood rearing in the fire ant, *Solenopsis invicta*. Insectes Sociaux. 49 (2): 158–163.
- Castellanos, Adrian A. et al. (2016). Decreased small mammal and on-host tick abundance in association with invasive red imported fire ants (*Solenopsis invicta*). Biology Letters. 12 (9): 20160463.
- Cervo, R. (2009). Coevolution of daily activity timing in a host-parasite system. Biological Journal of the Linnean Society. 96 (2): 399–405.
- Cervo, R; Macinai, V; Dechigi, F; Turillazzi, S (2004). Fast growth of immature brood in a social parasite wasp: a convergent evolution between avian and insect cuckoos. American Naturalist. 164 (6): 814–820.
- Choudary, M; Strassmann, JE; Queller, DC; Turillazzi, S; Cervo, R (1994). Social parasites in polistine wasps are monophyletic: implications for sympatric speciation. Proceedings of the Royal Society of London B: Biological Sciences. 257 (1348): 31–35.
- Cini, A.; Nieri, R.; Dapporto, L.; Monnin, T.; Cervo, R. (2014). Almost royal: incomplete suppression of host worker ovarian development by a social parasite wasp. Behav Ecol Sociobiol. 68: 467–475.
- Cini, A; Bruschini, C; Poggi, L; Cervo, R (2011). Fight or fool? Physical strength, instead of sensory deception, matters in host nest invasion by a wasp social parasite. Anim Behav. 81 (6): 1139–1145
- Clausen CP. 1940. Entomophagous Insects. McGraw-Hill Book Co., Inc., New York, N.Y. 688 pp
- Cnaani, Jonathan; Borst, D. W.; Huang, Z. Y.; Robinson, G. E.; Hefetz, A. (1997). Caste determination in *Bombus terrestris*: Differences in Development and Rates of JH biosynthesis between Queen and worker larvae. J. of Insect Physiol., 43(4):373-381.
- Conway, John R. (1986). The Biology of Honey Ants. The American Biology Teacher. 48 (6): 335–343.
- Conway, John R. (1991). The biology and aboriginal use of the honeypot ant, *Camponotus inflatus*' Lubbock, in Northern Territory, Australia. Australian Entomologist. 18 (2): 49–56.
- Cooper, W. R. and L. K. Rieske. (2007). Community associates of an exotic gallmaker, *Dryocosmus kuriphilus* (Hymenoptera: Cynipidae), in Eastern

North America. Ann Entomol Soc Am 100(2) 236-44.

» Dapporto L, Cervo R, Sledge MF, Turillazzi S (2004) Rank integration in dominance hierarchies of host colonies by the paper wasp social parasite *Polistes sulcifer* (Hymenoptera, Vespidae). J Insect Physiol 50 :217–223.

» Dave Goulson (2010). Bumblebees. Behaviour, Ecology and Conservation. Oxford University Press.

» David P. Cowan; Julie K. Stahlhut (2004). Functionally reproductive diploid and haploid males in an inbreeding hymenopteran with complementary sex determination. PNAS. 101 (28): 10374–9.

» David P. Cowan; Julie K. Stahlhut (July 13, 2004). Functionally reproductive diploid and haploid males in an inbreeding hymenopteran with complementary sex determination. PNAS. 101 (28): 10374–9.

» DeBach P. 1964. Successes, trends and future possibilities. In DeBach P (editor). Biological Control of Insect Pests and Weeds. Chapman and Hall Ltd., London.

» Deborah R. Smith, Lynn Villafuerte, Gard Otisc & Michael R. Palmer (2000). Biogeography of *Apis cerana* F. and *A. nigrocincta* Smith: insights from mtDNA studies (PDF). Apidologie 31 (2): 265–279.

» Dennis, Brian; Kemp, William (2015). Allee effects and colony collapse disorder in honey bees. United States Department of Agriculture. Retrieved 22 March 2017.

» Dornhaus, A. & L. Chittka (2001). Food alert in bumblebees (*Bombus terrestris*): possible mechanisms and evolutionary implications. Behavioral Ecology and Sociobiology. 50: 570–576.

» Dreisig, H. (2000) Defense by Exploitation in the Florida Carpenter Ant, *Camponotus floridanus*, at an Extrafloral Nectar Resource. Behavioral Ecology and Sociobiology 47.4: 274-79.

» Dressler, R. (1982). BIOLOGY OF THE ORCHID BEES (EUGLOSSINI). Annual Review of Ecology and Systematics. Annual Reviews Inc. 13: 373–394.

» Duchateau, M. J. & H. H. W. Velthuis (1988). Development and reproductive strategies in *Bombus terrestris* colonies. Behavior. 107: 186–207.

» Eberhard, W. (1988). Group Nesting in Two Species of Euglossa Bees (Hymenoptera: Apidae). Journal of the Kansas Entomological Society. Kansas Entomological Society. 61 (4): 406–411.

» Edwards, Robin (1980). Social Wasps Their Biology and Control. East Grinstead: Rentokil Limited.

» Elias, J.; Mazzi, D.; Dorn, S. (2009). Bilde, Trine, ed. No Need to Discriminate? Reproductive Diploid Males in a Parasitoid with Complementary Sex Determination. PLoS ONE. 4 (6): e6024.

» Else G.R. (1997). *Cerceris rybyensis*. Bees, Wasp and Ants Recording Society. Retrieved 8 July 2017.

» Else G.R. (1997). *Philanthus triangulum* (Fabricius,1775). The Bees Wasps & Ants Recording Society. Retrieved 21 May 2017.

» Eltz, T., Sager, A., Lunau, K. (2005): Juggling with volatiles: fragrance exposure by displaying male orchid bees. Journal of Comparative Physiology A 191:575–581.

» Eltz, T.; Roubik, D.W.; Whitten, M. (2003). Fragrances, male display and mating behaviour of *Euglossa hemichlora*: a flight cage experiment. Physiological Entomology. The Royal Entomological Society. 28 (251–260). Retrieved September 22, 2015.

» Engel, M.S. (1999) The taxonomy of recent and fossil honey bees (Hymenoptera: Apidae: *Apis*). Journal of Hymenoptera Research 8: pp. 165–196.

» Eubanks, M.D. (2001). Estimates of the direct and indirect effects of red imported fire ants on biological control in field crops. Biological Control. 21 (1): 35–43.

» Feldhaar, Heike; Straka, Josef; Krischke, Markus; Berthold, Kristina; Stoll, Sascha; Mueller, Martin J; Gross, Roy (2007). Nutritional upgrading for omnivorous carpenter ants by the endosymbiont Blochmannia. BMC Biology. 5 (1): 48.

» Fenster, C. B.; M. R. Silvana (2007). Reproductive Assurance and the Evolution of Pollination Specialization.

» Fleming JG.; Summers MD. (1991). Polydnavirus DNA is Integrated in the DNA of Its Parasitoid Wasp Host. Proceedings of the National Academy of Sciences. 88 (21): 9770–4.

» Fleming WE. 1968. Biological Control of the Japanese Beetle. U.S. Department of Agriculture Technical Bulletin 1383. 78 pp.

» Foster, Kevin R. (2001). Colony kin structure and male production in *Dolichovespula* wasps. Molecular Ecology. 10: 1003–1010.

» Frisch, Karl von. (1967) The Dance Language and Orientation of Bees. Cambridge, Mass., The Belknap Press of Harvard University Press.

» Fukuda, Hideshi; Hijii, Naoki (1997). Reproductive strategy of a woodwasp with no fungal symbionts, *Xeris spectrum* (Hymenoptera: Siricidae). Oecologia. 112

(4): 551–556.

» Gaskett, A. C., Herberstein, M. E. (2010). Colour mimicry and sexual deception by Tongue orchids (*Cryptostylis*) (PDF). Naturwissenschaften. 97: 97–102.

» Gaskett, A. C., Winnick, C. G., Herberstein, M. E. (2008). Orchid Sexual Deceit Provokes Ejaculation (PDF). The American Naturalist. 171 (6)

» Gayahan, G.G.; Tschinkel, W.R. (2008). Fire ants, *Solenopsis invicta,* dry and store insect pieces for later use. Journal of Insect Science. 8 (39): 1–8.

» Genersch, E., C. Yue, I. Fries, J. R. de Miranda (2006). Detection of Deformed wing virus, a honey bee viral pathogen, in bumble bees with wing deformities. Journal of Insect Pathology. 91: 61–63.

» Gibbs, M., et al. (2011). *Torymus sinensis*: a viable management option for the biological control of Dryocosmus kuriphilus in Europe? BioControl 56 527-38.

» Gill, Richard J.; Raine, Nigel E. (2014). Chronic impairment of bumblebee natural foraging behaviour induced by sublethal pesticide exposure. Functional Ecology. 28: 1459–1471.

» Goettel, Mark S. (2008). Capinera, John L., ed. Alfalfa Leafcutting Bee, *Megachile rotundata* (Hymenoptera: Megachilidae). Springer Netherlands. pp. 98–101. ISBN 978-1-4020-6242-1.

» Goodisman, M.; Ross, K.G. (1997). Relationship of queen number and queen relatedness in multiple-queen colonies of the fire ant *Solenopsis invicta.* Ecological Entomology. 22 (2): 150–157.

» Goulet, H; Huber, JT, eds. (1993). Hymenoptera of the world: an identification guide to families. Agriculture Canada. pp. 202–205.

» Goulson, D.; J. Peat; J. C. Stout; J. Tucker; B. Darvill; L. C. Derwent &W. O. H. Hughes (2002). Can alloethism in workers of the bumblebee, *Bombus terrestris,* be explained in terms of foraging efficiency?. Animal Behaviour. 64: 123–130.

» Guédot, Christelle; Buckner, James S.; Hagen, Marcia M.; Bosch, Jordi; Kemp, William P.; Pitts-Singer, Theresa L. (1987) Nest Marking Behavior and Chemical Composition of Olfactory Cues Involved in Nest Recognition in *Megachile rotundata.* Environmental Entomology. 42 (4): 779–789.

» Hamilton, C; Lejeune, B. T.; Rosengaus, R. B. (2011). Trophallaxis and Prophylaxis: Social Immunity in the Carpenter Ant *Camponotus pennsylvanicus.* Biology Letters. 7 (1): 89–92.

» Hawkins, Bradford A.; Cornell, Howard V.; Hochberg, Michael E. (1997). Predators, Parasitoids, and Pathogens as Mortality Agents in Phytophagous

Insect Populations. Ecology. 78 (7): 2145–52.

» Haydak, Maykola H. (1970) Honey bee nutrition. Annual review of entomology 15(1): 143-156.

» Heinrich, B. (1996). How the honey bee regulates its body temperature. Bee World. 77: 130–137.

» Herzner, G., Schmitt T, Peschke K, Hilpert A, Strohm E (2007). Food wrapping with the post pharyngeal gland secretion by females of the european beewolf *Philanthus triangulum*. Journal of Chemical Ecology 33 (4): 849-859.

» Herzner, G., Schmitt, T., Heckel, F., Schreier, P. and Strohm, E. (2006). Brothers smell similar: Variation in the sex pherome of male European Beewolves and its implications for inbreeding avoidance. Biological Journal of the Linnean Society. 89: 433-442.

» Hoell, H.V., Doyen, J.T. & Purcell, A.H. (1998). Introduction to Insect Biology and Diversity, 2nd ed. Oxford University Press. p. 320.

» Holling, C.S. (1959). The components of predation as revealed by a study of small-mammal predation of the European Pine Sawfly. The Canadian Entomologist. 91 (5): 293–320.

» Hossaert-Mckey, M., M. Gibernau, and J. E. Frey (1994). Chemosensory Attraction of Fig Wasps to Substances Produced by Receptive Figs. Entomo. Exp. Et Applica. The Netherlands Entomological Society. 70 (2): 185–91.

» Ikan, R., Gottlieb, R. Bergmann, E. D., Ishay, J. (1969) The pheromone of the queen of the oriental hornet, *Vespa orientalis*. J. Insect Physiol., 15:1709-1712

» Ikeda, Tohru; Makoto Asano; Yohei Matoba; Go Abe (2004). Present Status of Invasive Alien Raccoon and its Impact in Japan. AIRIES. Retrieved 12 February 2010.

» Inoue, M.K.; J. Yokoyama & I. Washitani (2008). Displacement of Japanese native bumblebees by the recently introduced *Bombus terrestris* (L.) (Hymenoptera: Apidae). Journal of Insect Conservation. 12: 135–146.

» Inoue, M.K.; J. Yokoyama &I. Washitani (2008). Displacement of Japanese native bumblebees by the recently introduced *Bombus terrestris* (L.) (Hymenoptera: Apidae). Journal of Insect Conservation. 12: 135–146.

» Iwata K. 1976. Evolution of Instinct. Comparative Ethology of Hymenoptera. Amerind Publishing Co. Pvt. Ltd., New Delhi, India. (Translated from 1972 (1971) Japanese edition by Smithsonian Institution and National Science Foundation, Technical Translation TT73-52016). 535 pp.

» Jeong, G. J., Park, J. S. (1983). Nest foundation of *Polistes chinensis antennalis* in Jinju district, southern Korea. J. of Gyeongsang Nat. Univ., 22(2):1-7.

» Jeremy, Field (1989). Intraspecific parasitism and nesting success in the solitary wasp *Ammophila sabulosa* (PDF). Behaviour. 110 (1–4): 23–45.

» Jones, O. R., et al. (2009). Using taxonomic revision data to estimate the geographic and taxonomic distribution of undescribed species richness in the Braconidae (Hymenoptera: Ichneumonoidea). Insect Conservation and Diversity 2(3), 204-12.

» Jones, T.H.; Clark, D.A.; Edwards, A.A.; Davidson, D.W.; Spande, T.F.; Snelling; Roy, R. (2004). The Chemistry of Exploding Ants, *Camponotus* spp. (Cylindricus complex). Journal of Chemical Ecology. 30 (8): 1479–1492.

» Kessler, Sebastien C. et al. (2015). Bees prefer foods containing neonicotinoid pesticides. Nature. Macmillan Publishing Ltd. 521: 74–76.

» Kevin M. O'Neill (2001). Solitary Wasps: Behavior and Natural History. Cornell University Press. p. 129.

» Klotz, J.H.; Vail, K.M.; Willams, D.F. (1997). Toxicity of a boric acid-sucrose water bait to *Solenopsis invicta* (Hymenoptera: Formicidae). Journal of Economic Entomology. 90 (2): 488–491.

» Kodaira, Yosuke; Ohtsuki, Hajime; Yokoyama, Jun; Kawata, Masakado. (2009). Size-dependent foraging gene expression and behavioral caste differentiation in *Bombus ignitus*. BMC Research Notes. 2 (1): 184.

» Konig, C. & P. Schmid-Hempel (1995). Foraging and immunocompetence in workers of the bumblebee, *Bombus terrestris* L. Proceedings of the Royal Society of London B. 260: 225–227.

» Kraus, F.B.; S. Wolf; R.F.A. Moritz (2009). Male flight distance and population substructure in the bumblebee *Bombus terrestris*. Journal of Animal Ecology. 78: 247–252.

» Kreuter, Kirsten; Elfi Bunk (2011). How the social parasitic bumblebee *Bombus bohemicus* sneaks into power of reproduction. Behavioral Ecology and Sociobiology 66 (3): 475–486.

» Krieger, M.J.B.; Ross, K.G.; Chang, C..W.Y.; Keller, L. (1999). Frequency and origin of triploidy in the fire ant *Solenopsis invicta*. Heredity. 82 (2): 142–150.

» Krokene, Paal (2014). The common pine sawfly – a troublesome relative. Science Nordic. Retrieved 28 November 2016.

» Leendert van der Pijl, Calaway H. Dodson (1966). Orchid Flowers: Their

Pollination and Evolution (Kapitel 11, Mimicry and Deception). University of Miami Press, Coral Gables.

» Machado, Carlos A.; Robbins, Nancy; Gilbert, M. Thomas; Herre, Edward Allen (2005). Critical review of host specificity and its coevolutionary implications in the fig-fig-wasp mutualism. Proceedings of the National Academy of Sciences of the United States of America. 102: 6558–65.

» Makino, Shun'ichi (1985). Solitary Life of the Foundress: Field Observations of Behavior of *Dolichovespula media media* and *D. saxonica nipponica* in the Pre-Emergence Stage. The Entomo. Soc. Jap. 53 (3): 475–485.

» Markin, G. P.; Dillier, J. H.; Collins, H. L. (1973). Growth and development of colonies of the red imported fire ant, *Solenopsis invicta*. Annals of the Entomological Society of America. 66 (4): 803–808.

» Markin, G.P.; Dillier, J.H.; Hill, S.O.; Blum, M.S.; Hermann, H.R. (1971). Nuptial flight and flight ranges of the imported fire ant, *Solenopsis saevissima richteri* (Hymenoptera : Formicidae). Journal of the Georgia Entomological Society. 6 (3): 145–156.

» Markin, G.P.; Dillier, J.H.; Hill, S.O.; Blum, M.S.; Hermann, H.R. (1971). Nuptial flight and flight ranges of the imported fire ant, *Solenopsis saevissima richteri* (Hymenoptera : Formicidae). Journal of the Georgia Entomological Society. 6 (3): 145–156.

» Matsumura, Chizuru; Jun Yokoyama; Izumi Wasitani (August 2004). Invasion Status and Potential Ecological Impacts of an Invasive Alien Bumblebee, *Bombus terrestris* L. (Hymenoptera: Apidae) Naturalized in Southern Hokkaido, Japan. Global Environmental Research.

» Matsuura M, (1984) 三重大農學部學術報告 69:1~131

» McCook, Henry C. (1882). The Honey and Occident Ants.

» McKinney, Matthew I.; Park, Yong-Lak (2012). Distribution of *Chaetodactylus krombeini* (Acari: Chaetodactylidae) within *Osmia cornifrons* (Hymenoptera: Megachilidae) nests: Implications for population management. Experimental and Applied Acarology. 60 (2): 153–61.

» Memmott, J.; Godfray, H.C.J.; Gauld, I.D. (1994). The Structure of a Tropical Host-Parasitoid Community. Journal of Animal Ecology. 63 (3): 521–40.

» Mescher, M.C.; Ross, K.G.; Shoemaker, D.D.; Keller, L.; Krieger, M.J. B. (2003). Distribution of the two social forms of the fire ant *Solenopsis invicta* (Hymenoptera: Formicidae) in the native South American range (PDF). Annals of the Entomological Society of America. 96 (6): 810–817.

» Messer, A. C. (1984). Chalicodoma pluto: The World's Largest Bee Rediscovered Living Communally in Termite Nests (Hymenoptera: Megachilidae). Journal of the Kansas Entomological Society. 57 (1): 165–168.

» Mockford, E.L. (1997) A new species of *Dicopomorpha* (Hymenoptera: Mymaridae) with diminutive, apterous males. Ann. Ent. Soc. America 90: 115-120.

» Molbo, D; Machado, CA; Sevenster, JG; Keller, L; Herre, EA (2003). Cryptic species of fig-pollinating wasps: implications for the evolution of the fig-wasp mutualism, sex allocation, and precision of adaptation. Proceedings of the National Academy of Sciences of the United States of America. 100 (10): 5867–72.

» Moloney, S.D.; Vanderwoude, C. (2003). Potential ecological impacts of red imported fire ants in eastern Australia (PDF). Journal of Agricultural and Urban Entomology. 20 (3): 131–142.

» Monceau, Karine; Bonnard, Olivier; Thiéry, Denis (2014). *Vespa velutina*: a new invasive predator of honeybees in Europe. Journal of Pest Science. 87 (1): 1–16.

» Müller, C.; Barker, A.; Boevé, J.-L.; De Jong, P.W.; De Vos, H.; Brakefield, P.M. (2004). Phylogeography of two parthenogenetic sawfly species (Hymenoptera: Tenthredinidae): relationship of population genetic differentiation to host plant distribution. Biological Journal of the Linnean Society. 83 (2): 219–227.

» Murakami, Y. (2009). A history of studies on the chestnut gall wasp in Japan. A Global Serious Pest of Chestnut Trees: Yesterday, Today and Tomorrow. Japan-Italy Joint International Symposium. November 24-25,

» Nichols, B.J.; Sites, R.W. (1991). Ant predators of founder queens of *Solenopsis invicta* (Hymenoptera: Formicidae) in central Texas. Environmental Entomology. 20 (4): 1024–1029.

» Obin, M.S.; Vander Meer, R.K. (1988). Sources of nestmate recognition cues in the imported fire ant *Solenopsis invicta* Buren (Hymenoptera: Formicidae). Animal Behaviour. 36 (5): 1361–1370.

» Oliver Manlik; Regula Schmid-Hempel &Paul Schmid-Hempel (2017). Parasite infection of specific host genotypes relates to changes in prevalence in two natural populations of bumblebees. Infection, Genetics and Evolution. 56: 125–132.).

» Park, Y.-L.; Kondo, V.; White, J.; West, T.; McConnell, B.; McCutcheon, T. (2009). Nest-to-nest dispersal of *Chaetodactylus krombeini*(Acari, Chaetodactylidae) associated with *Osmia cornifrons*(Hym., Megachilidae). Journal of Applied Entomology. 133 (3): 174–80.

» Paulmier, Ivan; Bagnères, Anne-Geneviève; Afonso, Carlos M. M.; Dusticier,

Georges; Rivière, Germaine; Clément, Jean-Luc (1999). Alkenes as a Sexual Pheromone in the Alfalfa Leaf-Cutter Bee *Megachile rotundata*. Journal of Chemical Ecology. 25 (3): 471–490.

» Paxton, R. J.; Thoren, P. A.; Estoup, A.; Tengo, J. (2001). Queen–worker conflict over male production and the sex ratio in a facultatively polyandrous bumblebee, *Bombus hypnorum*: the consequences of nest usurpation". Molecular Ecology. 10: 2489–2498

» Paxton, Robert J., et al. (2007) Nosema ceranae has infected *Apis mellifera* in Europe since at least 1998 and may be more virulent than Nosema apis. Apidologie 38.6:558-565.

» Petrocelli, Iacopo; Turillazzi, Stefano (2013). Comparative morphology of Van der Vecht's organ in *Polistes* social parasties: host ecology and adaptation or the parasite. Biological Journal of the Linnean Society. 109: 313–319.

» Pimentel, D.; Lach, L.; Zuniga, R.; Morrison, D. (2000). Environmental and economic costs of nonindigenous species in the United States. BioScience. 50 (1): 53–65.

» Pitts-Singer, Theresa L.; Cane, James H. (2011). The Alfalfa Leafcutting Bee, *Megachile rotundata*: The World's Most Intensively Managed Solitary Bee. Annual Review of Entomology. 56 (1): 221–237.

» Polilov, Alexey A (2012). The smallest insects evolve anucleate neurons. Arthropod Structure & Development. 41 (1): 29–34.

» Porter, S.D.; Tschinkel, W.R. (1985). Fire ant polymorphism: the ergonomics of brood production. Behavioral Ecology and Sociobiology. 16 (4): 323–336.

» Porter, S.D.; Tschinkel, W.R. (1987). Foraging in *Solenopsis invicta* (Hymenoptera: Formicidae): effects of weather and season. Environmental Entomology. 16 (3): 802–808.

» Prospero, S. and B. Forster. (2011). Chestnut gall wasp (Dryocosmus kuriphilus) infestations: new opportunities for the chestnut blight fungus *Cryphonectria parasitica*? New Disease Reports 23, 35.

» Punzo, F. 1994. The biology of the spider wasp, *Pepsis thisbe* (Hymenoptera: Pompilidae) from Trans Pecos, Texas. I. Adult morphometrics, larval development and the ontogeny of larval feeding patterns. Psyche 101: 229-242.

» Punzo, F. 2005. Studies on the natural history, ecology, and behavior of *Pepsis cerberus* and *P. mexicana* (Hymenoptera: Pompilidae) from Big Bend National Park, Texas. Journal of the New York Entomological Society, 113(1): 84-95.

» Punzo, F. and Ludwig, L. 2005. Behavioral Responses of *Pepsis thisbe*

(Hymenoptera: Pompilidae) to Chemosensory Cues associated with host spiders. Journal of Insect Behavior 18: 757-766.

» Quicke, D. L. J. (2012). We Know Too Little about Parasitoid Wasp Distributions to Draw Any Conclusions about Latitudinal Trends in Species Richness, Body Size and Biology. PLoS ONE. 7 (2): e32101.

» Raine, N.E. & L. Chittka (2007). Pollen foraging: learning a complex motor skill by bumblebees (*Bombus terrestris*). Naturwissenschaften. 94: 459–464.

» Reed, H.C., Akre R.D, and Garnett, W.B. (1979). A North American Host of the Yellowjacket Social Parasite *Vespula austriaca* (Panzer) (Hymenoptera: Vespidae). Entomological News 90(2):110–113.

» Reed, H.C., Akre R.D. (1983). Usurpation behavior of the Yellowjacket Social Parasite *Vespula austriaca* (Panzer) (Hymenoptera: Vespidae). The American Midland Naturalist 110(2):419–432.

» Robert, E. (1980). The Evolution of Multiple Mating Behavior by Honey Bee Queens (*Apis mellifera L.*)" (PDF). Genetics. 96: 253–273.

» Roberts, Stuart; Phillips, Alan. (2014) Information Sheet Median Wasp (*Dolichovespula media)*" (PDF). Bee, Wasps, & Ants Recording Society.

» Rod Peakall (2007). Pollination by Sexual Deception in Australian Terrestrial Orchids. Australian National University website. Canberra, ACT.

» Roseler, P. F. (1977). Juvenile hormone control of oogenesis in bumblebee workers, *B. terrestris*. Journal of Insect Physiology. 23: 985–992.

» Ross, K.G; Shoemaker, D.D. (2008). Estimation of the number of founders of an invasive pest insect population: the fire ant *Solenopsis invicta* in the USA. Proceedings of the Royal Society B: Biological Sciences. 275 (1648): 2231–2240.

» Roubik, David W. & Paul E. Hanson (2004): Abejas De Orquídeas De La América Tropical: Biología y Guía De Campo / Orchid Bees of Tropical America: Biology and Field Guide. Santo Domingo, Costa Rica: INBio. In Spanish and English. ISBN 9968-702-94-3.

» Sakagami, Shôichi F. (1984). Biology of the Vespine Wasps. Germany: Springer-Verlag Berlin Heidelberg.

» Sakagamy, S. F. & Fukushima, K. (1957) Vespa dybowskii Andre as a facultative temporary social parasite. Insecte Soc., 4:1-12

» Schatz, Bertrand, and Martine Hossaert-Mckey (2010). Ants Use Odour Cues to Exploit Fig-fig Wasp Interactions. Acta Oecologica. 36 (1): 107–13.

» Schiestl, Florian P.; Peakall, Rod; Mant, Jim (2004). Chemical communication in the sexually deceptive orchid genus *Cryptostylis*. Botanical Journal of the Linnean Society. 144 (2): 199–205.

» Schmidt, Justin O. (1990). Hymenoptera Venoms: Striving Toward the Ultimate Defense Against Vertebrates. In D. L. Evans; J. O. Schmidt. Insect Defenses: Adaptive Mechanisms and Strategies of Prey and Predators. Albany, New York: State University of New York Press. pp. 387–419.

» Schmidt, Justin O.; Blum, Murray S.; Overal, William L. (1983). Hemolytic activities of stinging insect venoms. Archives of Insect Biochemistry and Physiology. 1 (2): 155–160.

» Seeley, Thomas D. The wisdom of the hive: the social physiology of honey bee colonies. Harvard University Press, 2009.

» Shao, Z.-Y.; Mao, H.-X.; Fu, W.-J.; Ono, M.; Wang, D.-S.; Bonizzoni, M.; Zhang, Y.-P. (2004). Genetic Structure of Asian Populations of *Bombus ignitus* (Hymenoptera: Apidae. Journal of Heredity. 95 (1): 46–52.

» Shaw, F. R., Weidhaas Jr., J. (1956) Distribution and habits fo the giant hornet in North America. J. Econ. Entomol, 49:275

» Sledge, M.F.; Dani, F.R.; Cervo, R.; Dapporto, L.; Turillazzi, S. (2001). Recognition of social parasites as nestmates: adoption of colony-specific host cuticular odours by the paper wasp parasite *Polistes sulcifer*. Proceedings of the Royal Society of London B. 268: 2253–2260.

» Srivastava, S.K.; Babu, Naresh; Pandey, Hema (2009). Traditional insect bioprospecting-As human food and medicine (PDF). Indian Journal of Traditional Knowledge. 8 (4): 485–494.

» Stephan Wolf; Robin F.; A. Moritz (2008). Foraging distance in *Bombus terrestris* L. (Hymenoptera: Apidae). Apidologie. EDP Sciences. 39 (4): 419–427.

» Stephen, W. P.; Osgood, Charles E. (1965). Influence of Tunnel Size and Nesting Medium on Sex Ratios in a Leaf-Cutter Bee, *Megachile rotundata*. Journal of Economic Entomology. 58 (5): 965–968.

» Strambi, Alain; Strambi, Colette; Röseler, Peter-Frank; Röseler, Ingenorg (1984). Simultaneous determination of juvenile hormone and ecdysteroid titers in the hemolymph of bumblebee prepupae (*Bombus hypnorum and B. terrestris*). General and Comparative Endocrinology. 55 (1): 83–88.

» Strohm, Erhard, Johannes Kroiss, Gudrun Herzner, Claudia Laurien-Kehnen, Wilhelm Boland, Peter Schreier, and Thomas Schmitt. (2008) A Cuckoo in Wolves' Clothing? Chemical Mimicry in a Specialized Cuckoo Wasp of the European Beewolf (Hymenoptera, Chrysididae and Crabronidae). Frontiers in Zoology 5.1: 2.

» Takahashi, Jun-ichi; Itoh, Mitsuru; Shimizu, Isamu; Ono, Masato (2008). Male parentage and queen mating frequency in the bumblebee *Bombus ignitus* (Hymenoptera: bombinae. Ecological Research. 23 (6): 937–942.

» Taylor, L. H. (1939) Observation on social parasitism in the genus *Vespula* Thomson. Ann. Entomol. Soc. Amer., 32:304-315.

» Tepedino, V. J.; Frohlich, D. R. (1984). Fratricide in *Megachile rotundata*, a Non-Social Megachilid Bee: Impartial Treatment of Sibs and Non-Sibs. Behavioral Ecology and Sociobiology. 15 (1): 19–23.

» Theraulaz, G.; Pratte, M.; Gervet, J. (1989). Effects of removal of alpha individuals from a *Polistes dominulus* Christ wasp society: Changes in behavioural patterns resulting from hierarchical changes. Actes Coll. Insectes Soc. 5: 169–179.

» Tschinkel, W.R.; Howard, D.F. (1983). Colony founding by pleometrosis in the fire ant, *Solenopsis invicta* (PDF). Behavioral Ecology and Sociobiology. 12 (2): 103–113.

» Tsuneki K. 1960. Biology of the Japanese Crabroninae(Hymenoptera, Sphecidae). Memoirs of the Faculty of Liberal arts. Fukui Univ. series II. Natural Science10(1):1-52.

» van Honk C. & P. Hogeweg (1981). The ontogeny of the social structure in a captive *Bombus terrestris* colony. Behavioral Ecology and Sociobiology. 9 (2): 111–119.

» van Honk, C. G. J.; Velthius, H. H. W.; Röseler, P. F. (1978). A sex pheromone from the mandibular glands in bumblebee queens. Cellular and Molecular Life Sciences. 34 (7): 838–839.

» van Honk, C.G.J., P.F. Roseler, H.H.W. Velthuis, and J.C. Hoogeveen (1981). Factors influencing the egg laying of workers in a captive *Bombus terrestris* colony. Behavioral Ecology and Sociobiology. 9: 9–14.

» Várkonyi, Gergely; Hanski, Ilkka; Rost, Martin; Itämies, Juhani (2002). Host-Parasitoid Dynamics in Periodic Boreal Moths. Oikos. 98 (3): 421–30.

» Várkonyi, Gergely; Roslin, Tomas (2013). Freezing cold yet diverse: dissecting a high-Arctic parasitoid community associated with Lepidoptera hosts. The Canadian Entomologist. 145 (02): 193–218.

» Veijalainen, A.; Wahlberg, N.; Broad, G. R.; Erwin, T. L.; Longino, J. T.; Saaksjarvi, I. E. (2012). Unprecedented ichneumonid parasitoid wasp diversity in tropical forests". Proceedings of the Royal Society B: Biological Sciences. 279 (1748): 4694.

» Vicidomini, Salvatore (2005). Chapter 40 — Largest Eggs. Book of Insect Records.

University of Florida.

» Wang, L.; Yongyue, L.; Yijuan, X.; Ling, Z. (2013). The current status of research on *Solenopsis invicta* Buren (Hymenoptera: Formicidae) in mainland China (PDF). Asian Myrmecology. 5: 125–137.

» Wcislo, D.; Vargas, G. (2012). Nest construction behavior by the orchid bee *Euglossa hyacinthina*). Journal of Hymenoptera Research. the International Society of Hymenoptera. 29: 15–20.

» Weber, Ella (2012). *Apis mellifera* The Domestication and Spread of European Honey Bees for Agriculture in North America. University of Michigan Undergraduate Research Journal (9).

» Wetterer, J.K. (2013). Exotic spread of *Solenopsis invicta* (Hymenoptera: Formicidae) beyond North America. Sociobiology. 60: 50–55.

» Wheeler, William Morton (1908). The Polymorphism of Ants. Annals of the Entomological Society of America: 39–69.

» White, Joseph; Son, Youngsoo; Park, Yong-Lak (2009). Temperature-Dependent Emergence of *Osmia cornifrons* (Hymenoptera: Megachilidae) Adults. Journal of Economic Entomology. 102 (6): 2026–32.

» Whitfield, JB. (1990). Parasitoids, polydnaviruses and endosymbiosis. Parasitol Today. 6 (12): 381–4.

» Williams, D.F.; Banks, W.A. (1987). *Pseudacteon obtusus* (Diptera: Phoridae) attacking *Solenopsis invicta* (Hymenoptera: Formicidae) in Brazil. Psyche: A Journal of Entomology. 94 (1–2): 9–13.

» Williams, D.F.; deShazo, R.D. (2004). Biological control of fire ants: an update on new techniques. Annals of Allergy, Asthma & Immunology. 93 (1): 15–22.

» Winston, Mark L. The biology of the honey bee. Harvard University Press. 1991

» Wojcik, D.; Allen, C.R.; Brenner, R.J.; Forys, E.A.; Jouvenaz, D.P.; Lutz, R.S. (2001). Red imported fire ants: impact on biodiversity (PDF). American Entomologist. 47 (1): 16–23.

» Wu, Z.; Hopper, K. R.; Ode, P. J.; Fuester, R. W.; Tuda, M.; Heimpel, G. E. (2005). Single-locus complementary sex determination absent in *Heterospilus prosopidis* (Hymenoptera: Braconidae). Heredity. 95 (3): 228–234.

» Zettler, J.A.; Spira, T.P.; Allen, C.R. (2001). Ant–seed mutualisms: can red imported fire ants sour the relationship?. Biological Conservation. 101 (2): 249–253.

» Zimma, B. O.; Ayasse, M.; Tengo, J.; Ibarra, F.; Schulz, C.; Francke, W. (2003). Do social parasitic bumblebees use chemical weapons? (Hymenoptera, Apidae). J Comp Physiol A Neuroethol Sens Neural Behav Physiol. 189 (10): 769–775.

» Zimmermann, Y.; Roubik, D.W. (2009). Single mating in orchid bees (*Euglossa, Apinae*): implications for mate choice and social evolution (PDF). Insectes Sociaux. International Union for the Study of Social Insects. 56: 241–249.

» 山根爽一, 山根正氣 (1975) スズメバチ類(Vespinae)の巣の 分解 整理ならびに研究法について. 生物教材, 10:18-39

» 松浦誠 (1985) Honeybee Science 6(2):53-64

» 松浦誠. 山根正氣 (1984) スズメバチ類の比較行動學. 北海島大學圖書刊行會

» 여진동, 전미정, 안능호 (2008) 한국산 은주둥이벌아과의 분류학적 연구(1). 국립생물자원관pp. 68

» 이주순 (2009). 한국산 노래기벌과의 분류학적 연구. 한서대 석사학위 논문

» 정계준 (2016) 한국의 말벌. 경상대학교 출판부

찾아보기

ㄹ

ㅁ

ㅅ

ㅈ

야생벌의 세계

초판 1쇄 발행 • 2018년 8월 1일

지은이 • 정계준
펴낸이 • 이상경
부　장 • 박현곤
편집장 • 김종길
편　집 • 김종길, 유화정
디자인 • 이희은
자　료 • 이가람
사진 제공 • 전우선, 권천락, 이현미, 구준희

펴낸곳 • 경상대학교출판부
주　소 • 경남 진주시 진주대로 501
전　화 • 055) 772-0801(편집), 0802(디자인), 0803(도서 주문)
팩　스 • 055) 772-0809
전자우편 • gspress@gnu.ac.kr
홈페이지 • http://gspress.gnu.ac.kr
페이스북 • https://www.facebook.com/gnupub
블 로 그 • https://gnubooks.tistory.com
등　록 • 1989년 1월 7일 제16호

• 책값은 뒤표지에 있습니다.

이 도서의 국립중앙도서관 출판시도서목록(CIP)은 서지정보유통지원시스템 홈페이지(http://seoji.nl.go.kr)와 국가자료공동목록시스템(http://www.nl.go.kr/kolisnet)에서 이용하실 수 있습니다.
(CIP제어번호: CIP2018022531)